U0434899

Details in Architecture

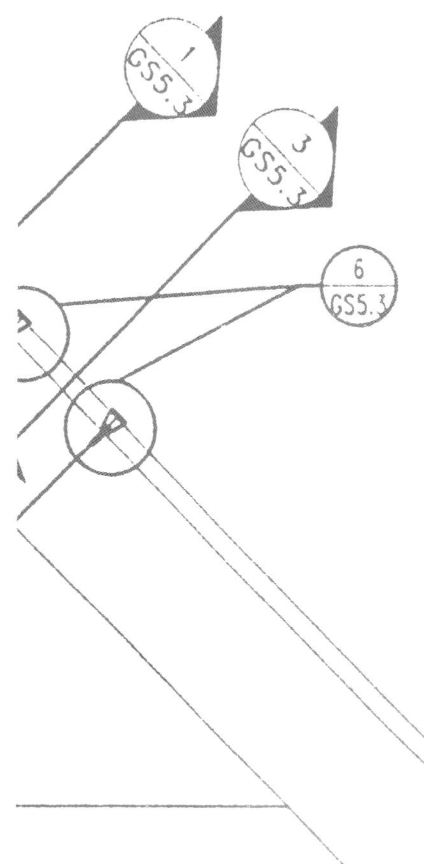

DA 建筑名家细部设计创意

Creative Detailing by some of the World's Leading Architects

余亦军 译

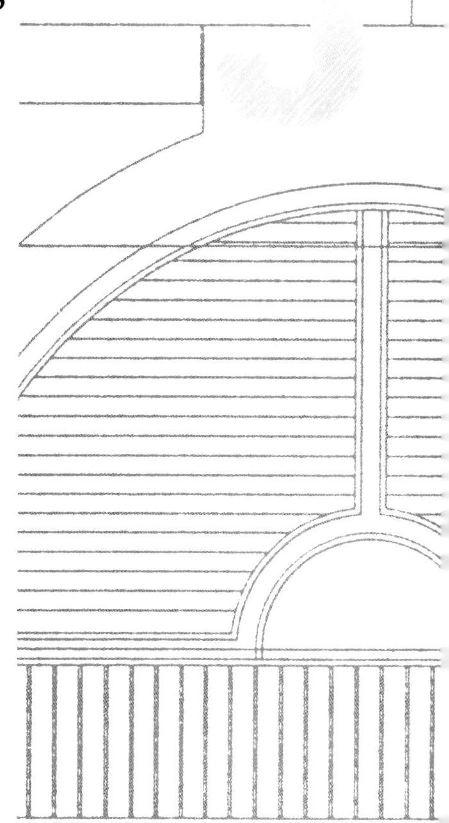

中国建筑工业出版社

著作权合同登记图字：01 - 2003 - 2018 号

图书在版编目(CIP)数据

DA 建筑名家细部设计创意3/澳大利亚 Images 公司编；余亦军译 .—北京：中国建筑工业出版社，2003
ISBN 7 - 112 - 05821 - X

Ⅰ .D… Ⅱ .①澳…②余… Ⅲ . 建筑结构 - 细部 - 结构设计 - 世界 - 图集 Ⅳ .TU22 - 64

中国版本图书馆 CIP 数据核字(2003)第 032639 号

责任编辑：黄居正 程素荣
责任设计：郑秋菊
责任校对：赵明霞

DA 建筑名家细部设计创意 3
余亦军 译
*
中国建筑工业出版社 出版、发行（北京西郊百万庄）
新 华 书 店 经 销
恒美印务(番禺南沙)有限公司印刷
*
开本：787 × 1092 毫米 1/10
2004 年 5 月第一版 2004 年 5 月第一次印刷
定价：**188.00** 元
ISBN 7 - 112 - 05821 - X
TU · 5117 (11460)

本社网址：http://www.china-abp.com.cn
网上书店：http://www.china-building.com.cn

CONTENTS

目　录

CONTENTS

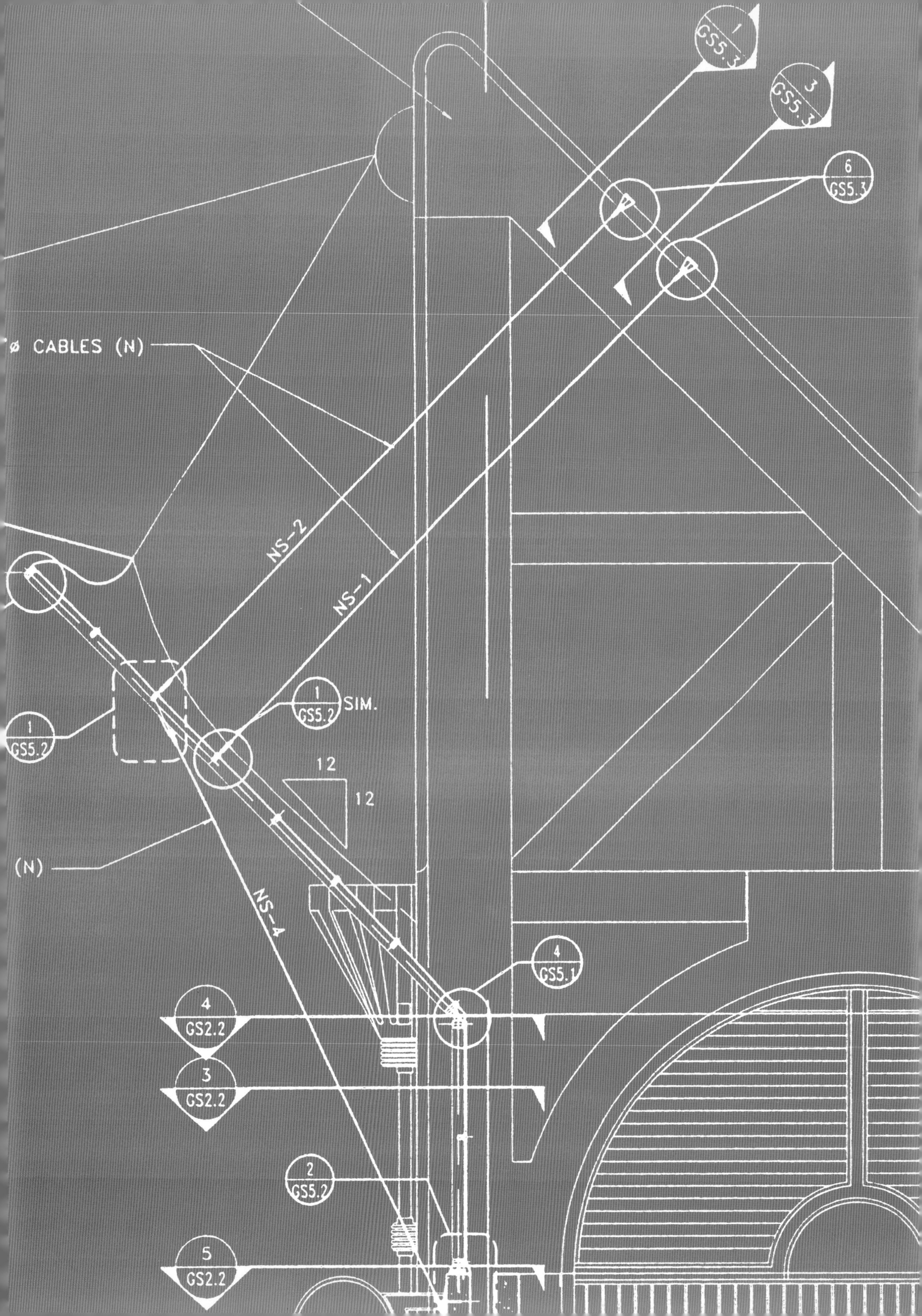
1
GS5.3
3
GS5.3
6
GS5.3
ø CABLES (N)
NS-2
NS-1
1
GS5.2
1
GS5.2
SIM.
12
12
(N)
NS-4
4
GS5.1
4
GS2.2
3
GS2.2
2
GS5.2
5
GS2.2

可以说是细部融合了物质和我们自己之间的关系，因此它对人类的存在十分重要。

在运用照相机以前，建筑细部必然是和物质联系在一起的：例如在欧洲，在石头雕琢和砌筑以前就使石头的细部形式正确是很关键的，而在日本，木柱角上的和柱与横梁之间斗拱上的细部装饰被认为和建筑功能本身是一样重要的。

摄影改变了细部与我们自己之间的这种关系，在照片中建筑以二维方式存在，细部主要被看作构成一种结构的边缘的工具。

然而，今天细部的意义又开始回到它以前的状态，建筑的功能被理解为与建筑的形式一样重要，而用建筑细部来明确功能则被认为和建筑功能本身一样重要。

——隈研吾（日本 东京隈研吾建筑师事务所）

SKYLIGHT

REPUBLIC OF SINGAPORE YACHT CLUB, REPUBLIC OF SINGAPORE
Alfred Wong Partnership Pte Ltd

天　窗

新加坡，新加坡游艇俱乐部
阿尔弗雷德·翁建筑师事务所

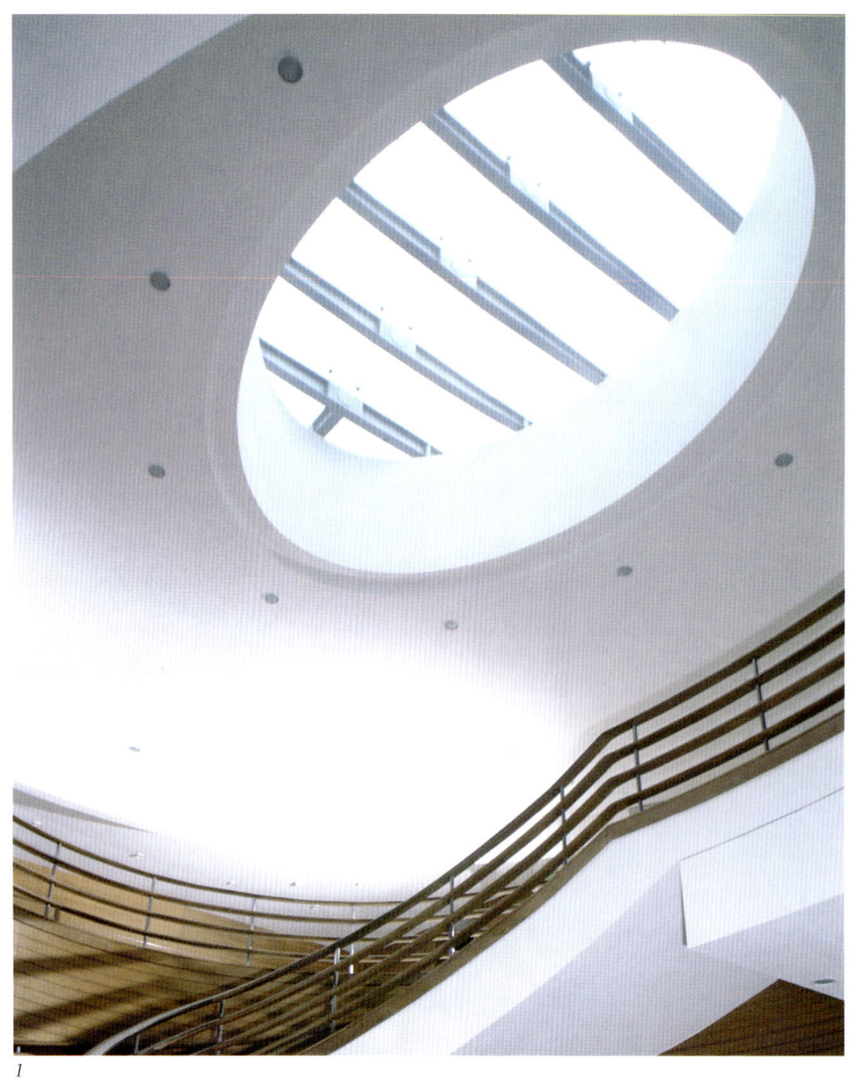

1

1　室内照片示天窗
2　天窗剖面
3　天窗平面
摄影：Albert Lam

新近落成的新加坡游艇俱乐部内的主要交通空间是侧面敞开并有良好自然通风的。这个天窗是两个有相同细部的天窗之一。它位于联系俱乐部两个主要楼层的主楼梯上方，细部已经证明了是简单而有效的。

天窗被当成一片平板玻璃悬浮在椭圆形开口的上方，玻璃的边缘伸出开口以外，以尽量减少飘进的雨水，玻璃下与女儿墙之间的空隙则用作排除室内热空气的通风口。钢支撑结构的细部让人联想起传统和现代的船体结构的构造形象。

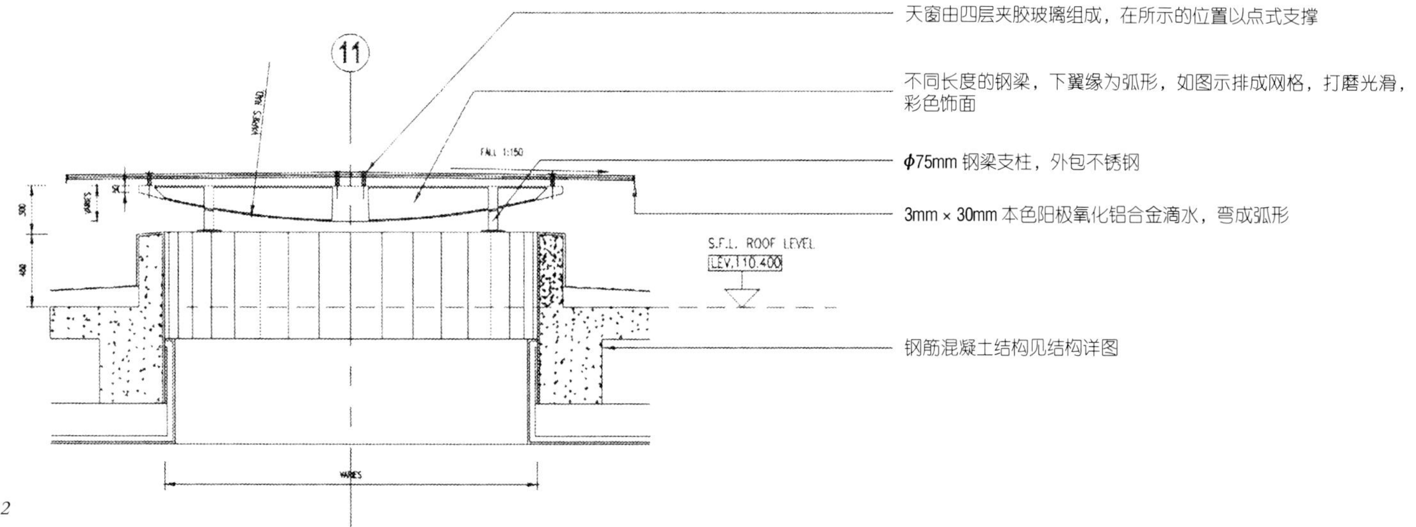

2

E
Y
686
3936
X
X
不同长度的钢梁，下翼缘为弧形，如图示排成网格，打磨光滑，彩色饰面
天窗由四层夹胶玻璃组成，在所示的位置以点式支撑，玻璃为蓝/绿色半反射带 30% 釉面点格状丝纹图案
玻璃板平接，用许可的无色硅胶嵌缝，3mm × 30mm 本色阳极氧化铝合金滴水，弯成弧形
3685
435
Y
F
150
1600
1600
150
2200

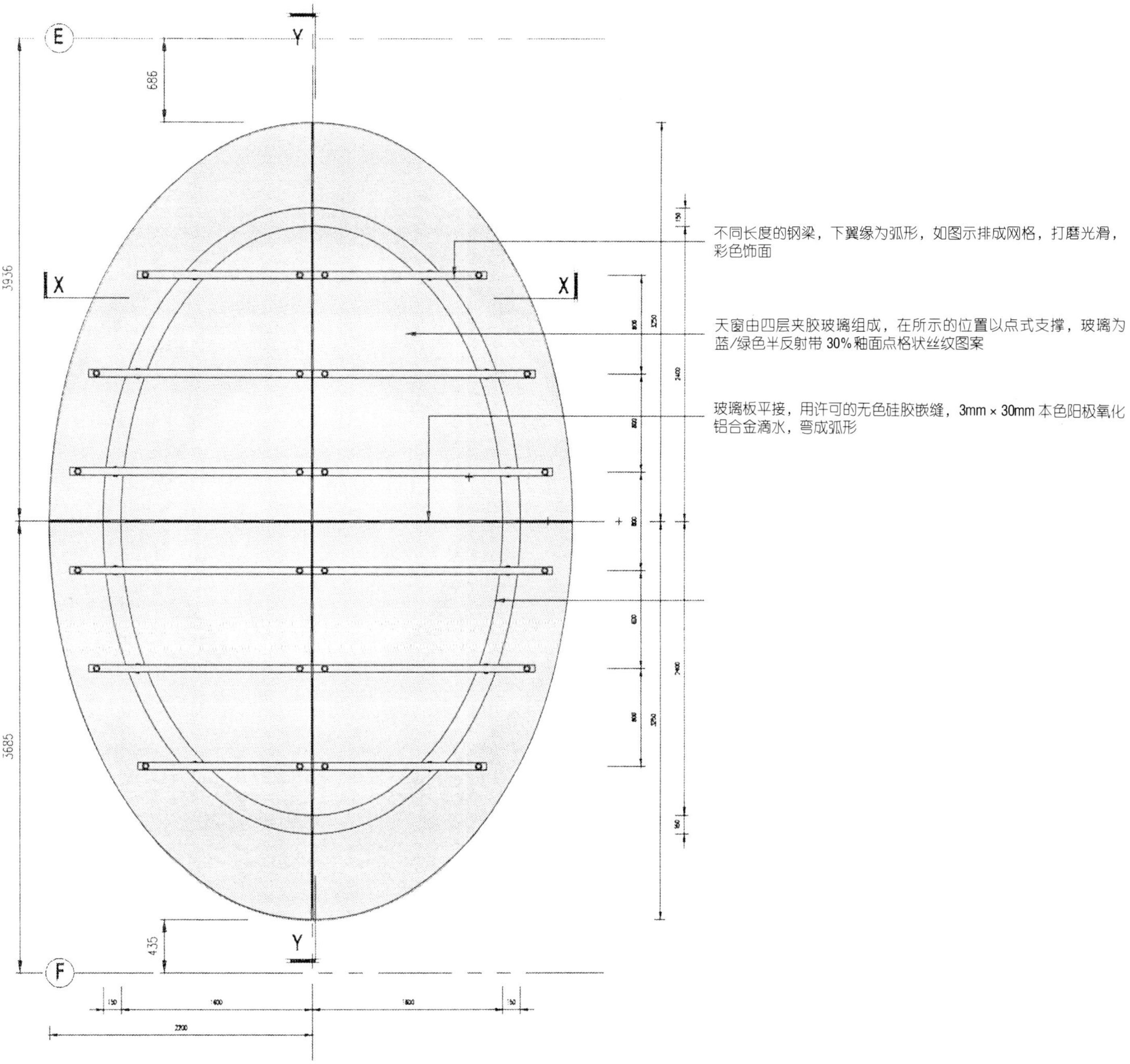

3

PORCH ROOF AND COLUMN

BMW DRIVING CENTER, BORNEM, BELGIUM
ARCHI+I SPRL, Architecture

门廊屋顶和柱

比利时，博尔讷姆，宝马驾驶中心
Archi + I SPRL 建筑事务所

1

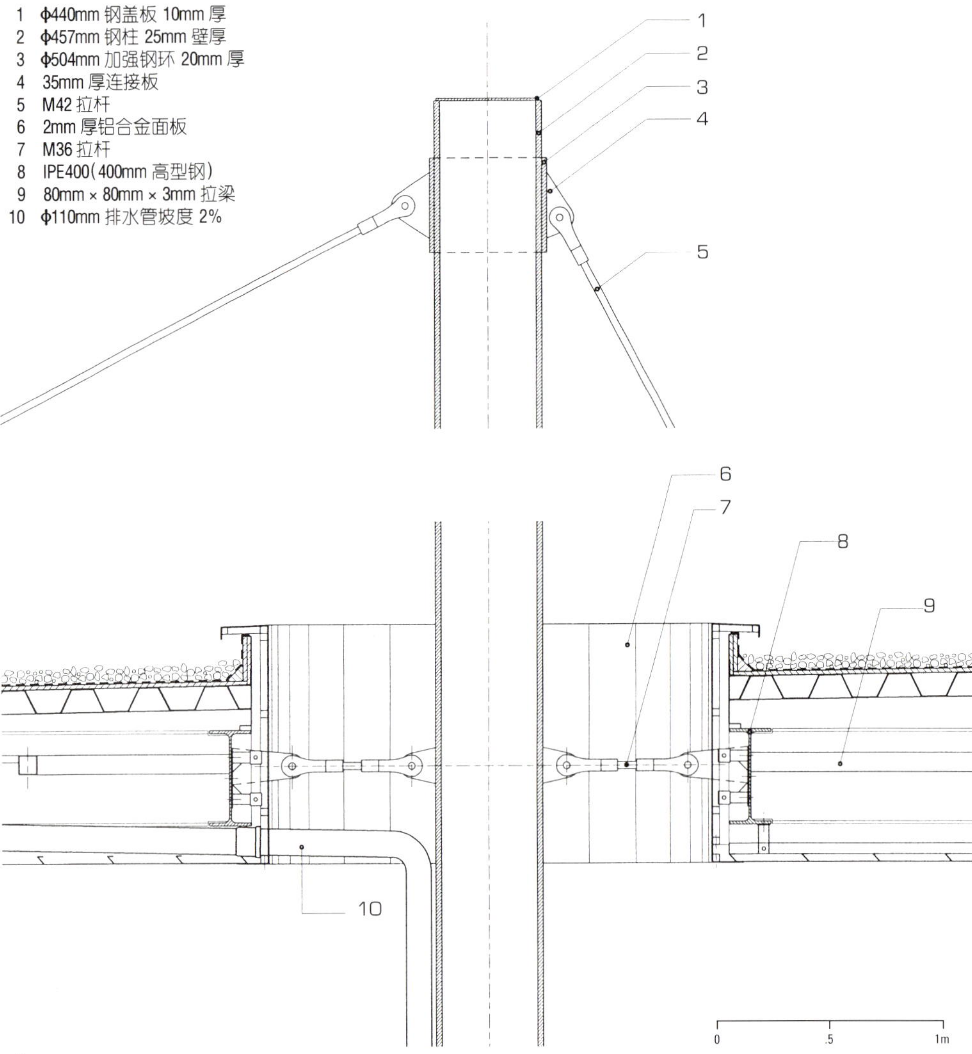

2

1 结构构件
2 柱详图
3 门廊屋顶剖面
4 门廊屋顶
5 柱细部
摄影：Ch. Bastin 和 S.Evrard

BMW（宝马）驾驶中心工程分为明确的两个部分，一部分是展室，在真实的和虚拟的宝马世界中欢迎顾客。另一部分是一个有顶的区域，那里陈列着供试驾的汽车并让人上下车。这两部分都由钢结构构成，而展室是更传统的梁柱形式。

部分开敞的门廊由 10 根 8m 高的柱子和钢索支撑，距地面有 6.4m 高。柱子周圈的圆洞和中间的方形开口强调了结构的概念。门廊反映出实体与空间、高度和体量之间的相互作用，从不同的视点观看会有不同的视觉感受。

实施过程解决了运输和工期的限制（现场施工周期 20 天）。所选的材料都是耐久性好且维护费用低廉的。

作为公司吸引人注意的焦点，这个建筑与结构反映出德国宝马公司的技术性，精良设计和透明性。

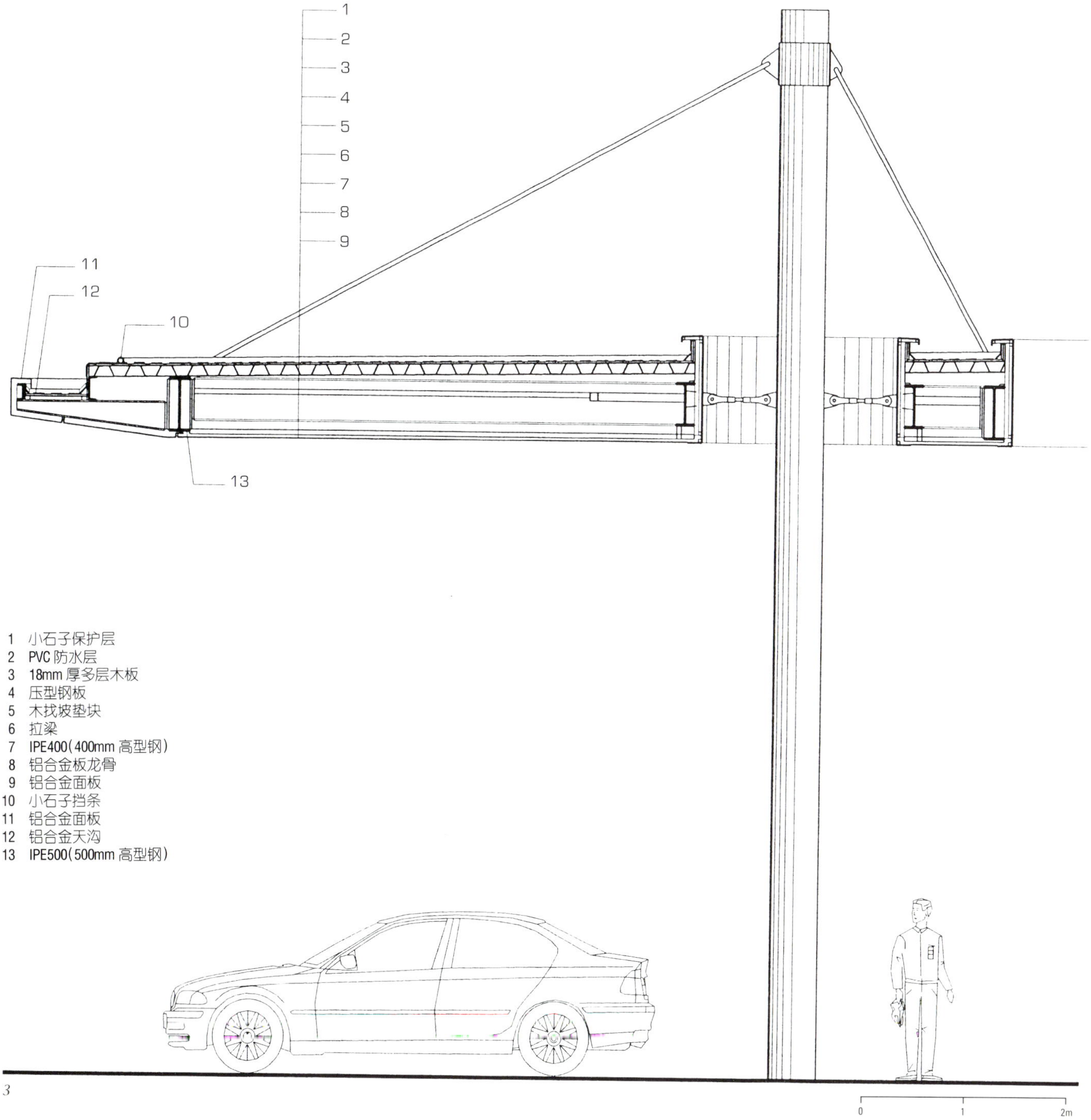

1 小石子保护层
2 PVC 防水层
3 18mm 厚多层木板
4 压型钢板
5 木找坡垫块
6 拉梁
7 IPE400(400mm 高型钢)
8 铝合金板龙骨
9 铝合金面板
10 小石子挡条
11 铝合金面板
12 铝合金天沟
13 IPE500(500mm 高型钢)

3

0 1 2m

4

5

CANOPY AND SUNSCREENS

MINISTRY OF FOREIGN AFFAIRS, BANGKOK, THAILAND
Architects 49 Limited

雨篷和遮阳

泰国，曼谷，泰国外交部
49 建筑师有限公司

1

1 正立面示雨篷
2 雨篷剖面
3 雨篷正立面
4 和 6 雨篷结构连接详图
5 雨篷侧立面

建筑细部是特意为这幢地处热带的泰国的政府建筑开发的。设计包括位于宴会厅主入口上方的雨篷、遮阳和山墙。

雨篷的曲线和建筑本身简单的直线形式形成了对比。雨篷的面层为不锈钢，中间是夹层玻璃，玻璃中有点状纹的胶片，可以减弱照向下面门廊的阳光。结构连接和支撑的细部经过改进，和设计构思相一致，并产生简单而有吸引力的效果。

同样建筑的外墙板也安装了遮阳。遮阳的功能是为了减少照进建筑内的直射阳光和热量，另外还可以作为清洁和维护立面与窗户的通道。遮阳的图案被做成荷花的样子，这是泰国外交部的标志。

在选择遮阳材料时考虑了建筑的维护。它们是用不锈钢做的，其中椭圆形的构件是用铝合金做的。遮阳按模数系统设计，用螺栓系统连接。金属连接板安装和干挂花岗石板同时进行。关键问题是金属连接板可以调整以保证遮阳的线条是水平的。

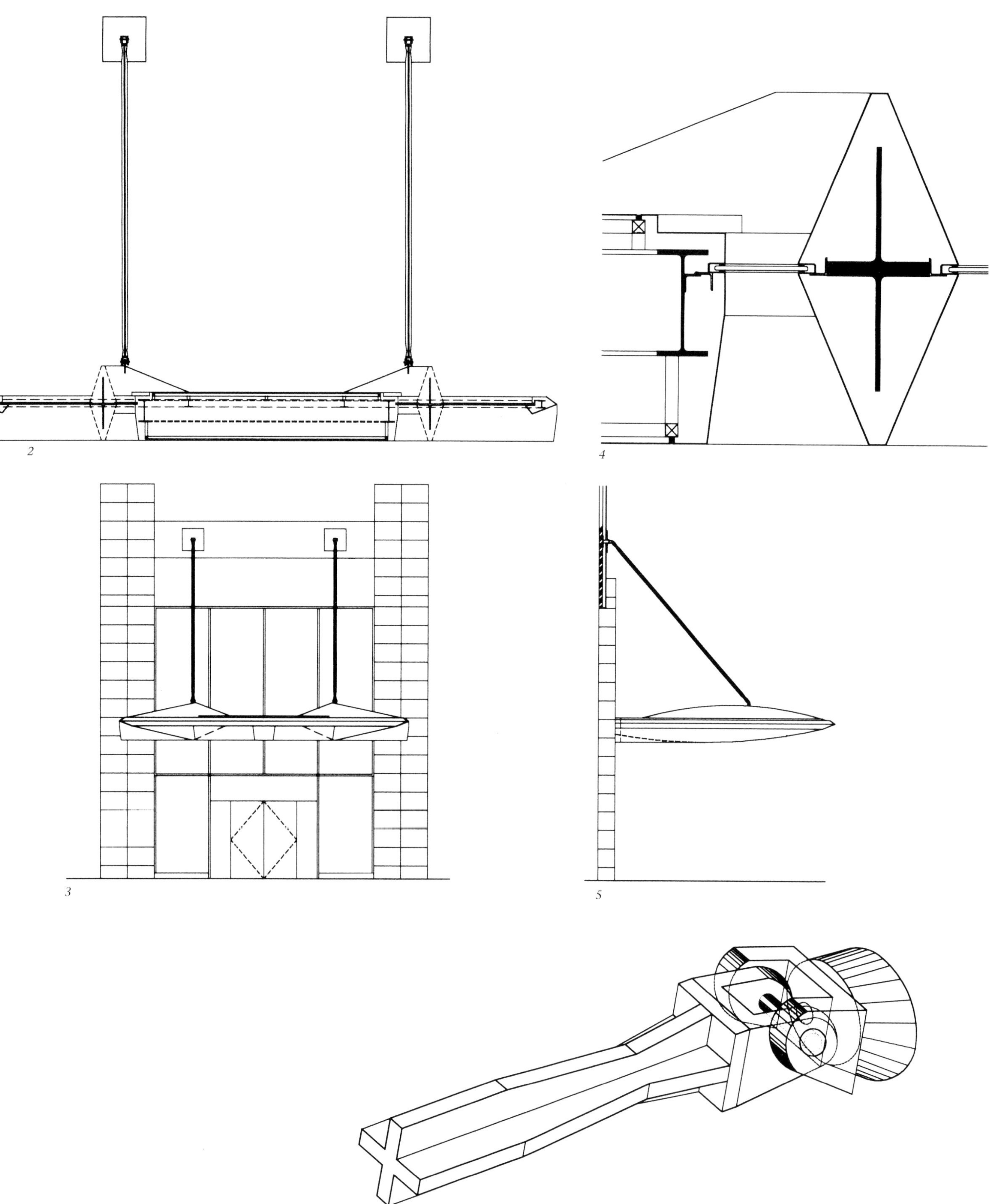
2
4
3
5
6

7

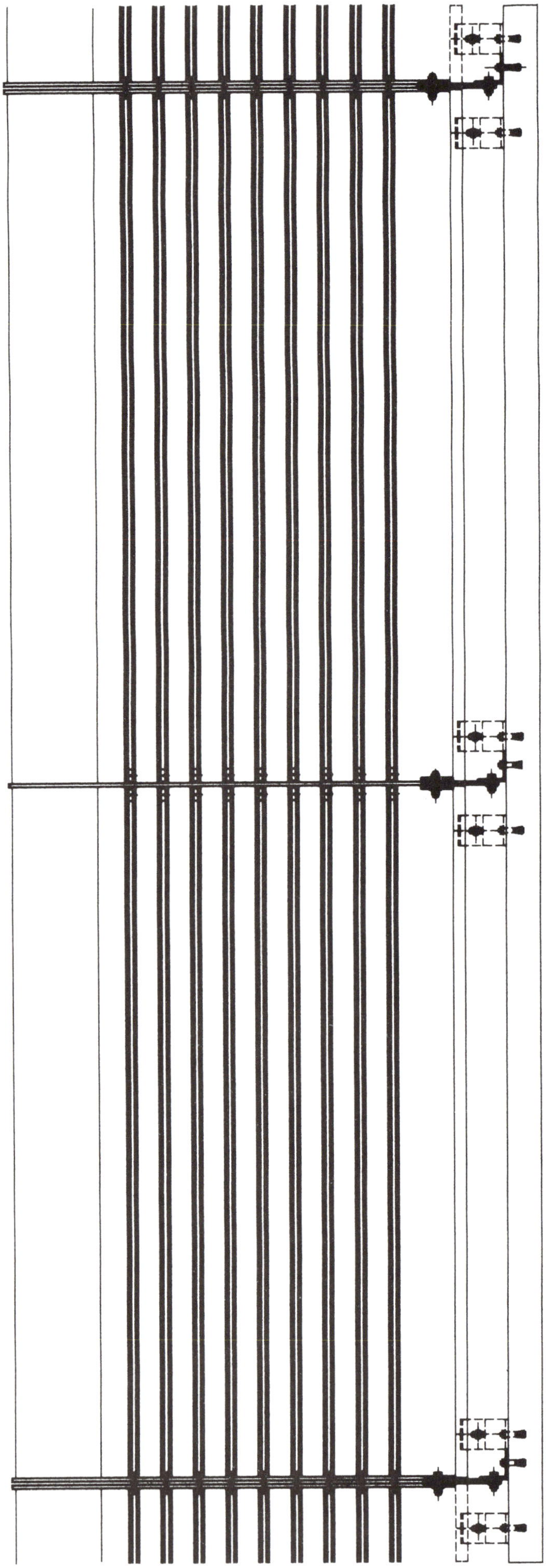

8

7 和 9　遮阳板平面
8　建筑立面，示遮阳
10　遮阳板剖面
摄影：Skyline Studio

9

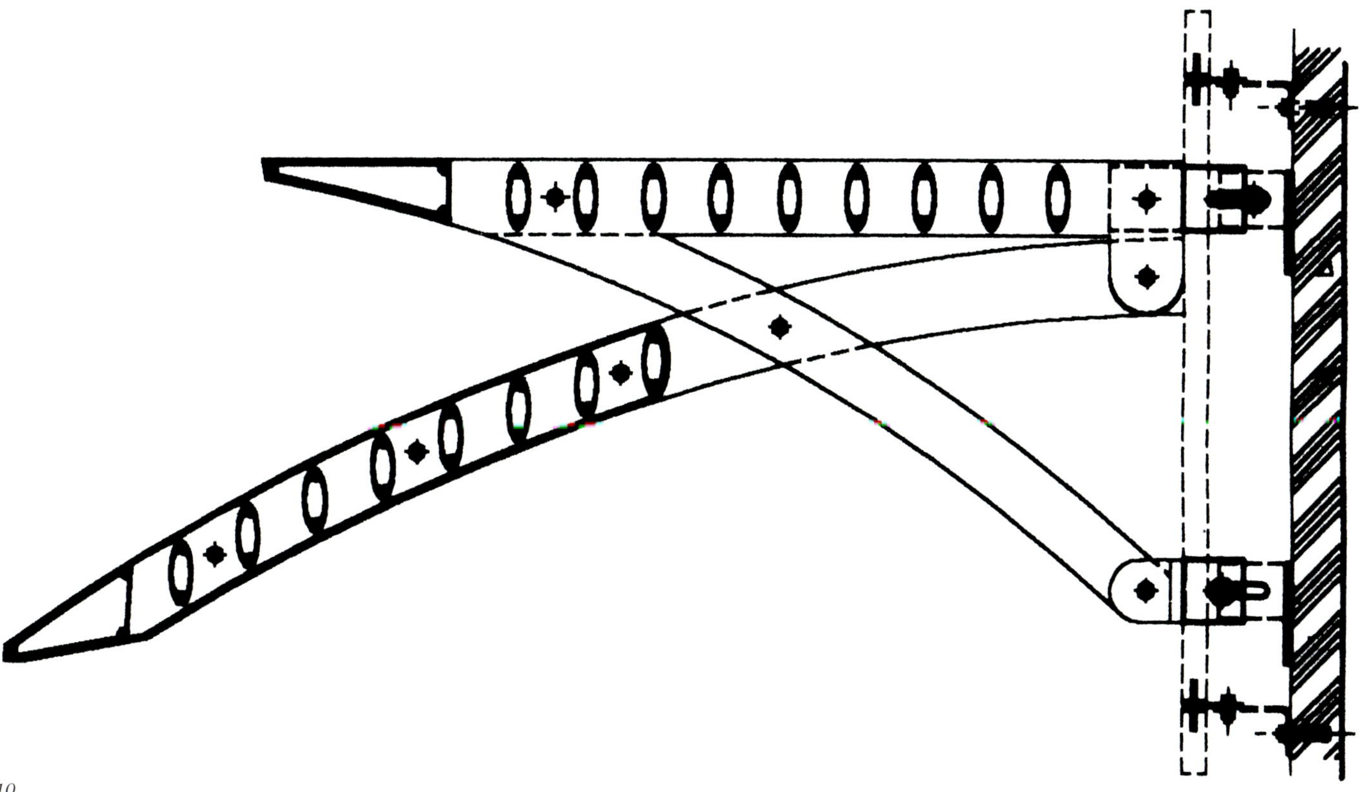
10

STAIRS, MEETING AREA AND RECEPTION

BENFIELD GREIG, LONDON, UK
Austin-Smith:Lord

楼梯、会谈区和接待处

英国，伦敦，伯恩菲尔德·格雷格
奥斯汀·S·洛德

1

2

1 玻璃楼梯
2 从上面往下看玻璃楼梯
3 和 4 玻璃楼梯构造详图
5 四层接待处，独具特色的弧形电视墙

对这片 6875m² 办公空间的装修改造，其中包括安装一座联系三层开敞式空间、促进员工之间更好交流的新楼梯，新的会议室和一个接待处。

这座新楼梯被设计成一件有趣味的东西，但是在实体上和视觉上并不夸张。楼梯由两根同一圆心的方钢组成跨接楼层间的半圆螺旋形梯梁。一根单独的吊杆位于每层楼梯跨中，简化了传向主要楼层的荷载，并控制了振动。

楼梯在场外预制，分段运输和装配，在现场焊接。仔细选用的彩色上射灯光给造型优美的楼梯增加了戏剧性。

新的接待处从电梯处后退并转过 45°。柜台由雀眼枫木、玻璃和钢组成，边上是特别设计的带铜和铝片装饰的立灯柱。柜台的背景是一片 6.25m 的投影屏幕，上面不停地播放 Benfield Greig 的业务介绍，并形成不停变幻的背景。

“蜗牛”形的会谈区，是设计的会谈概

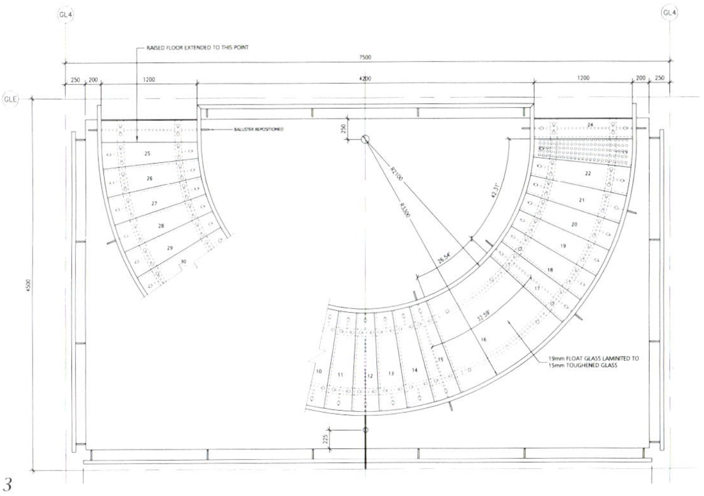

GL4
RAISED FLOOR EXTENDED TO THIS POINT
7500
250 200 1200 4200 1200 200 250
BALUSTER REPOSITIONED
19mm FLOAT GLASS LAMINATED TO 15mm TOUGHENED GLASS

3

GL4
GL5
DUMMY STRINGS ADDED TO EXISTING STAIR
1100
24 RISERS @ 172.5mm
4140
GLASS SUPPORT BRACKET
15mm TIE ROD BRACKET
19mm FLOAT GLASS LAMINATED TO 15mm TOUGHENED GLASS
200mm RASIED FLOOR

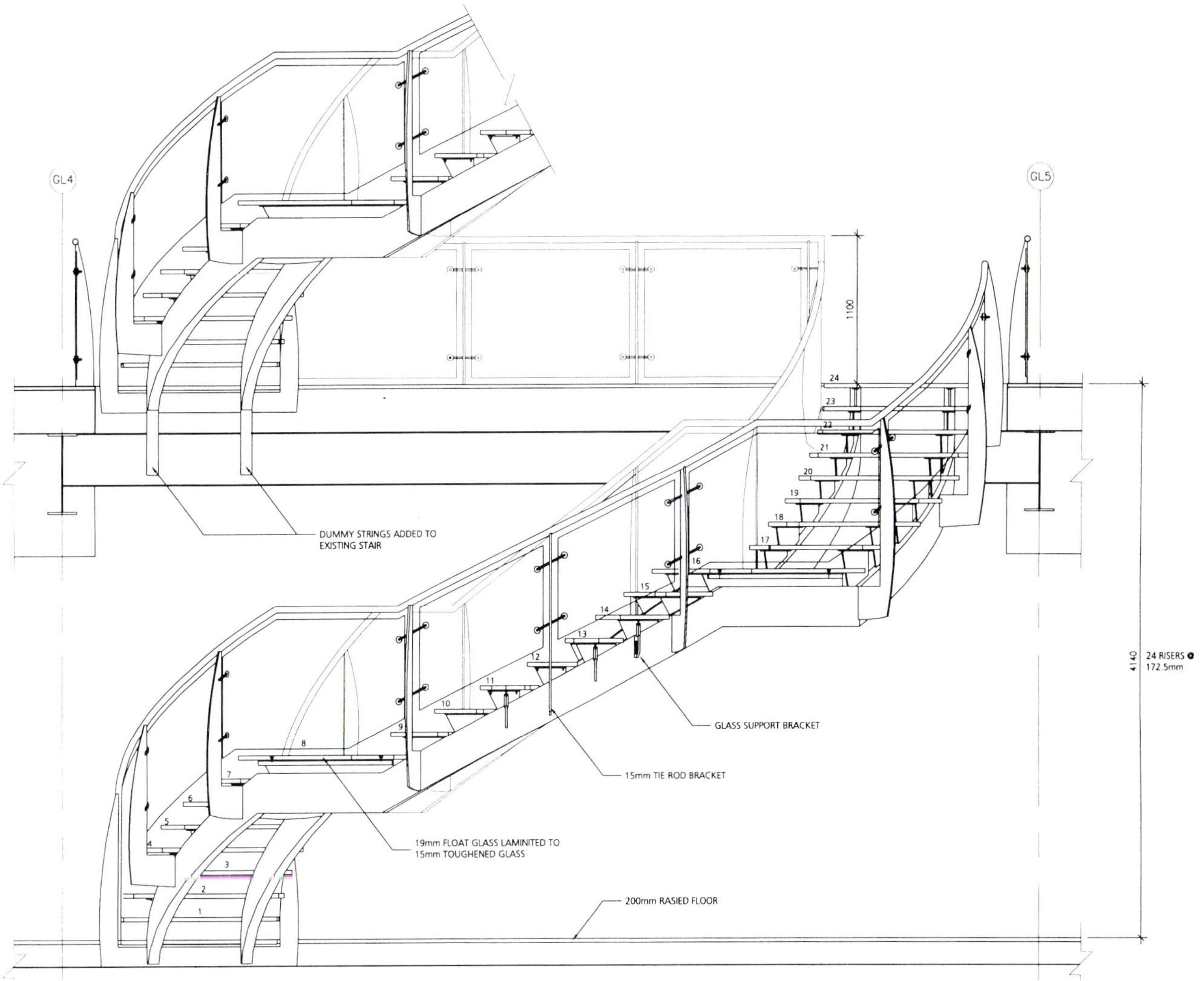

4

念的一个组成部分。职员的工作环境主要是开敞空间，会谈空间需要迎合不同的需求，从短暂的非正式谈话到正式的董事会议。设计的概念是使房间或空间具有各自的个性，并帮助设立会谈的模式。会谈区通过一个预订系统可提供所有职员使用。“蜗牛”的名字来自于用玻璃隔断围合成像蜗牛壳一样的外形特征。

5

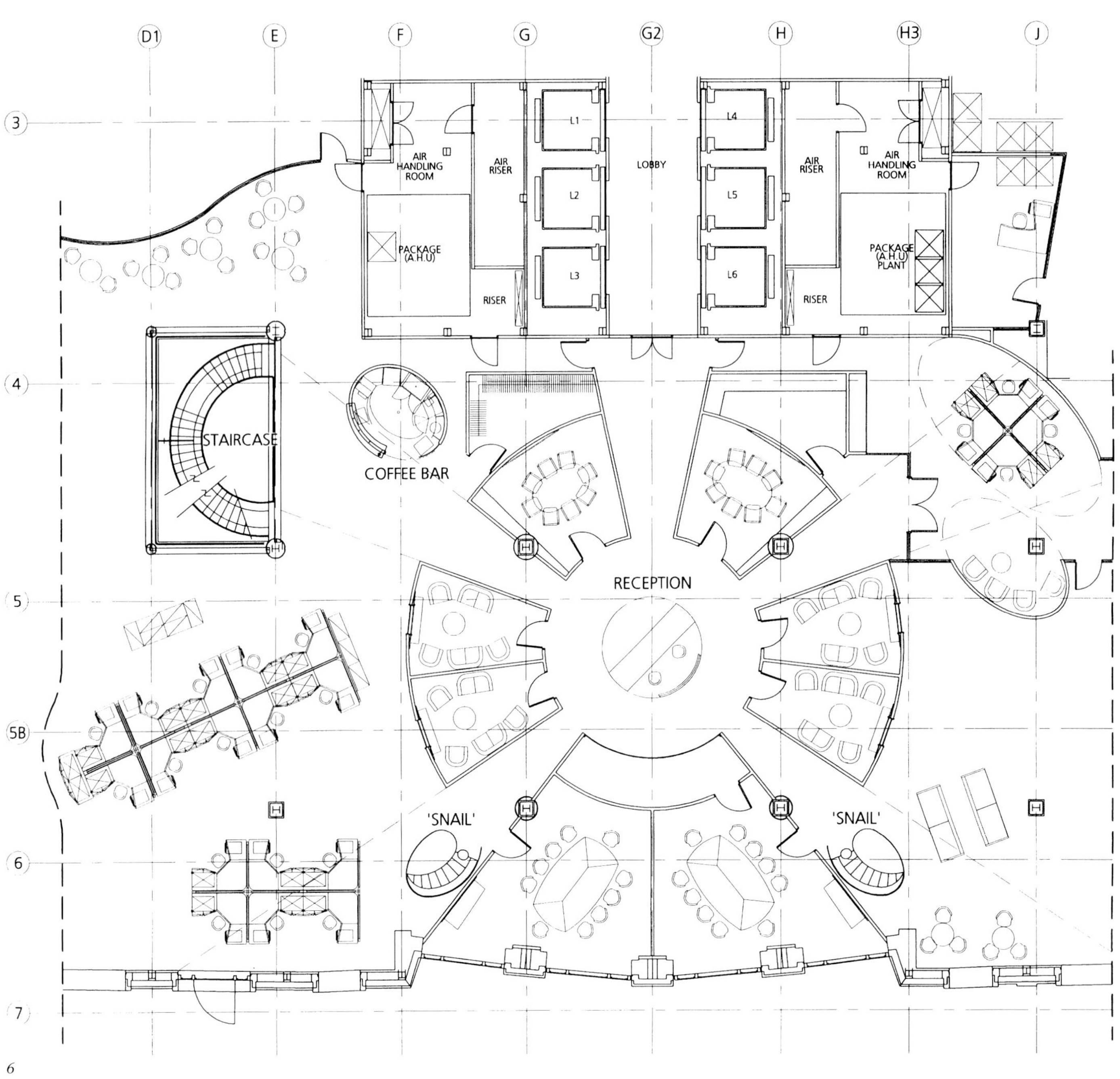
D1
E
F
G
G2
H
H3
J
3
4
5
5B
6
7
AIR HANDLING ROOM
AIR RISER
L1
LOBBY
L4
AIR RISER
AIR HANDLING ROOM
L2
L5
PACKAGE (A.H.U)
PACKAGE (A.H.U) PLANT
L3
L6
RISER
RISER
STAIRCASE
COFFEE BAR
RECEPTION
'SNAIL'
'SNAIL'

6

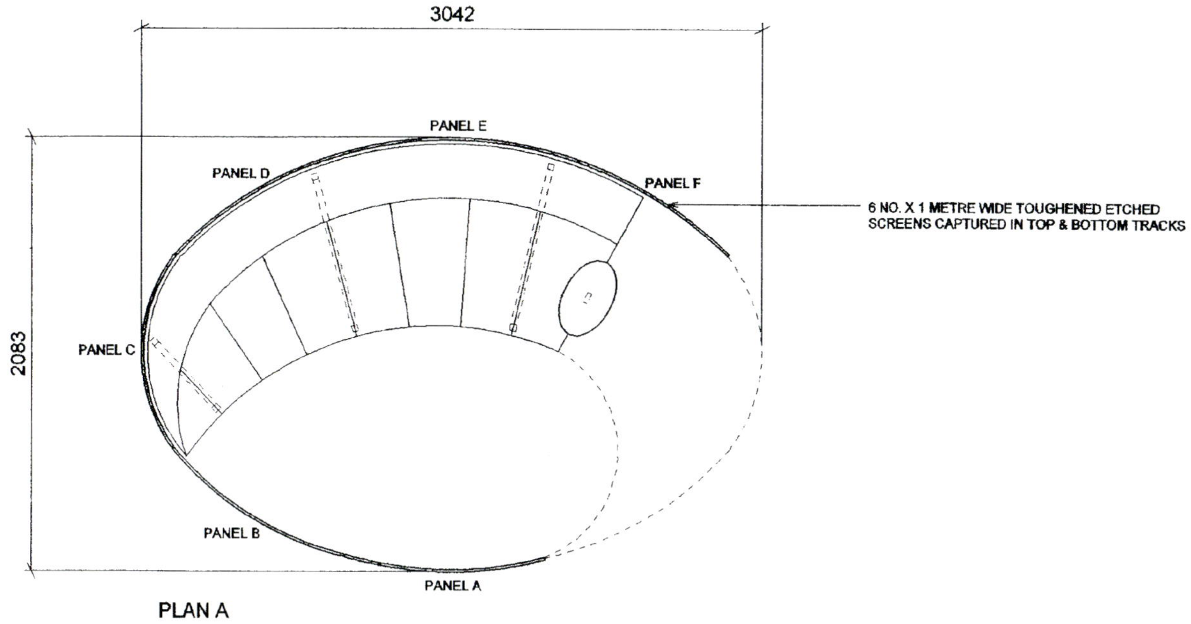

7

8

6　四层接待区平面详图
7　“蜗牛”——非正式会谈区详图
8　玻璃“蜗牛”会谈区内景
摄影：Philip Vile Photograph

CANOPY

QUEEN STREET MALL CENTRAL STRUCTURE, BRISBANE, AUSTRALIA

Bligh Voller Nield Pty Ltd

雨 篷

澳大利亚，布里斯班，皇后街商业街中心建筑

布莱特·V·尼尔德建筑师事务所

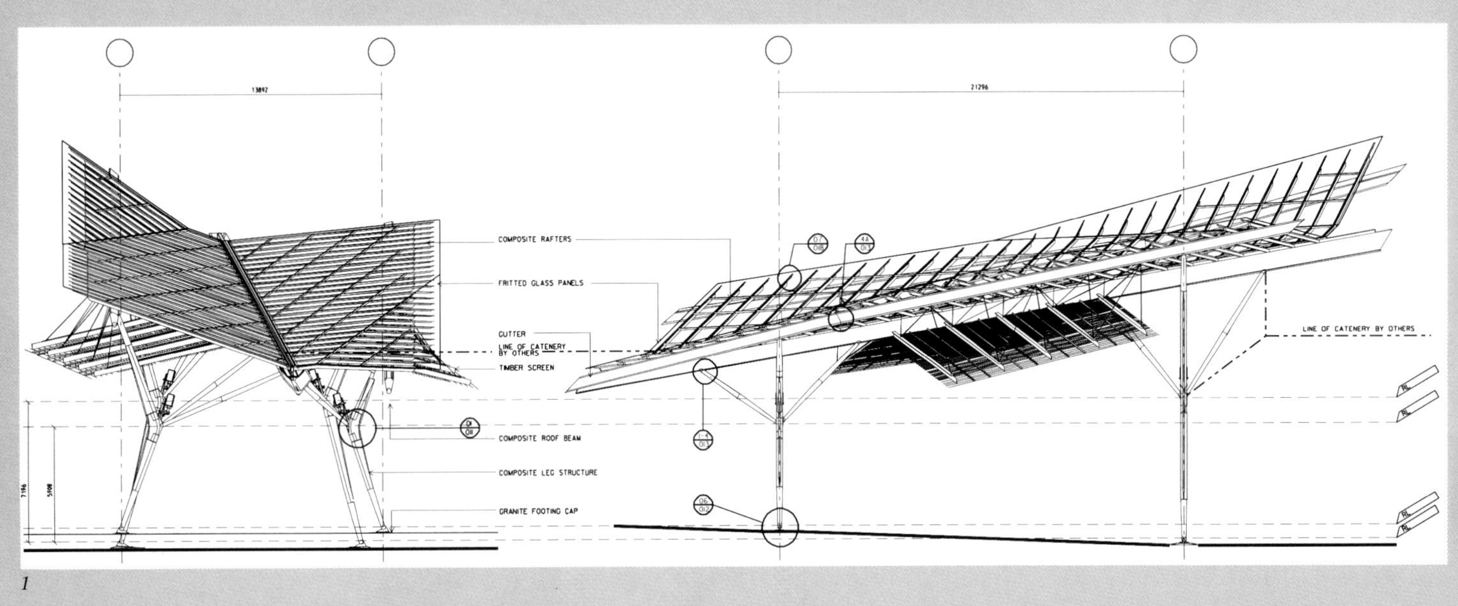

1

关于皇后街商业街的开发，布里斯班市议会得到来自不同团体的大量建议。设计与城市和街道的几何形状相呼应，包括商业街中心的一条线，那里组织和集中了不同使用功能的建筑，从咖啡馆、餐厅到舞台、步行道和通往地下汽车站的楼梯。这组城市建筑的中心是转角形的建筑，它给商业街带来新的轶序，并给应急车辆及服务提供了空间与通道。

按照设计原则的要求，一组具有新昆士兰建筑语言的丰富多彩的建筑围合着不规则的几何形状。屋顶是分层的倾斜半透明聚碳酸酯板，由型钢梁和圆柱支撑，屋顶是半透明、光线、阴影、通透和框架的游戏。许多建筑有两层屋顶，一层是挡雨屋顶，第二层是遮阳。

柱由支撑约束，减小了结构尺寸。中心建筑用一种不同的成型管柱支撑着玻璃的挡雨屋顶和木头的遮阳屋顶。这是专门建的综合的建筑，和其他运用在较小建筑中的成套

2 3 4

1 雨篷立面
2－4 雨篷结构外观

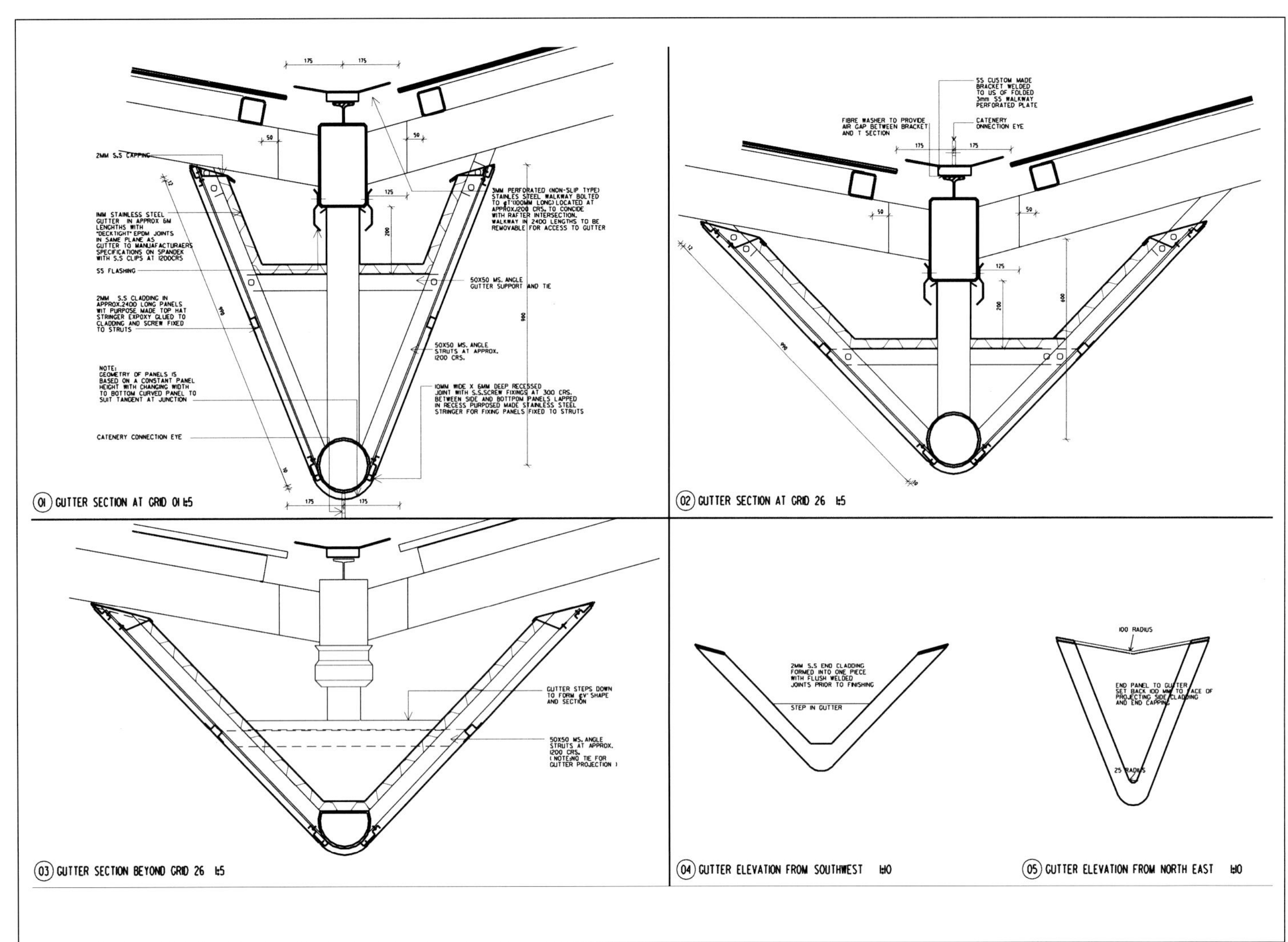

5

构件的系列和种类相反。屋顶材料从聚碳酸酯变成玻璃，标志着它有特别的城市作用。它用它更具有人性的一面和聚酯玻璃和钢材的多样性与生动性形成对比。

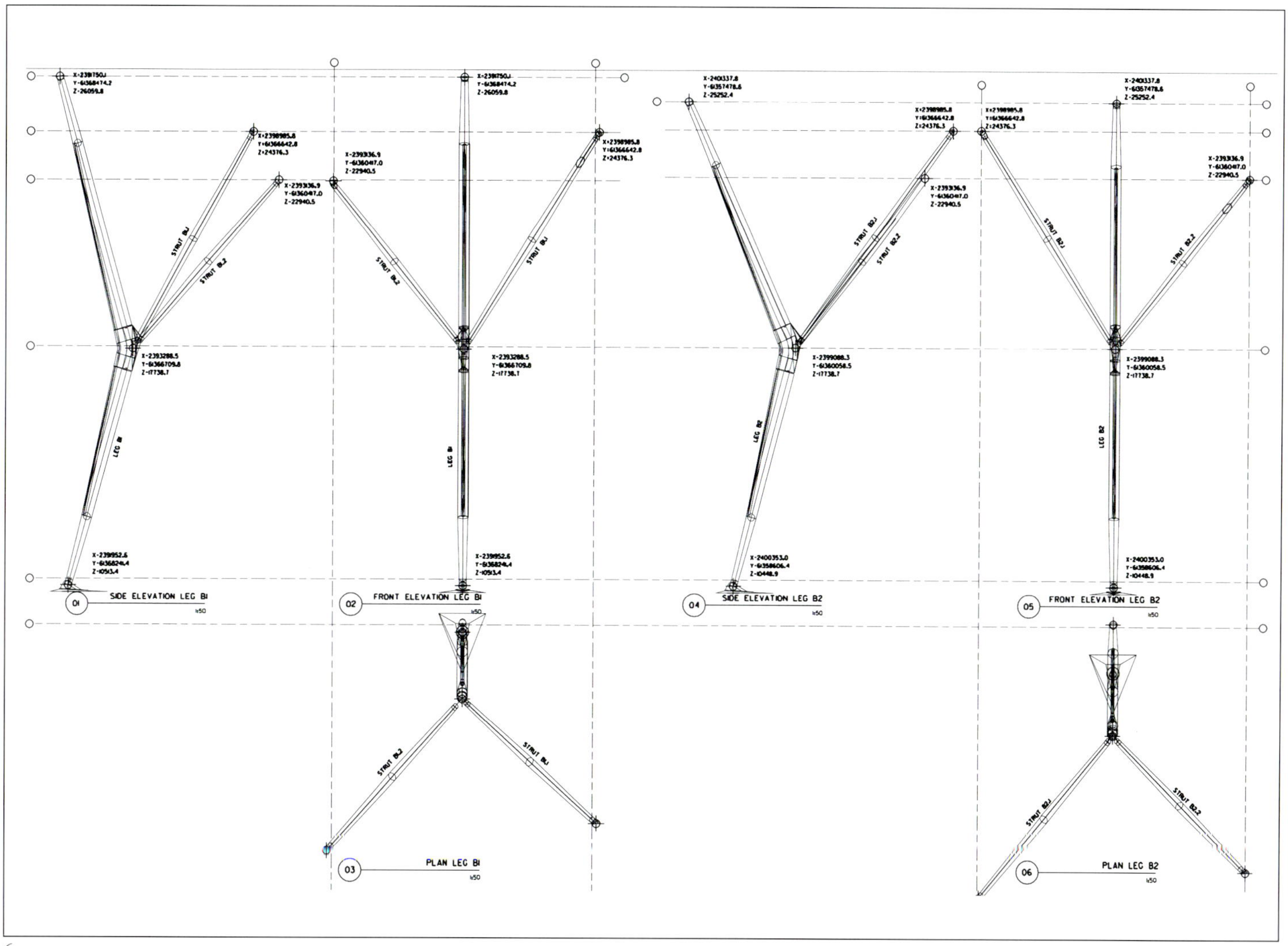

01 SIDE ELEVATION LEG B1 1:50

02 FRONT ELEVATION LEG B1 1:50

03 PLAN LEG B1 1:50

04 SIDE ELEVATION LEG B2 1:50

05 FRONT ELEVATION LEG B2 1:50

06 PLAN LEG B2 1:50

6

7

5　天沟剖面
6　侧立面和正立面
7　天沟外观
摄影：David Sandison

FOOTBRIDGES

RETAIL AREA, CENTRO EMPRESARIAL NAÇÕES UNIDAS (CENU), SÃO PAULO, BRAZIL
Botti Rubin Arquitetos Associados

人行桥

巴西，圣保罗，CENTRO EMPRESARIAL NACÕES UNIDAS （CENU），零售区
博蒂·鲁宾建筑师事务所

1

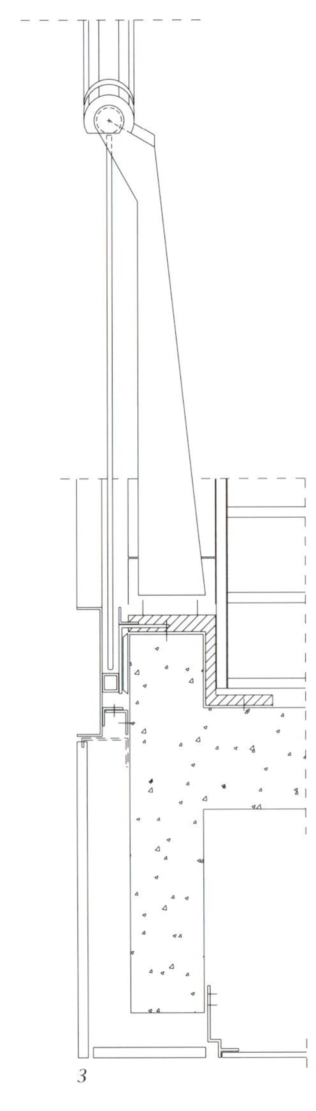

3

1 人行桥
2 零售区
3 侧面扶手详图
4 结构支撑和扶手详图
5和6 桥身桁架与结构锚固剖面
7 人行桥平面和剖面
8 从下方仰视人行桥
摄影：Tuca Reinés

2

三座 CENU 塔楼（两座办公楼和一座 506 间客房旅馆）内有地下零售商店和餐厅。商业区位于主体建筑的地下部分，中央 15m 高中庭的采光屋顶给其中带来自然光线和景观。

步行桥位于商店的上层联系了人行交通。这些桥的结构和屋顶的空间网架结构一样。桥面是用 36mm 厚半透明玻璃做的，扶手是用铝合金管固定在 20mm 厚透明钢化玻璃板上。

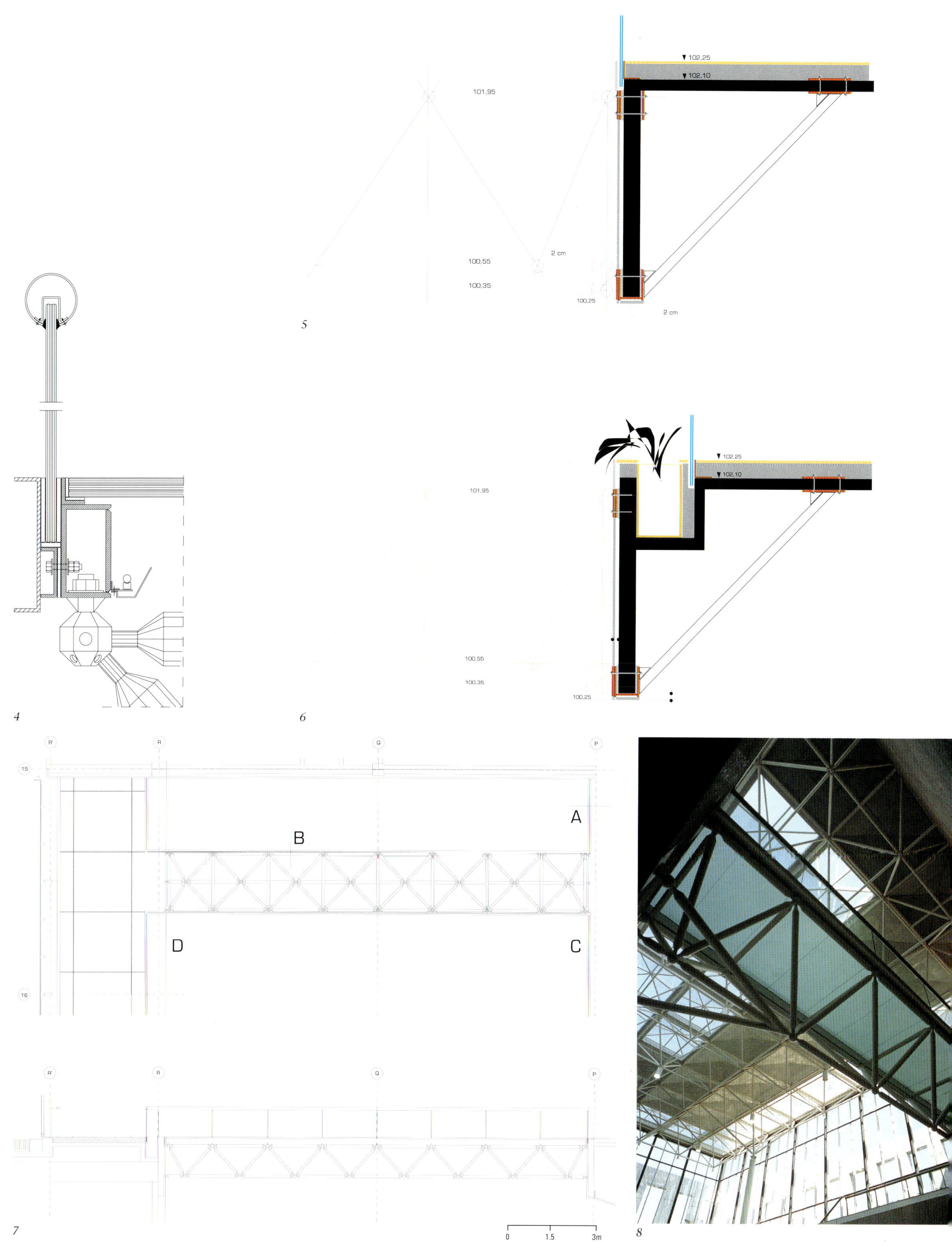
102,25
102,10
101,95
2 cm
100,55
100,35
100,25
2 cm
102,25
102,10
101,95
100,55
100,35
100,25
R'
R
Q
P
15
A
B
D
C
16
R'
R
Q
P
0
1.5
3m

4

5

6

7

8

GLASS CANOPIES

CENU NORTH & WEST TOWERS, OF THE CENTRO EMPRESARIAL NAÇÕES UNIDAS, SÃO PAULO, BRAZIL

Botti Rubin Arquitetos Associados

玻璃雨篷

巴西，圣保罗，CENTRO EMPRESARIAL NACÕES UNIDAS，CENU 西塔楼和北塔楼

博蒂·鲁宾建筑师事务所

1

3

4

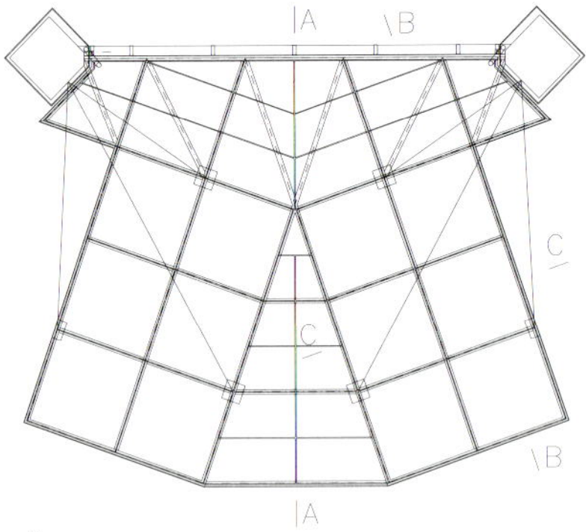
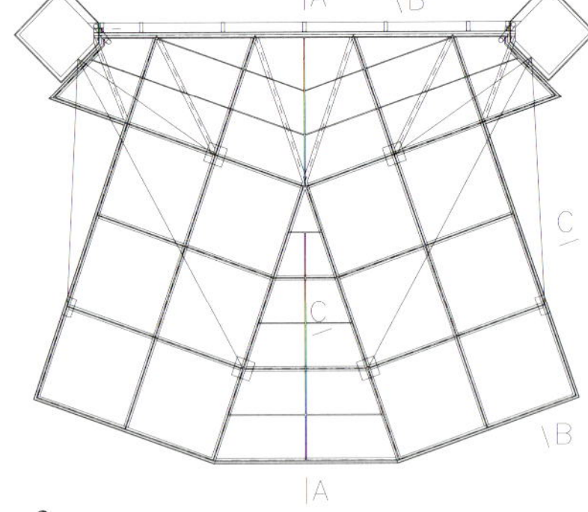

2

这两个雨篷位于两座办公塔楼的入口上，它们是总面积 27.5 万 m² 的 CENU 综合体三座塔楼中的两座。第三座塔楼是一座 506 间客房的希尔顿旅馆。这两座办公楼都是钢结构，铝合金框架支撑双层透明玻璃板。中间是纤维光学照明。

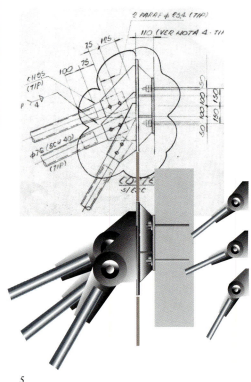

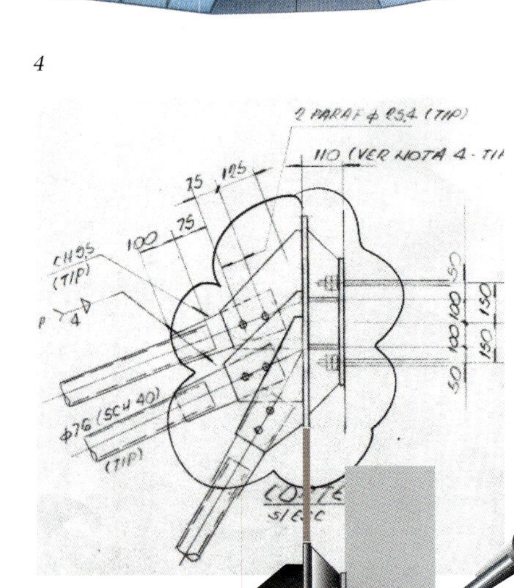

5

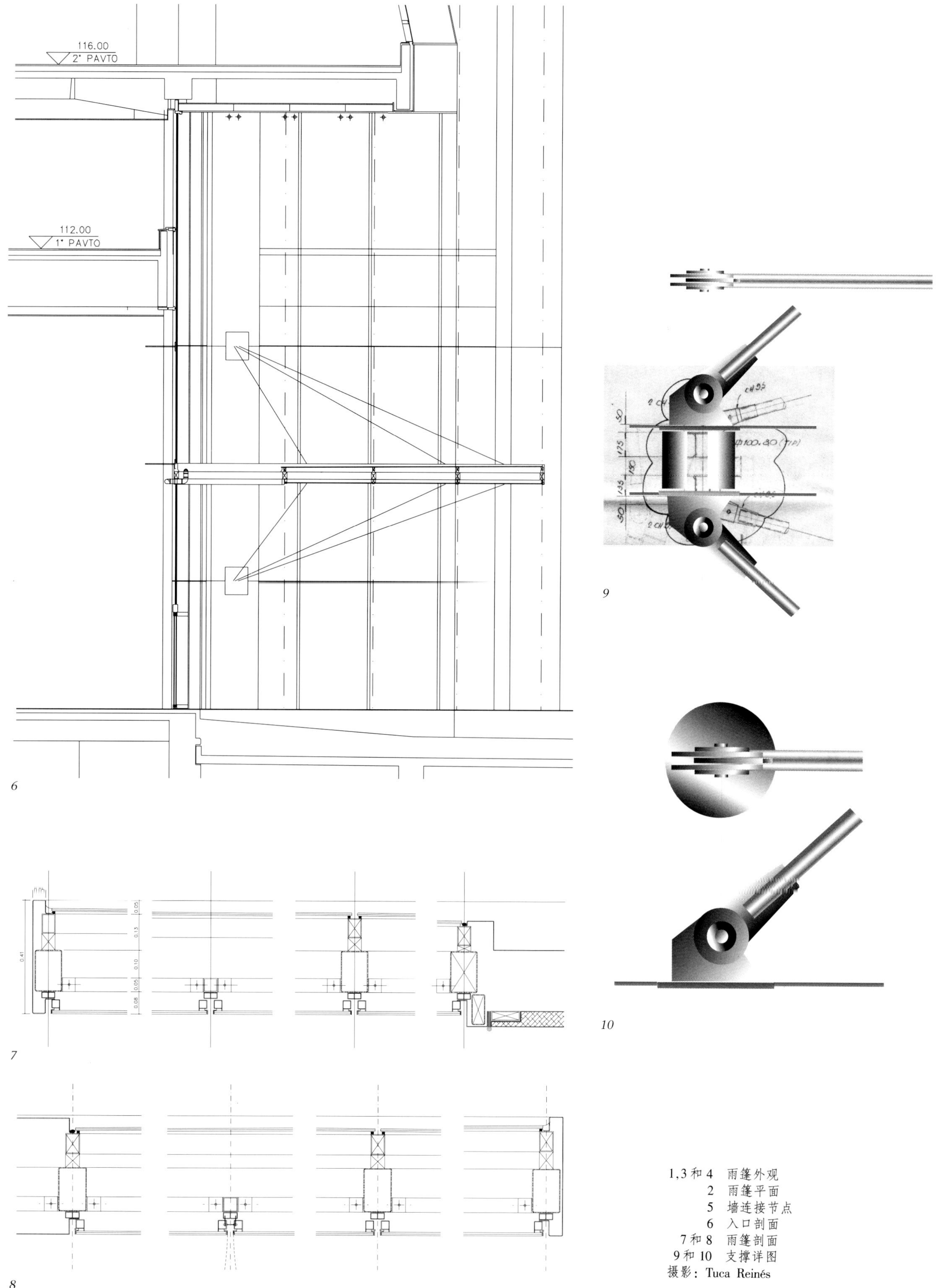

1,3和4　雨篷外观
2　雨篷平面
5　墙连接节点
6　入口剖面
7和8　雨篷剖面
9和10　支撑详图
摄影：Tuca Reinés

ROOF STRUCTURE

CARLOS BRATKE'S RESIDENCE, AVENIDA OSCAR AMERICANO, SÃO PAULO, BRAZIL

Carlos Bratke Ateliê de arquitetura

屋顶结构

巴西，圣保罗，AVENIDA OSCAR AMERICANO，卡洛斯·布拉特克住宅

卡洛斯·布拉特克建筑事务所

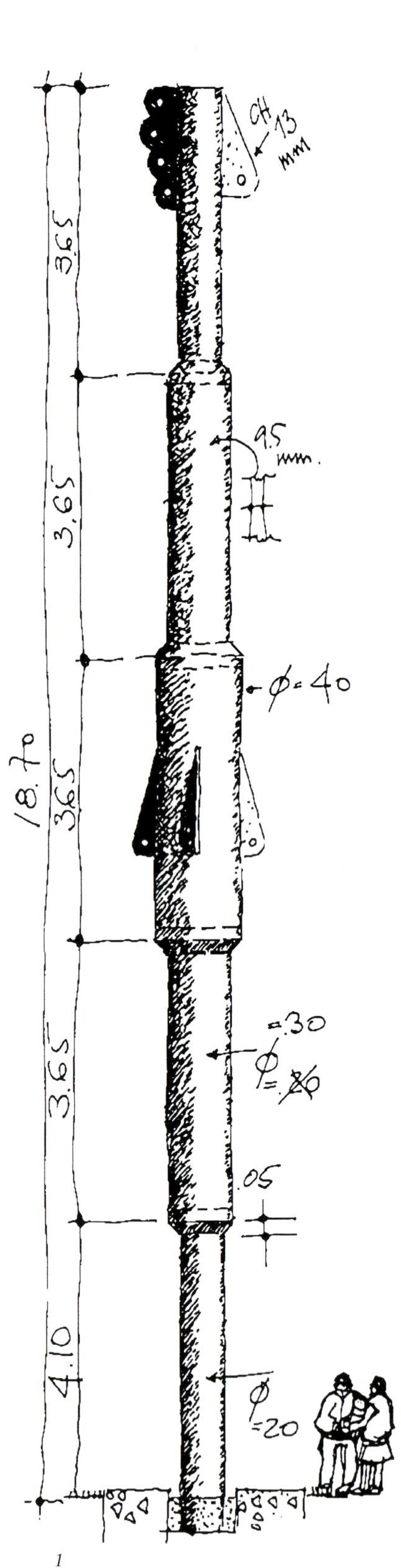

1

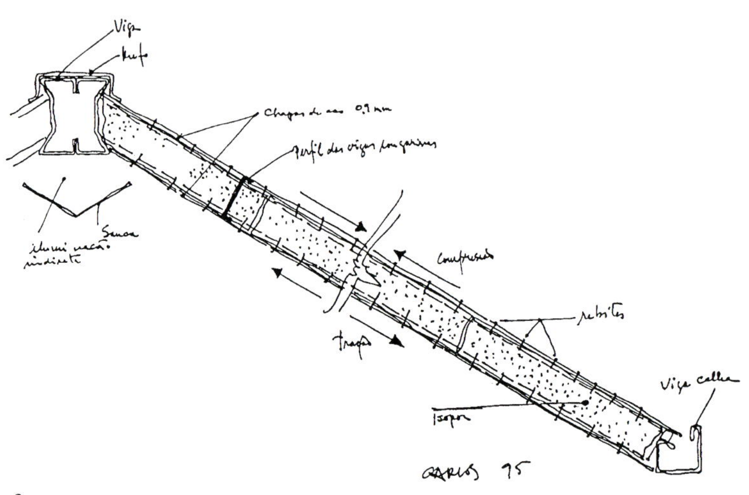

2

3

设计这座住宅的灵感来自于一座宅中之宅的构思。

金属屋顶及其结构支撑像以传统形式建设的区域。然而，建筑体块从街道后退4m，暗示着一种对传统二层住宅的转化。起居室位于街道层，其他房间如卧室，位于下层。这样很好地解决了街道噪声的问题。住宅位于闹市街道，这就是方案着重考虑噪声问题，并且临街立面用20cm厚的混凝土墙完全封闭的原因。

住宅屋顶结构的选择是让它能反射声波，这是为本工程做的最简单的解决方案。

1 支柱详图
2 屋面详图
3 和 4 屋顶结构和支柱外观
5 立面
6 支柱
7 混凝土柱中固定雨水天沟详图
8 从水池一侧看屋顶结构
摄影：Carolina Bratke

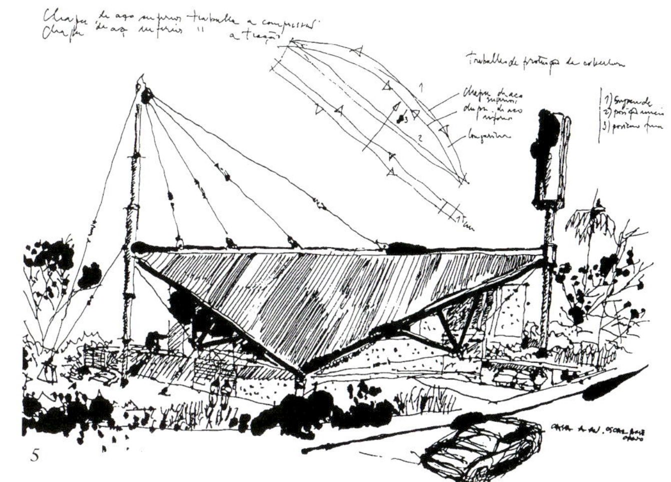
5

4

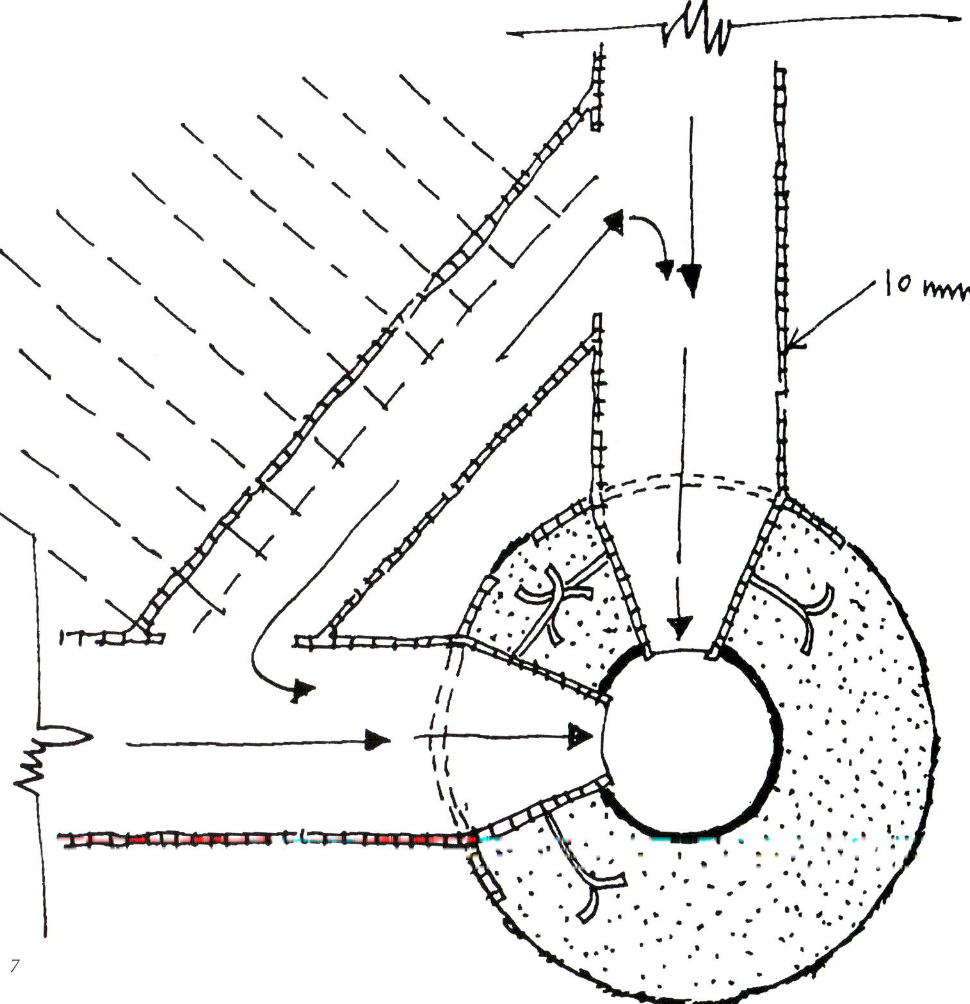

7

6

8

TRELLIS

CONSORCIO – VIDA BUILDING, SANTIAGO, CHILE

Enrique Browne & Associates, Architects in association with Chemetov + Huidobro, Architects

格 架

智利，圣地亚哥，CONSORCIO—VIDA 大厦

恩里克·布朗建筑师事务所与 Chemetov + Huidobro 建筑师事务所合作

1

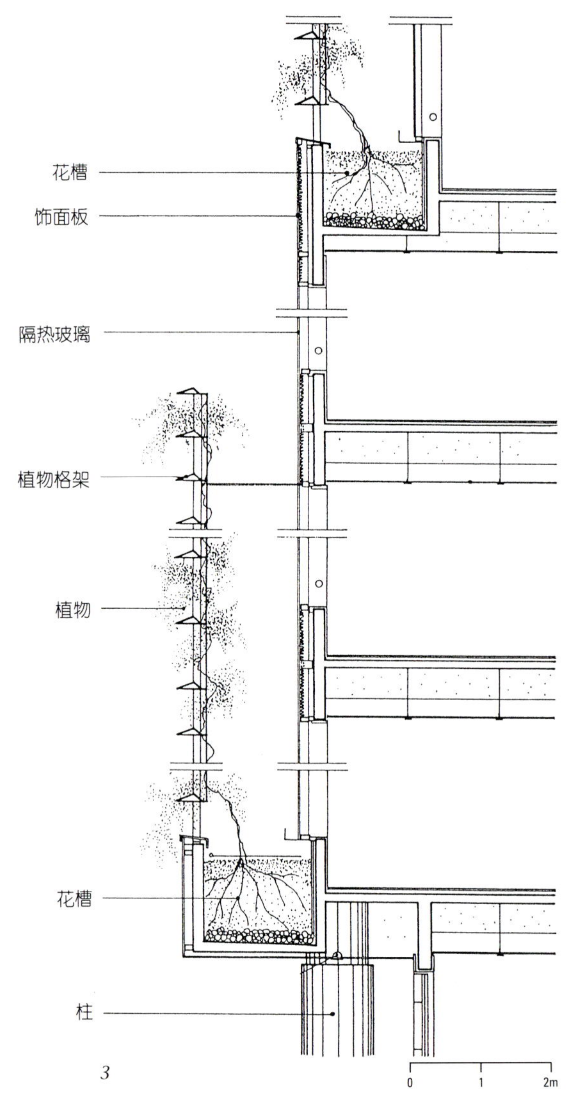

3

2

这座位于智利圣地亚哥的办公楼的特点是在朝西的墙上安装了格架，来遮挡夏日炎热的太阳。建筑有两个主要的体量，其中主要的一个有 16 层，75m 长。

设计中运用技术和自然相结合的方法遮挡西立面。运用了双层隔热玻璃，并在外面运用了绿化。西立面的绿化减小了建筑吸收的热量，将建筑变成一个 3200m² 的垂直花园，使建筑生气勃勃，并在不同的季节里有多变的外观。

格架距建筑约 1.5m，使立面清洁机有操作的空间。清洁机也供园艺师修整植物。大型金属雨篷遮蔽着建筑的最上面两层，并成为立面的结束。

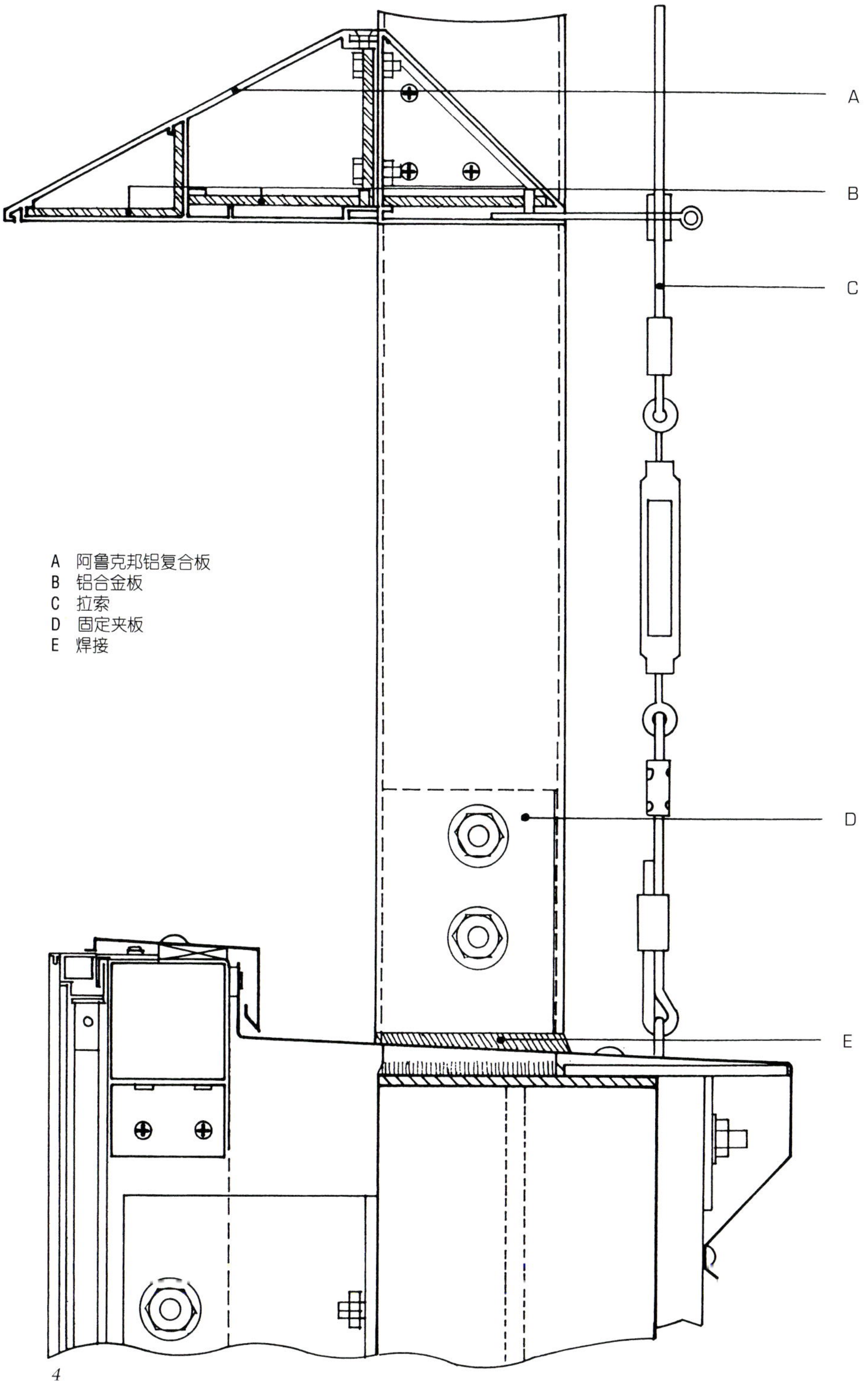

A
B
C
D
E

A 阿鲁克邦铝复合板
B 铝合金板
C 拉索
D 固定夹板
E 焊接

4

5

6

1 格架内景
2 西立面外观
3 垂直格架详图
4 格架剖面详图
5 西立面外观
6 从室内透过格架往外看
摄影：Enrique Browne(1)，Guy Wenborne(2，5&6)

WATERFALL AND WINDMILL

WHEELWRIGHT RANCH, OAKLEY, UTAH, USA
Carol R. Johnson Associates, Inc.

瀑布和风车

美国，犹他州，奥克利，惠尔赖特牧场
卡罗尔·R·约翰逊事务所

1

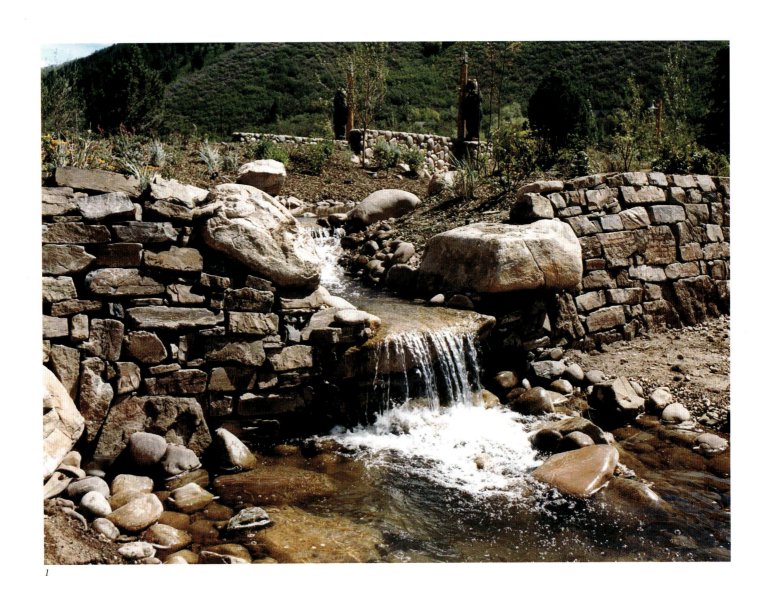

1 矮墙、小瀑布与水池
2 小瀑布和水池平面
3 小瀑布剖面

惠尔赖特牧场是一片17ha的土地，坐落在犹他州奥克利市的威伯河上方。业主从工程一开始就聘请卡罗尔·R·约翰逊事务所与建筑师一起工作，给住宅定位，设计场地及其他相关的建筑。并且，开辟了开阔的田野，新的道路与小径，设计和建造了一些新的建筑与构筑物，包括入口大道、畜舍、骑马专用道、围场、一座风车和水池。

设计结合了水流和风能的可持续利用系统。水从威伯河中被抽上来汇集在水池中，然后从一片矮墙上跌落下去，流进一个石岸的饮马池，最终流回到河里。

一架风车水泵将水抽进水池子，使水在系统中循环。水流中还设计了分支阀门，可以把水抽向高处的田野去灌溉15ha的牧场和围场。

基地中的天然石块运用到建筑与景观建设中。矮墙砌成斜坡，成为马的蓄栏，并保持了从住宅中穿越田野的视线。矮墙是用开挖水池和溪流时采出的大小石块干垒成的。河流从表层土中冲刷出的卵石用作桥的表面，房屋基础的饰面和水池与溪流的驳岸。

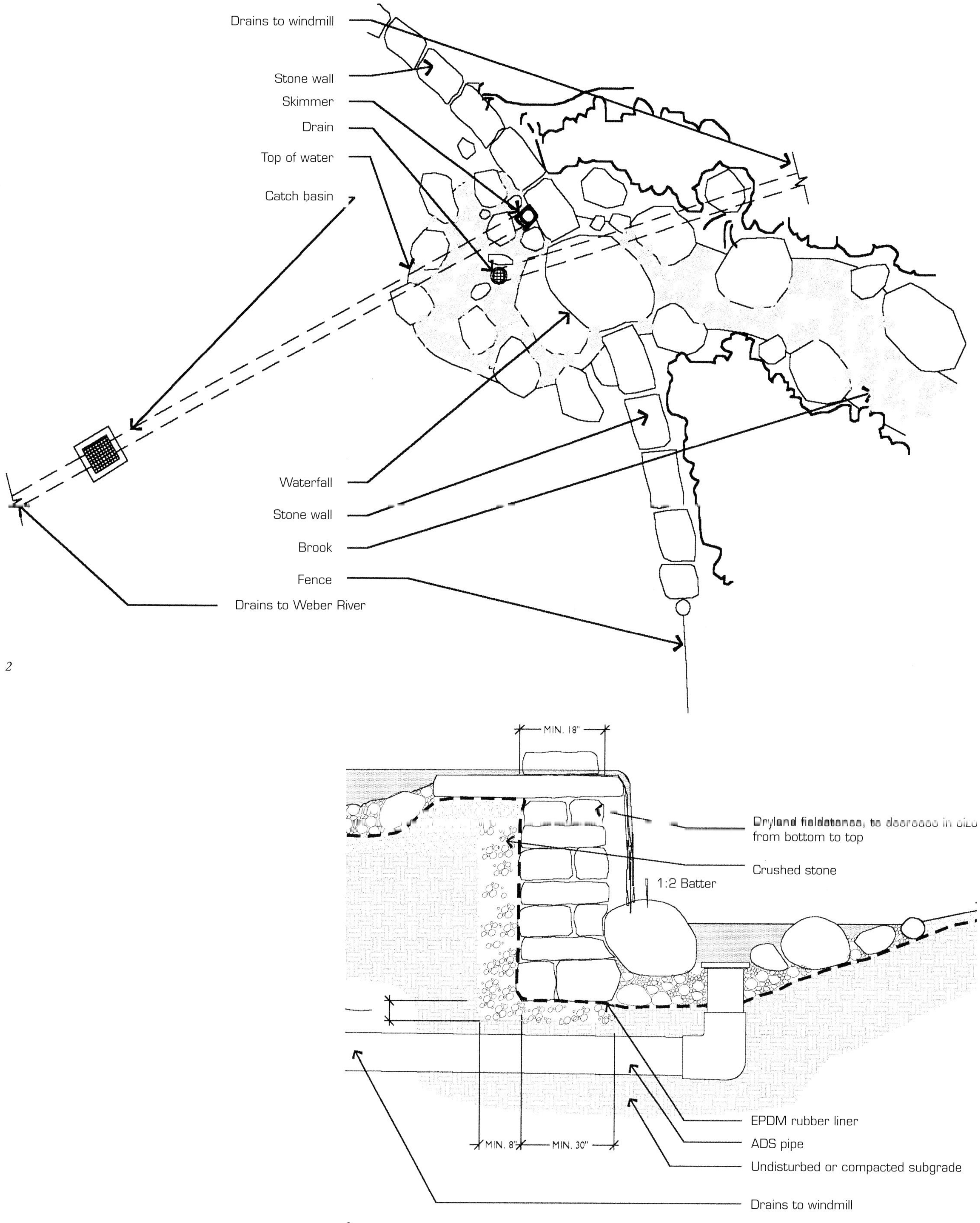
Drains to windmill
Stone wall
Skimmer
Drain
Top of water
Catch basin
Waterfall
Stone wall
Brook
Fence
Drains to Weber River
MIN. 18"
Dryland fieldstones, to decrease in size from bottom to top
Crushed stone
1:2 Batter
EPDM rubber liner
ADS pipe
Undisturbed or compacted subgrade
Drains to windmill
MIN. 8"
MIN. 30"

2

3

4

4 池边住宅，风车和石桥全景
5 风车和水泵剖面
摄影：Jack Okland，Jr. & Company

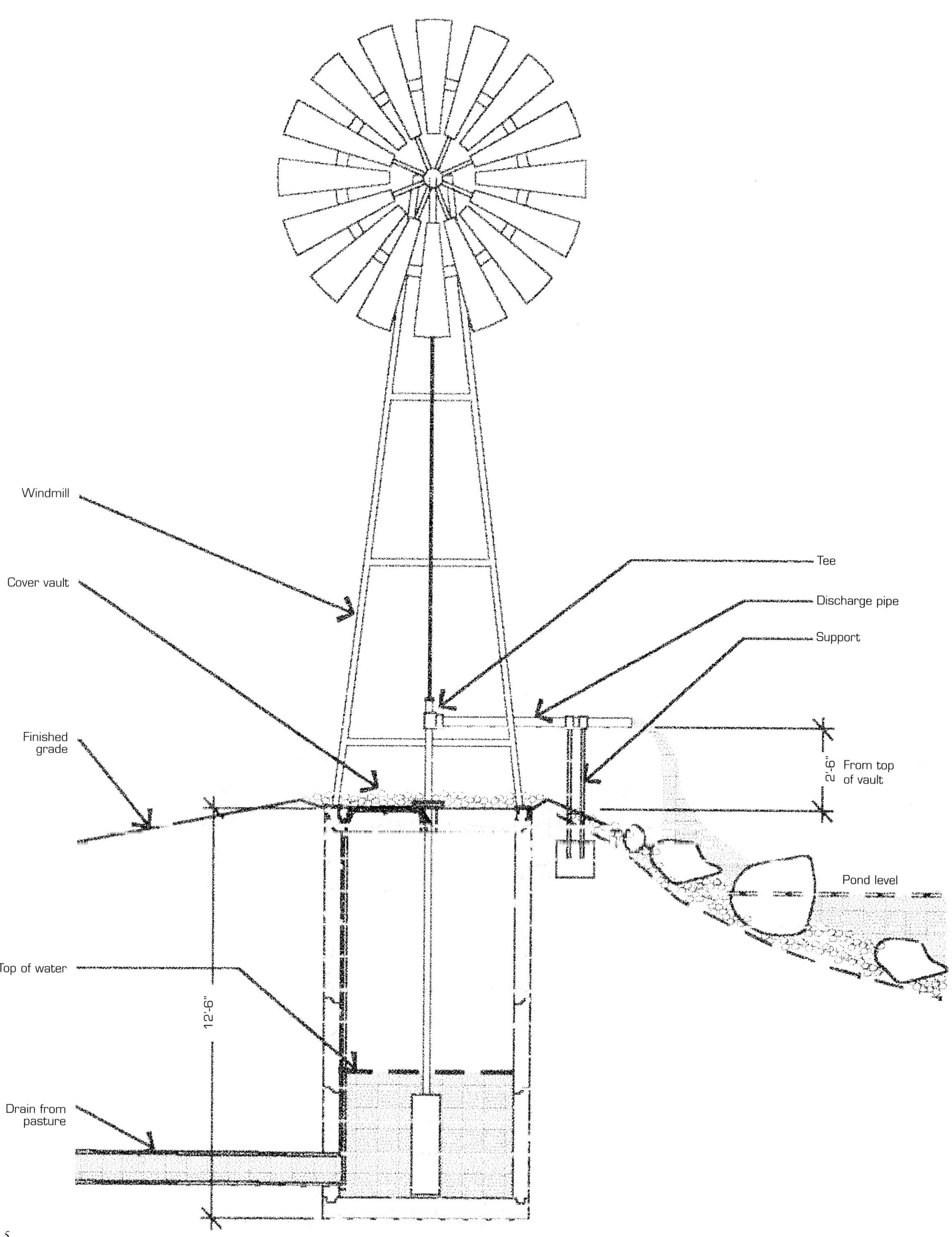
Windmill
Cover vault
Finished grade
Top of water
Drain from pasture
12'-6"
Tee
Discharge pipe
Support
2'-6"
From top of vault
Pond level

5

EXPOSED CONCRETE VAULTS

THE CONRAN SHOP, MARYLEBONE, LONDON, UK
Conran & Partners

清水混凝土拱

英国，伦敦，Marylebone，康兰商店
康兰与合伙人事务所

1

2

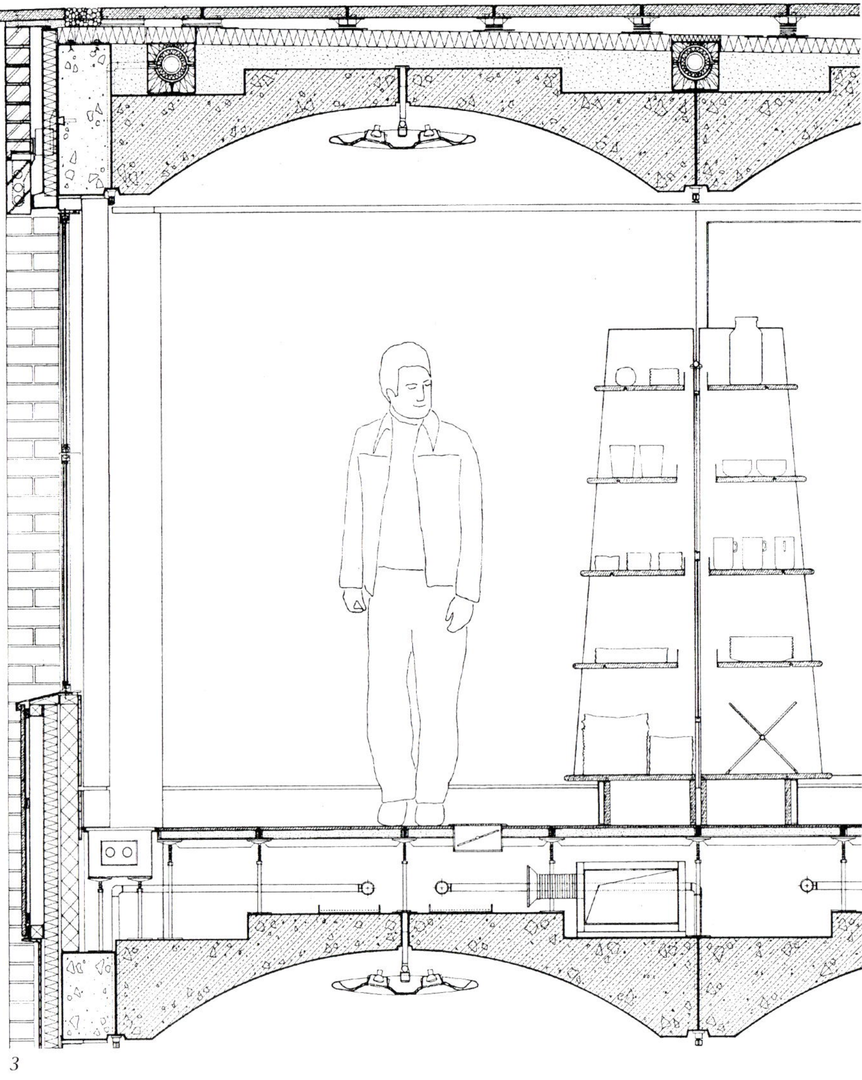

3

1 预制构件的安装
2 预制混凝土构件
3 商店与平台剖面详图
4 典型开间内景
5 商店和餐厅剖透视
6 现浇柱与梁和预制螺栓连接细部
摄影：Peter Cook（4&6）
Hark Fairhurst（1&2）

在位于伦敦 Marylebone 高街的原有马房建筑立面后新建的康兰商店运用了清水混凝土结构，来创造一种“高级仓库”的感觉。其中是一座现代百货商场，销售各种设计用品。

设计构思是选用清水混凝土结构拱作为贯穿整个建筑的一种综合性元素，排除了通常商店设计所用的吊顶。

为了达到高质量的自身完成面，制造商和工程师对混凝土和模板作了仔细的规定。

选用了一块经喷砂清理过的钢模板来制作全部构件。由于原有建筑限定了基地的形状，这块模板用来制作按透视法缩短的构件，使模板的制作达到最少，保持了很好的经济性。

仔细挑选了一种由石灰石集料和硅酸盐水泥混合形成的石灰白色，避免了用标准灰水泥有时会产生的单调乏味的外观。

为了让管线能集中，运用了一种便于拆卸的架空地板系统。楼板上的穿孔经过协调

4

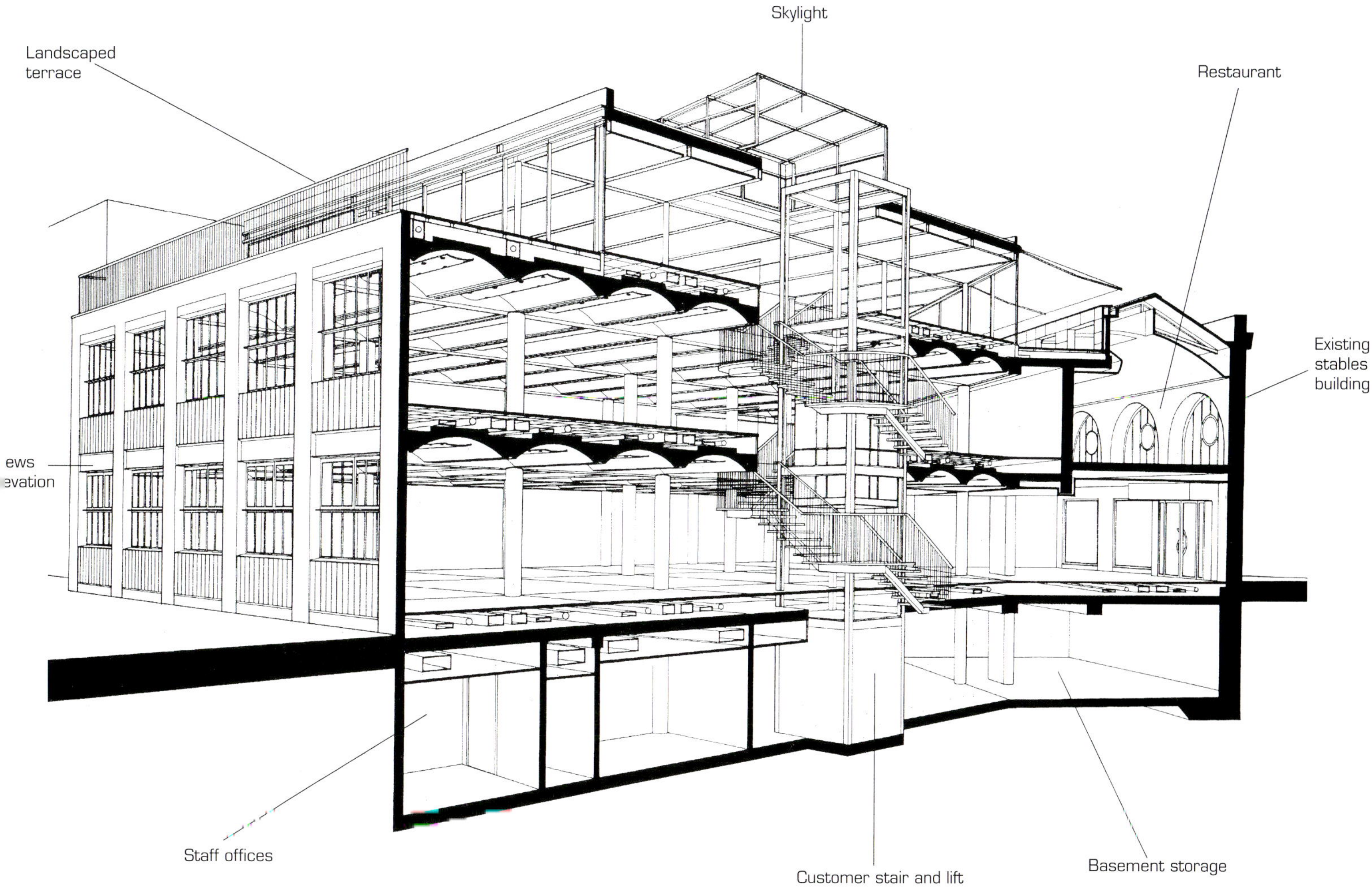

Skylight

Landscaped terrace

Restaurant

Existing stables building

ews evation

Staff offices

Customer stair and lift

Basement storage

5

能让烟感、喷淋、照明、供电和空调管线通过。混凝土构件边角带有线脚和凹槽，在经过容易损坏构件的脱模过程后，保证所有边角保持挺直。

照明光带悬吊在混凝土拱下，为下面的商品提供了理想的点光源照明，柔和的上射光强调了上面混凝土流畅的曲线。

6

ATRIUM PERGOLA

SINGAPORE EXPO, CHANGI, REPUBLIC OF SINGAPORE
The Cox Group

门廊棚架

新加坡，樟宜，新加坡博览会
考克斯集团

1

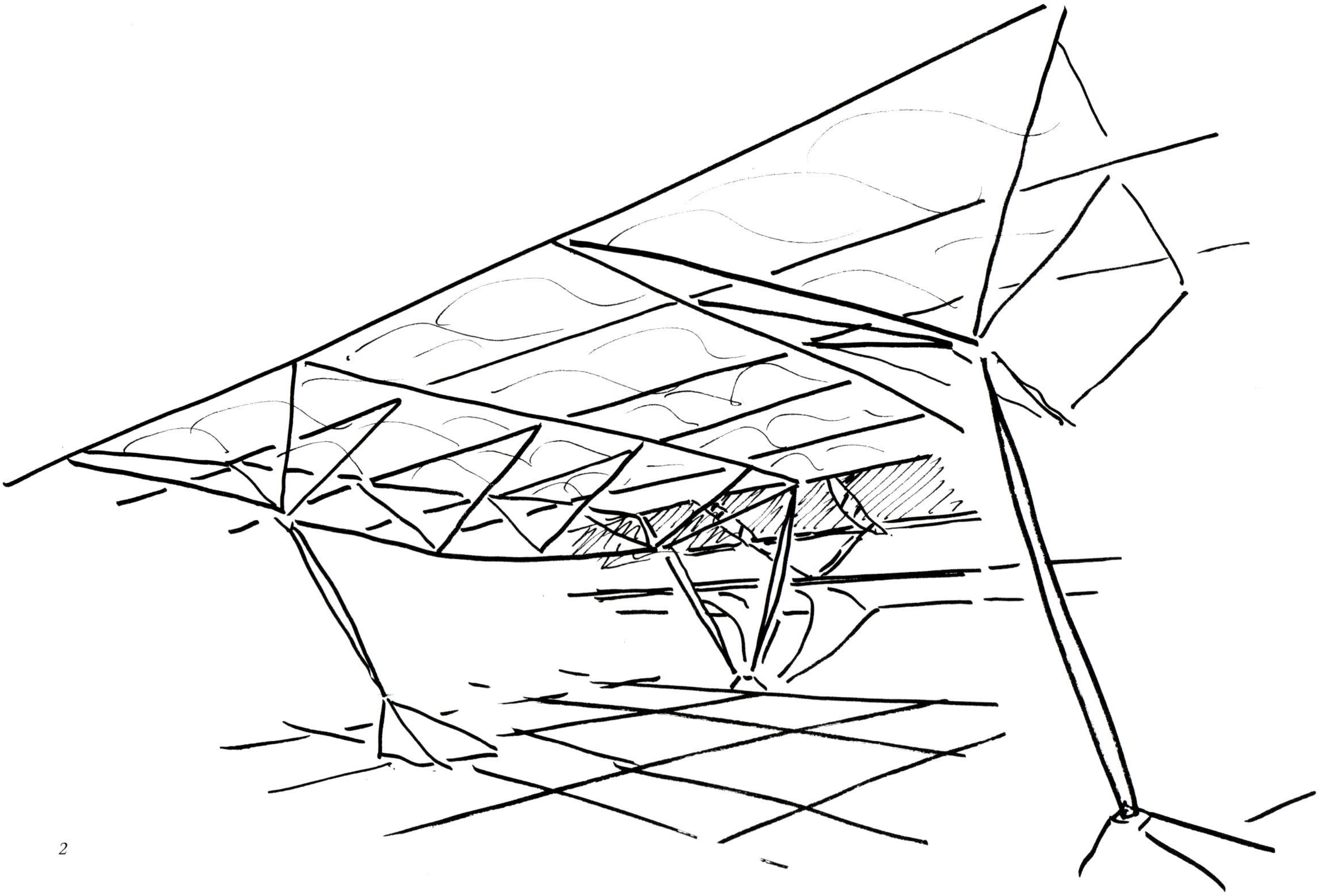

2

新加坡博览会是一座 60000m² 的无柱展览中心。实际上它是第一期，第二期还有 40000m²。

选择这个设计的部分原因是基于这块被高架的公众快速交通系统（MRT）围出的形状不规则的基地。

屋顶有 100m 跨，设计成在展厅地面拼装，经过 8 小时一次性举升到位。

屋顶包含 3 个三角形断面的曲线桁架，带有排气用的垂直隔板。这种构思来源于传统的沿新加坡水边的贮物棚。屋面上下的结构都是暴露的以强调它的形式，它在晚间会显得特别有趣。

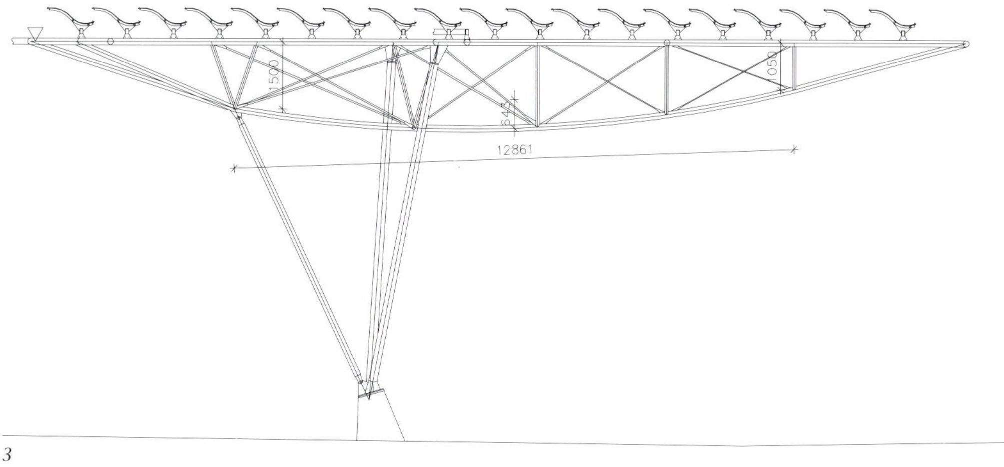

3

4

5

1 门廊内景
2 门廊棚架概念草图
3 棚架剖面详图
4 棚架夜景
5 棚架的框架及网格细部
摄影：Graham Sands

ROOF TRUSS

SYDNEY SUPERDOME, HOMEBUSH BAY, NEW SOUTH WALES, AUSTRALIA

The Cox Group in association with Devine Deflon Yaegar

屋顶桁架

澳大利亚，新南威尔士，Homebush 湾，悉尼超级穹顶

考克斯集团与 Devine Deflon Yaegar 合作

1

2

3

1 贵宾门厅屋顶桁架
2 走廊柱廊的柱细部
3 门厅和走廊
4 门厅屋顶桁架
5 桁架节点详图
6 柱廊的柱详图
摄影：Patrick Bingham Hall

悉尼超级穹顶是为 2000 年悉尼奥运会设计的多用途运动场，并且是一座主要的室内体育和娱乐场所。

超级穹顶的构想是一座扁平的半透明建筑，用一座包围在穹顶两侧的轻型柱廊结构统一整个尺度。因为超级穹顶的全景只能从某一处欣赏到，所以开发了一种围绕着体育场的高耸支柱结构，像一座花冠，从周围都可以看到它。结果整座综合体与传统的实体室内体育中心相比看起来显得特别精致和通透。这种由纤细的树枝形柱子结构支撑的出挑和独立冠状边缘的细线条更强调了这种外观。悬索的桁架屋顶系统虽然跨度达 150m × 120m，也显得同样精致。

看台可以从四层进入。其中包括两层公共层，一个俱乐部层和一个包厢层，每层都有食品供应，酒吧，休息厅和服务台等服务设施。和传统提供的服务相比，这些服务设施为公众提供了更高的舒适性，将注意力放在了灵活性和选择性上，并允许对新的观看技术进行完善。

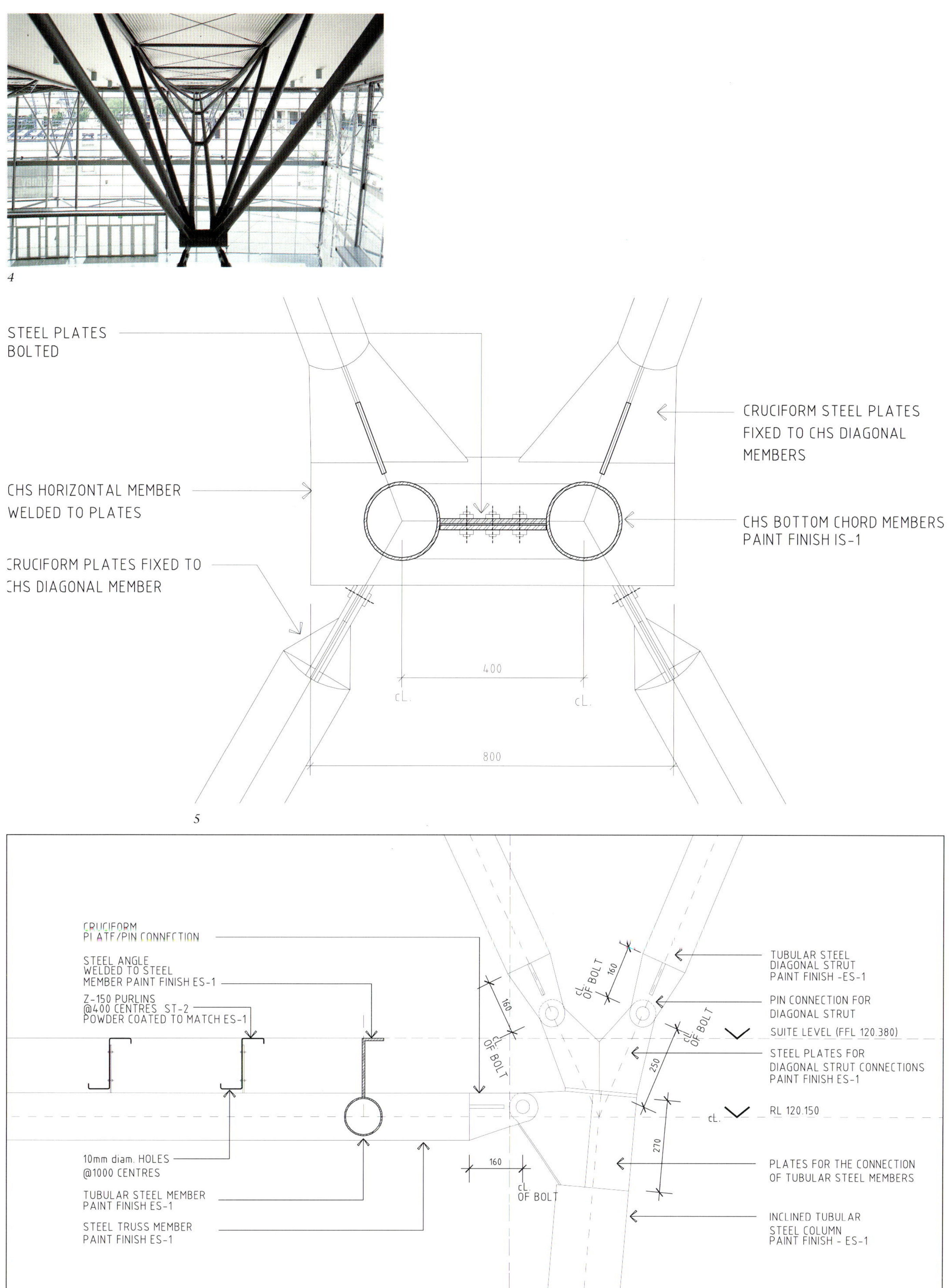
STEEL PLATES
BOLTED
CRUCIFORM STEEL PLATES
FIXED TO CHS DIAGONAL
MEMBERS
CHS HORIZONTAL MEMBER
WELDED TO PLATES
CHS BOTTOM CHORD MEMBERS
PAINT FINISH IS-1
CRUCIFORM PLATES FIXED TO
CHS DIAGONAL MEMBER
400
cL.
cL.
800
CRUCIFORM
PLATE/PIN CONNECTION
STEEL ANGLE
WELDED TO STEEL
MEMBER PAINT FINISH ES-1
Z-150 PURLINS
@400 CENTRES ST-2
POWDER COATED TO MATCH ES-1
10mm diam. HOLES
@1000 CENTRES
TUBULAR STEEL MEMBER
PAINT FINISH ES-1
STEEL TRUSS MEMBER
PAINT FINISH ES-1
160
cL.
OF BOLT
160
cL.
OF BOLT
cL.
OF BOLT
250
270
160
cL.
OF BOLT
cL.
TUBULAR STEEL
DIAGONAL STRUT
PAINT FINISH -ES-1
PIN CONNECTION FOR
DIAGONAL STRUT
SUITE LEVEL (FFL 120.380)
STEEL PLATES FOR
DIAGONAL STRUT CONNECTIONS
PAINT FINISH ES-1
RL 120.150
PLATES FOR THE CONNECTION
OF TUBULAR STEEL MEMBERS
INCLINED TUBULAR
STEEL COLUMN
PAINT FINISH - ES-1

4

5

6

SCREEN

COLDSTREAM HILLS WINERY, COLDSTREAM, VICTORIA, AUSTRALIA
The Cox Group

围 幕

澳大利亚，维多利亚，冷溪，冷溪山酿酒厂
考克斯集团

1

1 外部夜景
2 木围幕剖面
摄影：Chris Ott

冷溪山酿酒厂位于维多利亚的亚拉谷地，由詹姆斯·哈利迪于 1985 年创立，现属于南方酿酒集团的一部分。

本项目的目的是为增加红酒的生产量而建设的基地配套设施。这些设施包括一座新酒桶贮存大厅供酒酿熟，新的通道，酒窖门更新和景观美化。

新酒桶贮存大厅位于南边半圆形葡萄园的地头，结合了用地的形状来做到温度的稳定并和生产设施处在同一标高上。它包括两个部分：一部分有阶梯形屋顶控制通风，另一部分是一片木条板围幕来减少热负荷。

建筑的设计要通过隐喻的联想来反映建筑的性质，反映那里独特的酿酒的形象。

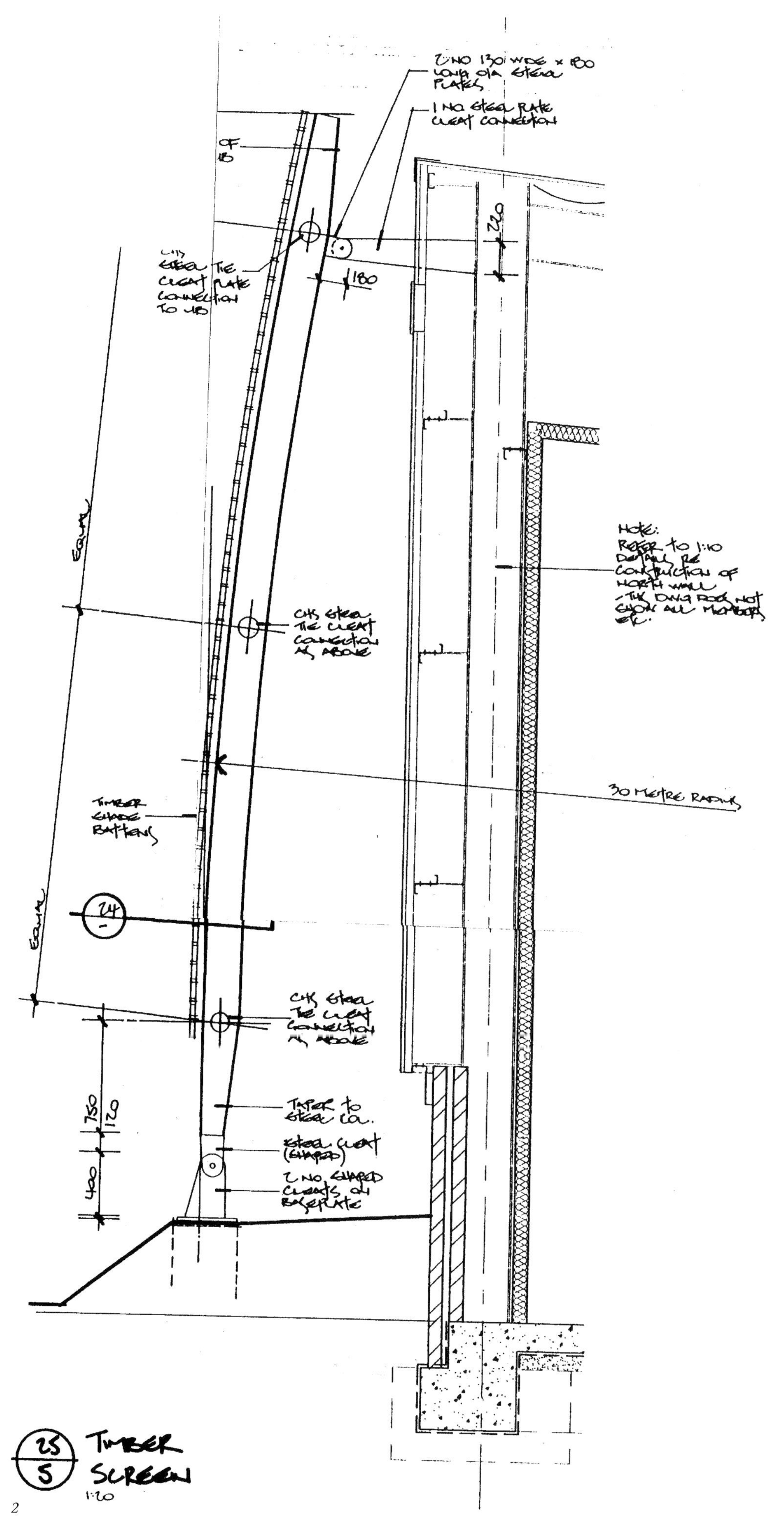

1 NO STEEL PLATE CLEAT CONNECTION
220
180
CHS STEEL TIE CLEAT PLATE CONNECTION TO UB
EQUAL
NOTE: REFER TO 1:10 DETAIL RE CONSTRUCTION OF NORTH WALL
CHS STEEL TIE CLEAT CONNECTION AS ABOVE
30 METRE RADIUS
TIMBER SHADE BATTENS
24
CHS STEEL TIE CLEAT CONNECTION AS ABOVE
TAPER TO STEEL COL.
STEEL CLEAT (SHAPED)
2 NO SHAPED CLEATS ON BASEPLATE
750
120
400
25
5
TIMBER SCREEN
1:20

2

ORNAMENTAL RAIL AND COLUMN

RITZ-CARLTON RESORT, SHARM EL SHIEKH, EGYPT
DiLeonardo International, Inc.

装饰性栏杆和柱

埃及，沙姆沙伊赫湾，利兹－卡尔顿渡假中心
迪莱奥纳多国际公司

1

沙姆沙伊赫湾的利兹－卡尔顿是一座307间客房的豪华旅馆，从那里可以俯视环境受到保护的红海。

总平面规划加强了用地的自然地形，建成的环境更强调了所处地区的色彩、形式和历史。为本工程选用的来源于当地的建筑材料，在对室内的体验中起了关键性的作用。带反光的门厅地面与流水和闪光的金色相结合，明显和对大海的经验相联系。超大尺度的入口标志着来到新的环境中。每间客房都有相近似的设计原则，从阶梯形的平台上对水景都有通透的视线，遮阳和植物给每间客房带来亲切的感受，同时加强了对室内、室外的感受。

装饰性栏杆的细节和柱细部在建筑的室内外都有运用。这些设计反映了遍布于本地区的法老主题。应用了简单的细部解决办法来和当地的施工方式相适应，这些包括石材细部和现场抹灰作业。

1　门厅内景，显示装饰性栏杆细部
2　柱子
3　柱脚剖面
4　典型门厅柱剖面
5　装饰性栏杆立面
摄影：Warren Jagger

2

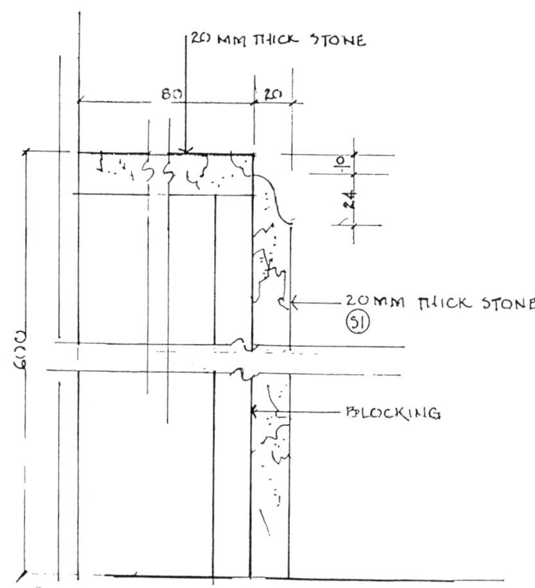

3

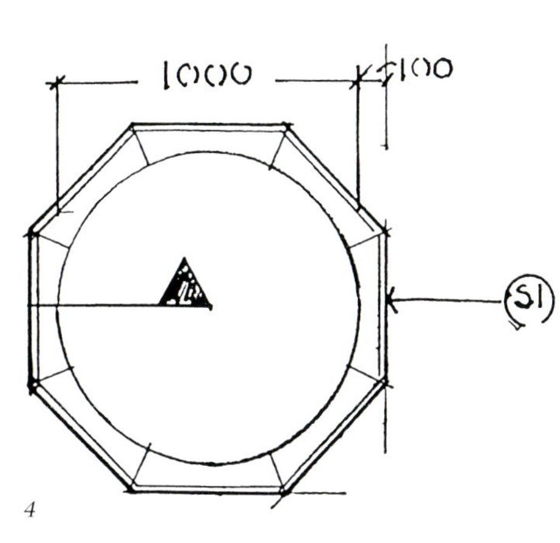

4

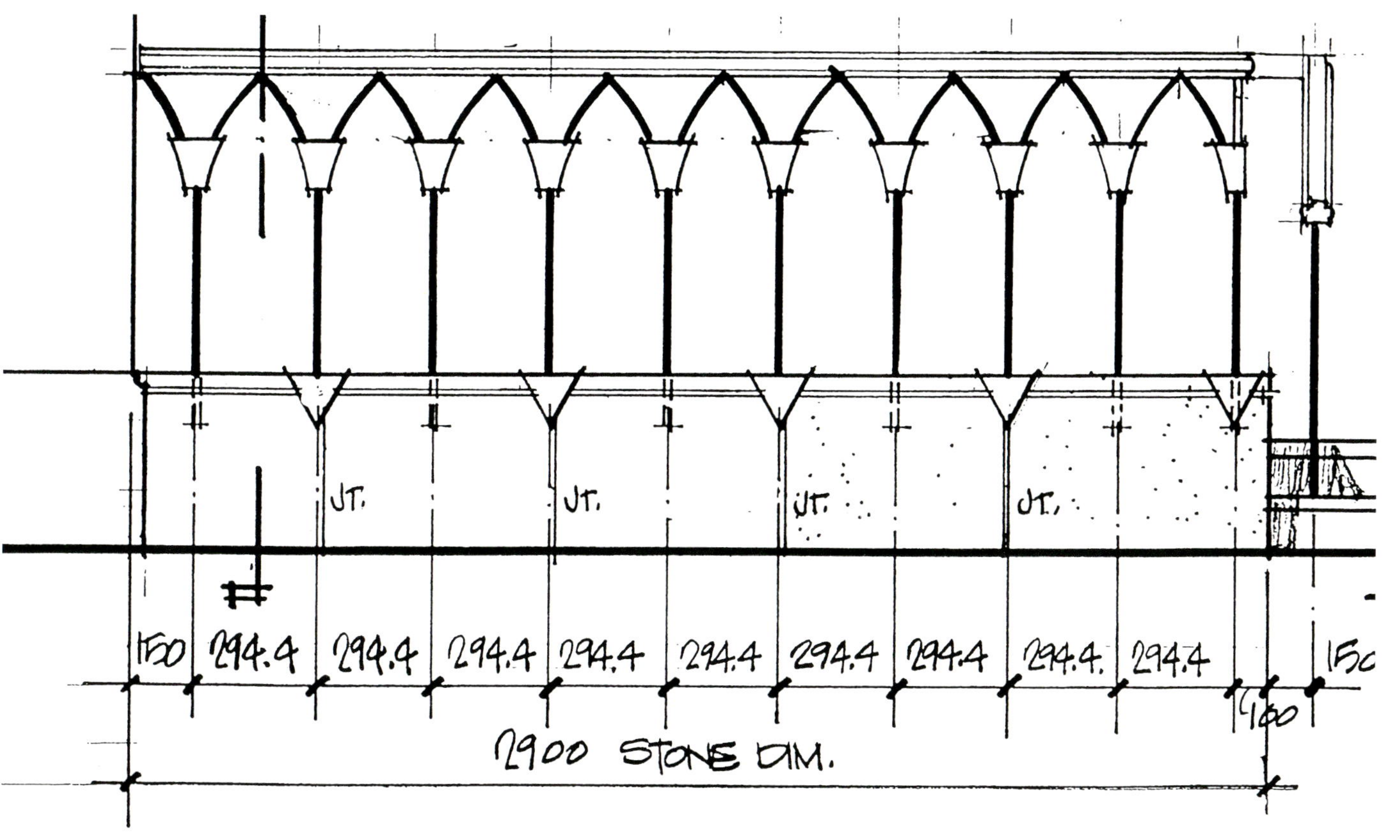

5

PARK AND PLAYGROUND

KAINAN WANPAKU PARK, KAINAN, JAPAN

Mitsuru Senda + Environment Design Institute

公园和游戏场

日本，海南，海南游戏公园

仙田满与环境设计事务所

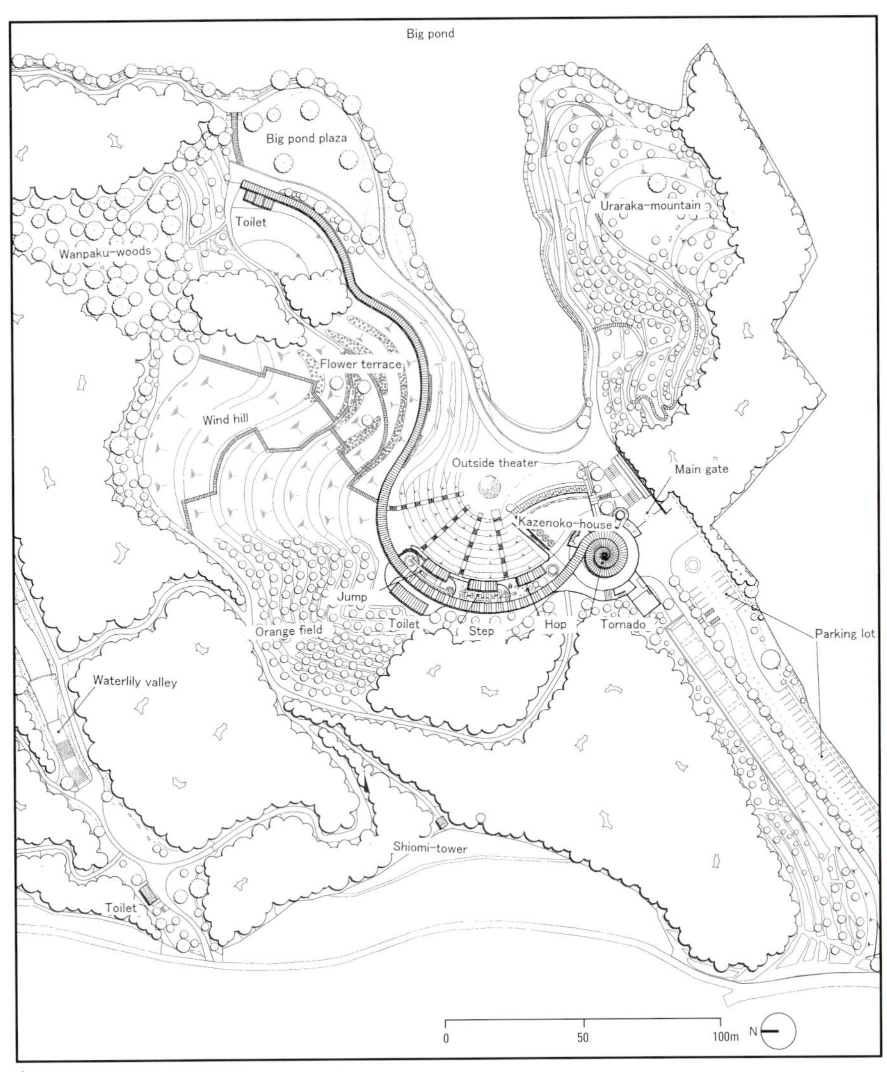

1

2

3

4

年龄在中小学之间的儿童可能会因为缺少丰富的游戏经验而表现出各种各样的社会问题。仙田满长时间致力于研究游戏环境的开发，特别是针对小学生，并且对于日本儿童的缺少游戏经验和可能给日本将来造成的后果发出许多警告。

儿童的事情通常是由成年人讨论，认为儿童能自己创造他们的游戏空间。然而，现在父母认识到儿童需要他们自己的空间和一个自由、轻松的环境来游戏，因此他们寻找设计得好的游戏场，这促进了当地政府去建设一个儿童游戏公园。

海南游戏公园是一处风光自然优美的地方，有水池和树林。公园为各年龄段的儿童设计了不同的游戏区。其中一个为较小年龄的儿童设计的游戏场叫做“蹦跳台阶”。游戏设备位于台阶小径开始的地方，通向集体游戏区，并最终延伸至树林。

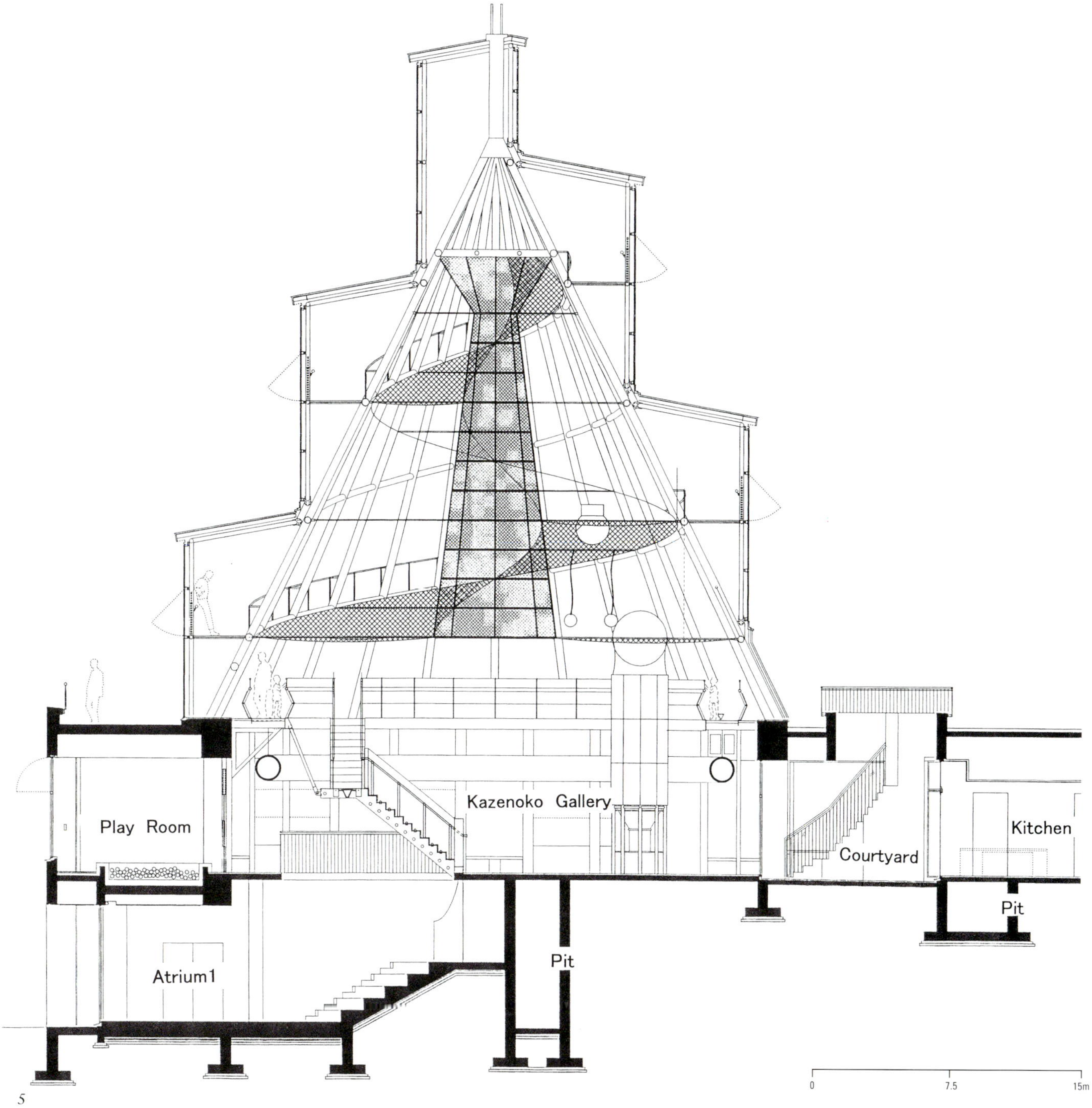

Play Room

Kazenoko Gallery

Courtyard

Kitchen

Pit

Atrium1

Pit

0 7.5 15m

5

6

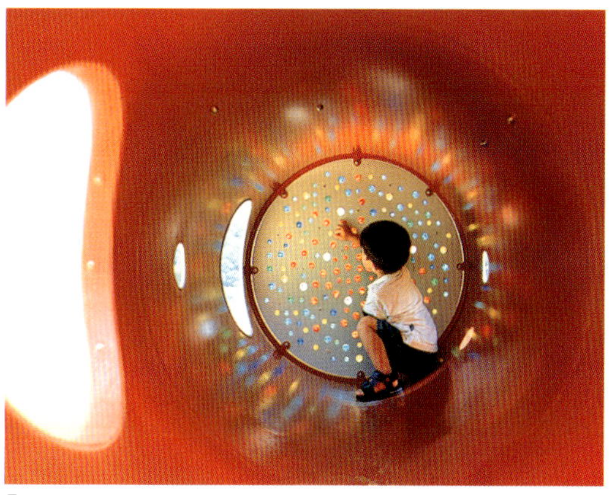

7

1 总平面图
2 从北面看风之子屋
3 从东面水池看全景
4 跳台、台阶和蹦台
5 游戏室剖面
6 螺旋塔内往上看螺旋网
7 台阶管子上的大理石
摄影：Mitsumasa Fujitsuka

CLERESTORIES

CLARK COUNTY GOVERNMENT CENTER, LAS VEGAS, NEVADA, USA
Fentress Bradburn Architects

高侧窗

美国，内华达州，拉斯韦加斯，克拉克县政府中心
芬特雷斯·布拉德伯恩建筑师事务所

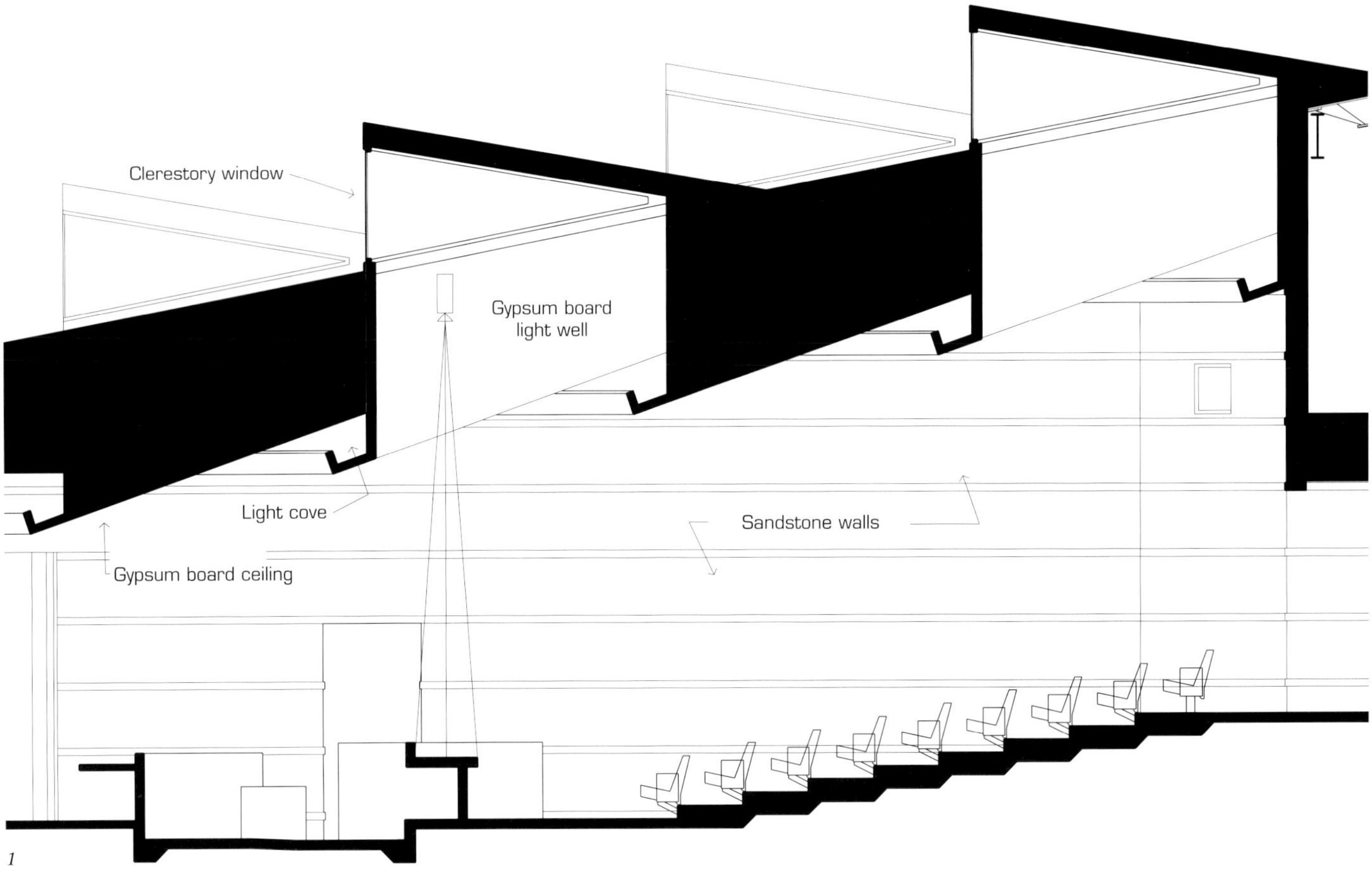

1

克拉克县政府中心议员会议厅屋顶高侧窗的三角形形状像仙人掌的刺一样尖利。设计的灵感来自于周围拉斯维加斯沙漠的形象。

它们突出在室外，在水平和垂直方向都是三角形而形成的阵列突出在建筑外侧，形成一种和建筑的其他部分相对比的质感。

白天，高侧窗使室内到处都充满了光线。夜晚，一系列隐藏的灯槽将高侧窗照亮，因此会议厅还是由顶部光线照明。这也帮助组织了游客的空间，高侧窗的尖端则指向会议厅前部的议员座席。

原来议员会议厅的屋顶是由瓷砖贴面，像多刺的仙人球的质感。后来业主认为这样太过虚饰，于是材料换成单层沥青薄膜外加定制色彩的铝箔饰面。

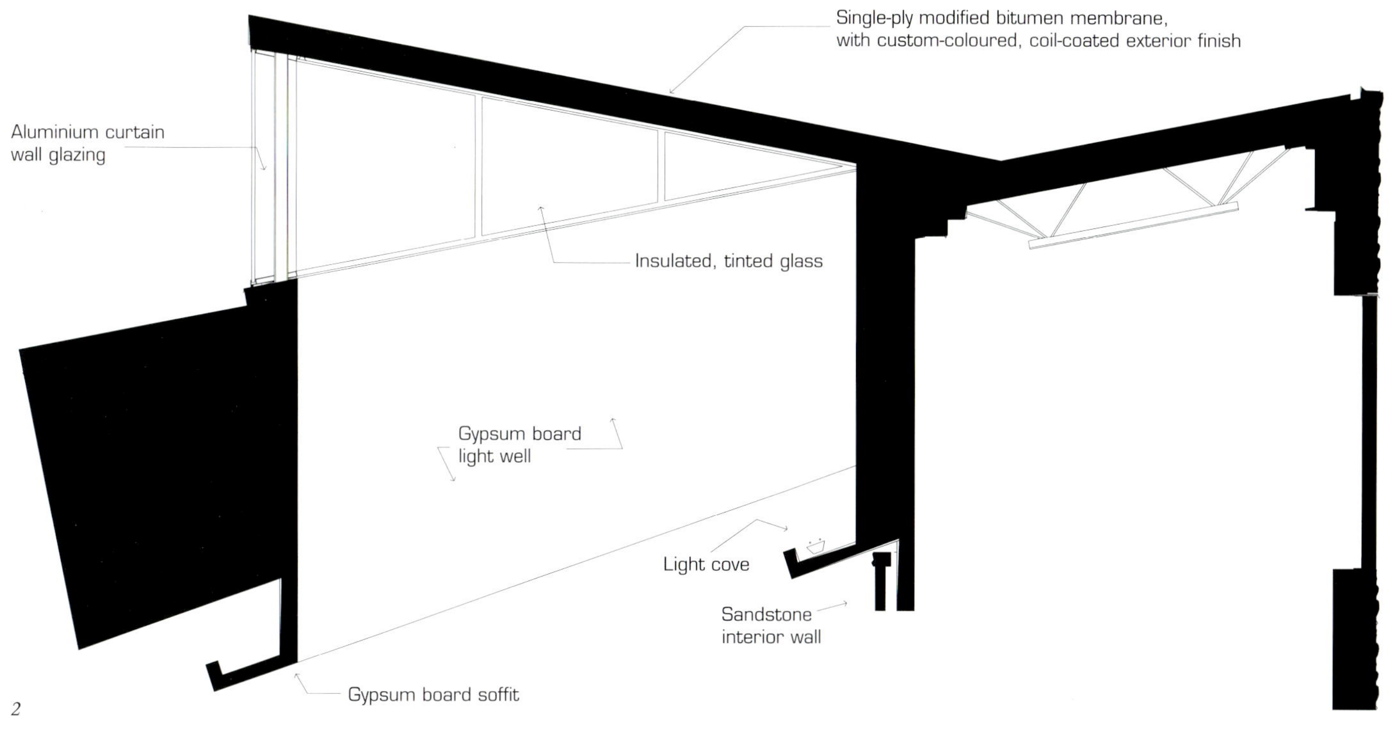

2

3

4

1 议员会议厅剖面
2 高侧窗剖面
3 议员会议厅屋顶上的高侧窗造型参考了多刺的仙人球
4 议员会议厅顶上的高侧窗在顶棚上切出尖角的形状
摄影：Nick Merrick，Hedrich Blessing

SCULPTURAL LAMP

CLARK COUNTY GOVERNMENT CENTER, LAS VEGAS, NEVADA, USA
Fentress Bradburn Architects

雕塑形灯具

美国，内华达州，拉斯韦加斯，克拉克县政府中心
芬特雷斯·布拉德伯恩建筑师事务所

1

2

3

拉斯韦加斯周围沙漠的景象，从峡谷和山丘到沙漠花草和仙人掌，是这座建筑设计的指导。竖立在建筑的圆形大厅和金字塔形公共空间中的雕塑形灯具就表现了沙漠植物结实的藤蔓。

建筑师原来的灵感来自于一种高高的仙人掌类植物，它大部分的果肉被抽象掉。缠绕在一起的钢杆弯成植物茎的形状作为骨架。

为和建筑群里的其他材料一致，灯座用砂石制作。顶部的钢制金字塔形光源，不仅表现了一种沙漠花朵，而且也是建筑群中金字塔形职工餐厅倒转过来的模型。光源在顶部用金属片封闭，金属片表面冲出不同形状的洞，让光线射出来，就像从岩石的缝隙中射出的一样。一片丙烯酸树脂板夹在金属板后面来使光线扩散。

1 从灯具中间仰视天窗
2 金字塔形的灵感来自于沙漠中的山丘形象
3 职工餐厅内斜面的天窗给人一种对天空的愉快感受，灯具为倒置的金字塔形
4 模仿沙漠花朵和藤蔓的灯具
5 雕塑形灯具立面
摄影：Timothy Hursley (1&2)
Nick Merrick , Hedrick Blessing(3&4)

4

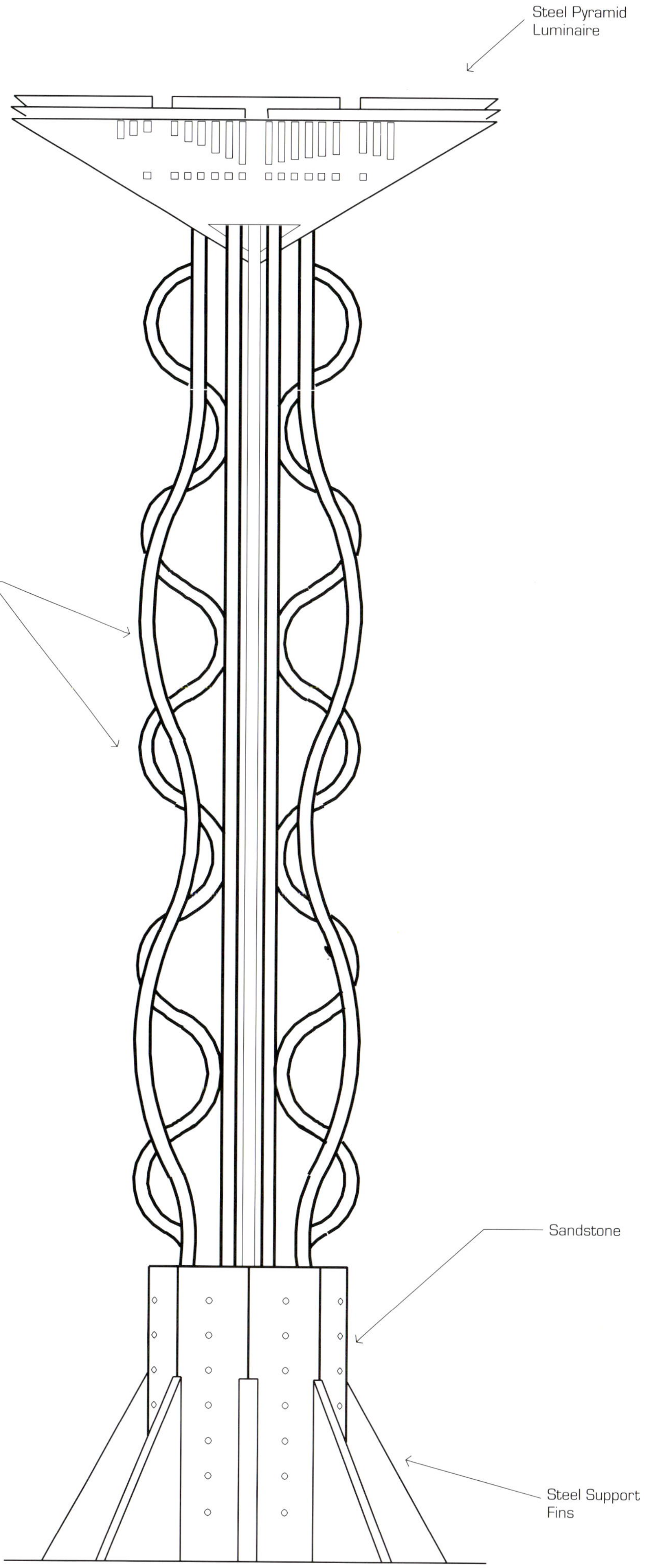

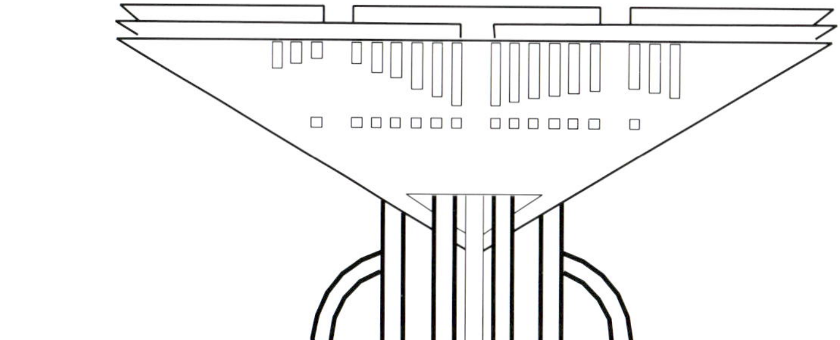

5

SKYLIGHT SCREEN

CLARK COUNTY GOVERNMENT CENTER, LAS VEGAS, NEVADA, USA
Fentress Bradburn Architects

天窗遮阳板

美国，内华达州，拉斯韦加斯，克拉克县政府中心
芬特雷斯·布拉德伯恩建筑师事务所

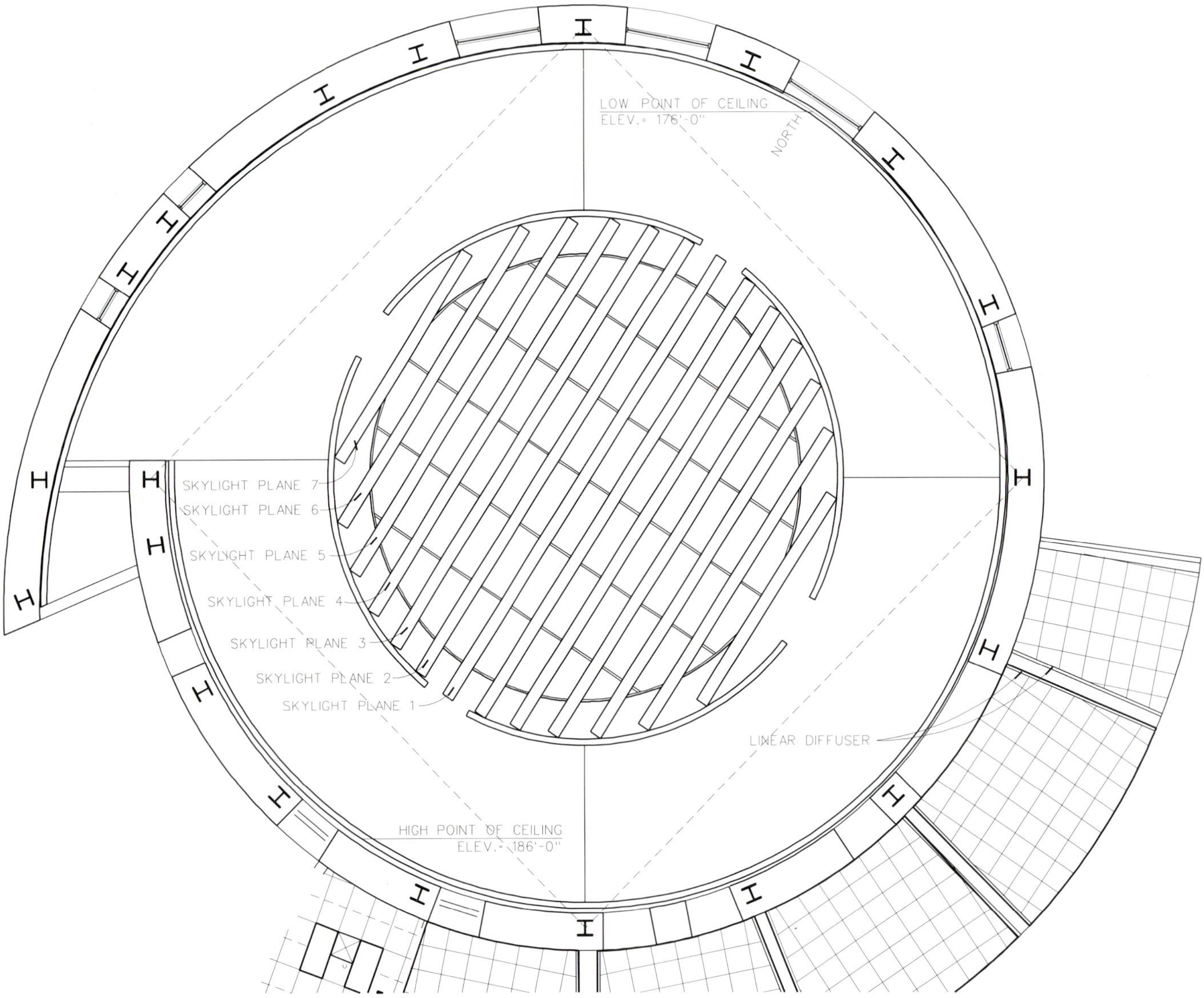

1

2

拉斯韦加斯周围的沙漠景象是克拉克县政府中心建筑设计的灵感来源。建筑中的圆形大厅被建成坚实的形状，让人回想起那地方的“锅穴”峡谷，可以在炎热的沙漠中供人们暂时休息。

建筑师想让空间中充满光线，但是为了得到最少的太阳热辐射，他们在圆形大厅顶上设计了天窗，并用雕塑形的遮阳板遮蔽阳光。这种构思来源于从沙漠岩石缝隙中看到光线的体验。白天随时光流转遮阳板在空间中变幻着光线。正午时阳光透过天窗直射圆厅地面，而在白天其他时间内光线只通过雕塑形遮阳板的反射进入这个空间。

遮阳板是由 13 片平行的波浪形板挂在大厅上空。这些板用钢龙骨和石膏板制成，挂在钢框上，表面饰以丙烯酸涂料以模仿砂石的外表。

这些板排在圆形的天窗上，长度各不一

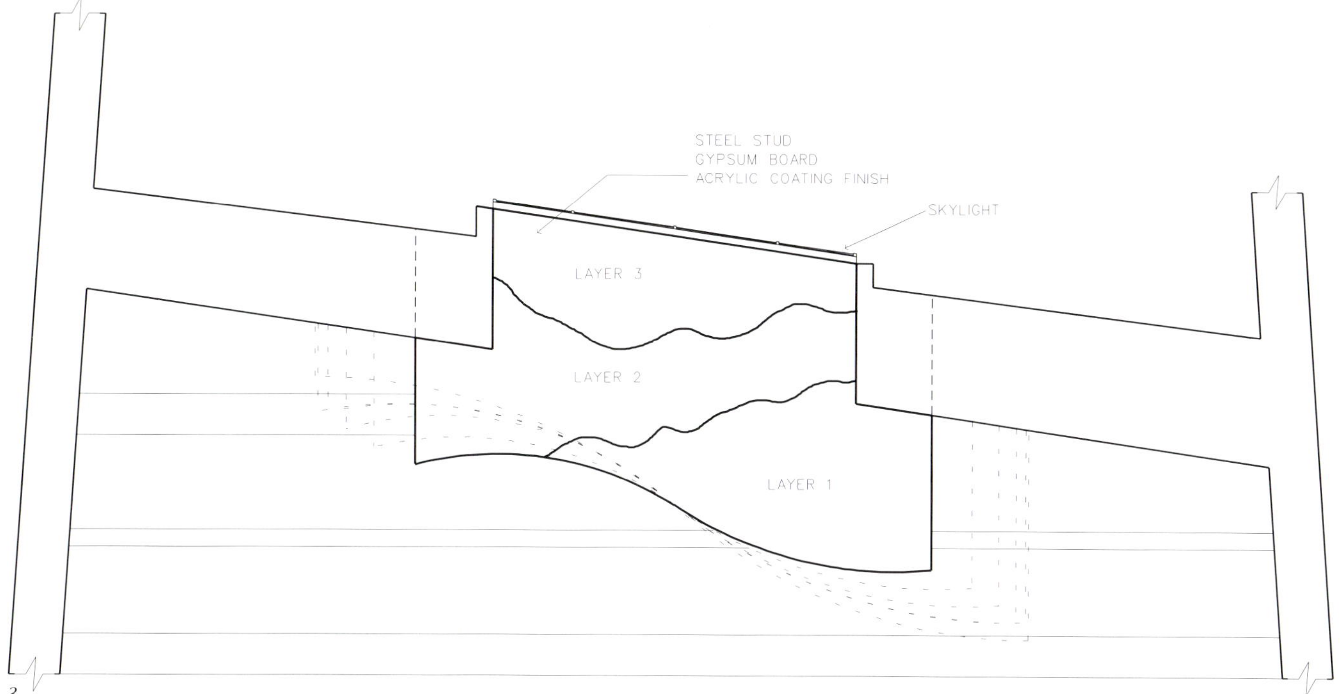

3

4

5

样，而每一片的波浪形状又稍有不同。另外，每块板的外面都贴着三层切成不同形状的石膏板，以模仿粗糙岩壁的多变质感。

1　入口大厅吊顶反射平面
2　三角形的楼梯在门厅中切入尖角形状
3　天窗遮阳板立面
4　门厅吊顶雕塑形遮阳板细部
5　阳光穿过天窗照在大厅吊顶雕塑形遮阳板上

摄影：Nick Merrick，Hedrick Blessing（1＆4），Timothy Hursley（5）

CEILING

THE CONDÉ NAST BUILDING @ FOUR TIMES SQUARE, NEW YORK, NEW YORK, USA

Fox & Fowle Architects

吊 顶

美国，纽约州，纽约，时代广场四号 CONDÉ NAST 大厦

福克斯和福勒建筑师事务所

1

时代广场四号 CONDÉ NAST 大厦是一座 48 层办公塔楼，位于第 42 街开发集团编制的总体规划的中心地带。这个开发集团是一个公众 — 私人联合财团，专门组建来推动曼哈顿中心区的再开发工作。

大厦跨越了一些具有不同特点的重要城市空间，包括时代广场自由自在的商业精神，布赖恩特公园的文雅和市中心商业区的沉着镇静。它的设计在领会了时代广场的本质的同时，满足了公司租户的需求，是流行文化和公司形象的成功结合。

铝合金页片以抛物线形弯曲下来形成门厅的扇贝形吊顶。透过玻璃幕墙从室外就能看到吊顶的优雅而有趣的形式，这个吊顶将第 42 街和第 43 街上的两个主入口联系在一起。

这个工程宣扬了对环境负责的宗旨，它是美国第一项制定能源节约、室内环境质量、循环系统和可持续利用材料使用的新标准的大规模工程。

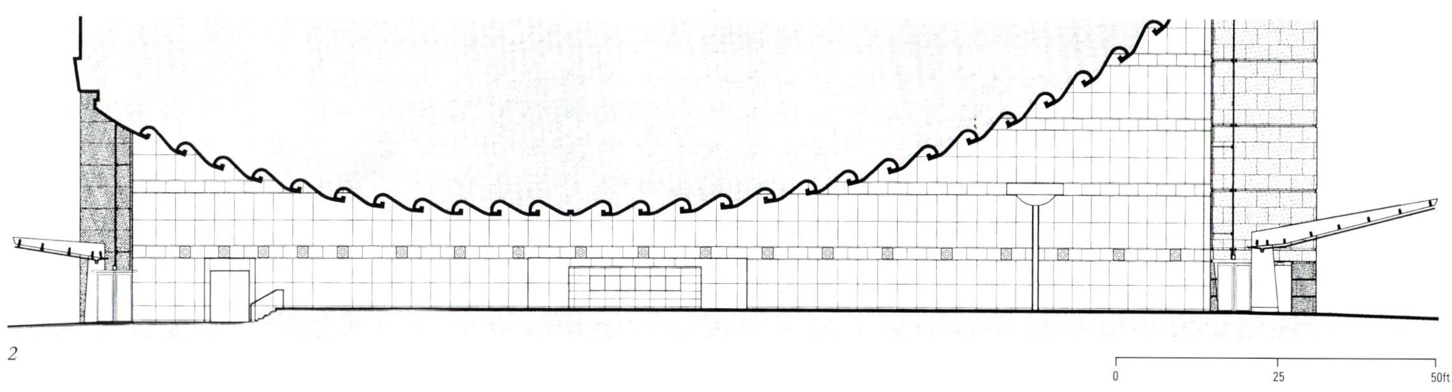

2

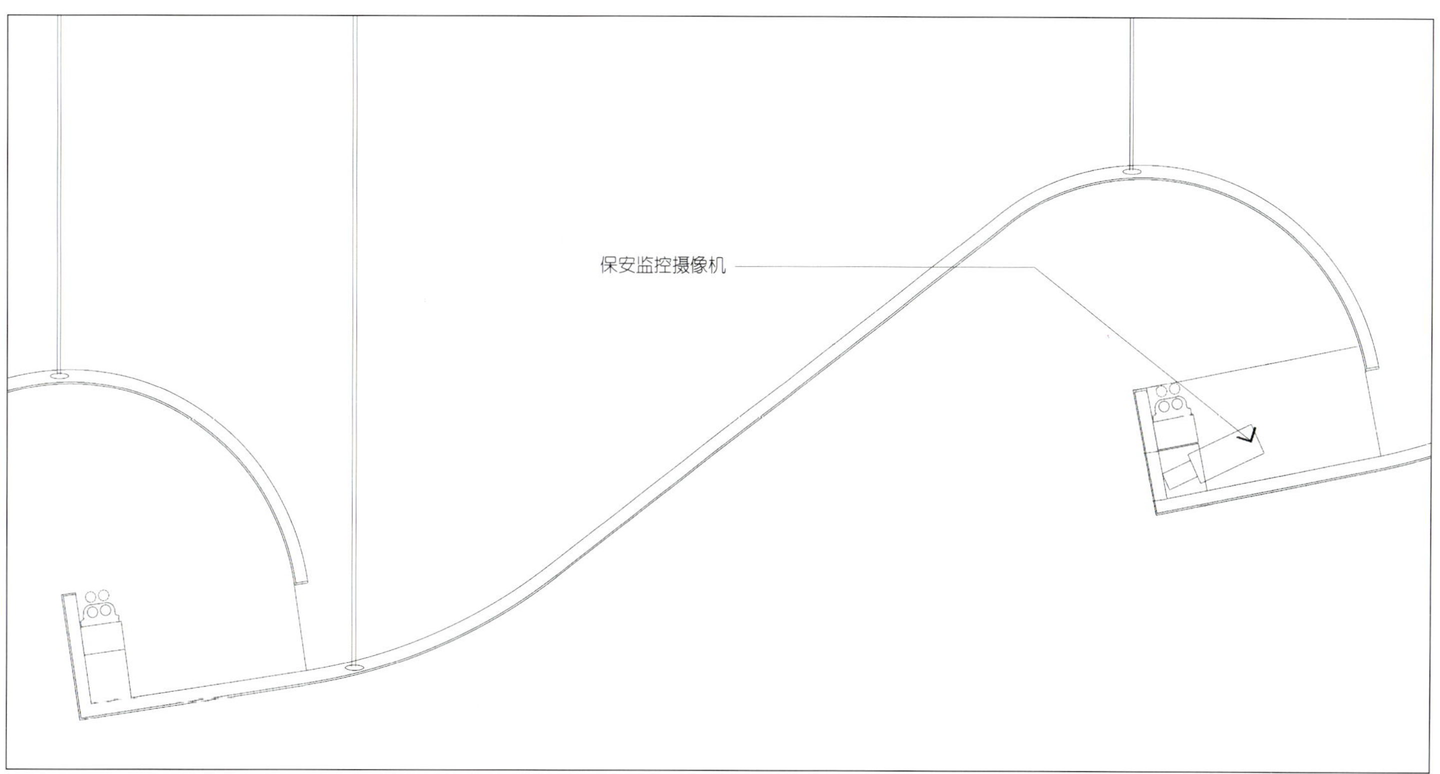

3

4

1和4　门厅内景，示吊顶
　2　门厅剖面
　3　吊顶详图
摄影：Andrew Gordon，插图：由福克斯和福勒建筑师事务所提供

CANOPY

DEPARTMENT OF VETERANS AFFAIRS MEDICAL CENTER, ANN ARBOR, MICHIGAN, USA

HarleyEllis

遮　篷

美国，密歇根州，安·阿贝尔，退伍军人事务部医疗中心

哈利埃利斯建筑事务所

1

2

3

退伍军人事务部医疗中心位于密歇根州安·阿贝尔，成立于1949年，现有一座400张床位的医院和一座160张病床的护理中心。1950年代早期刚建设时，医疗中心只能提供不到30个病人的治疗服务，而护理中心要为密歇根州南部和俄亥俄州西北部的21000多名退伍军人提供基本的和特殊的健康治疗。

作为中心的样板，31586m²的新加建门诊楼有着优美曲线形入口雨篷构成的动人的建筑元素。8层的建筑坐落在医疗中心的主入口处，每层留有足够的便于检修的设备空间，以便将来系统更新时对病人的干扰减至最小。

建筑用红砖贴面，带有大理石线角，完善了中心的原有建筑。带有精致细部的绿色玻璃幕墙和白色搪瓷金属板点缀在其中形成这座建筑自身的现代特征。

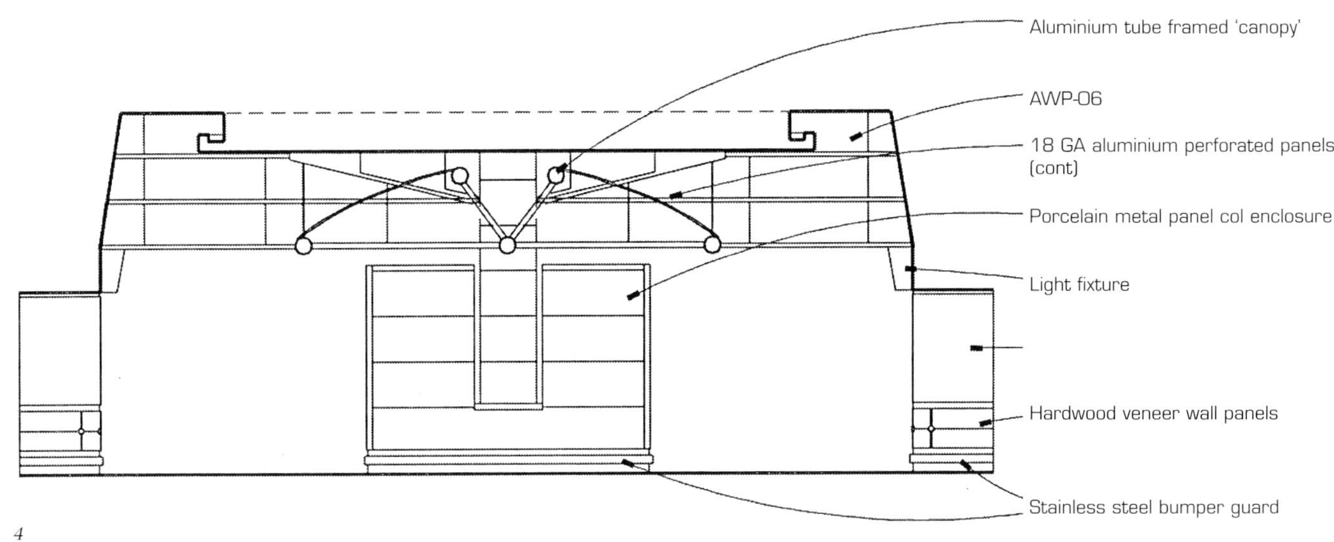

4

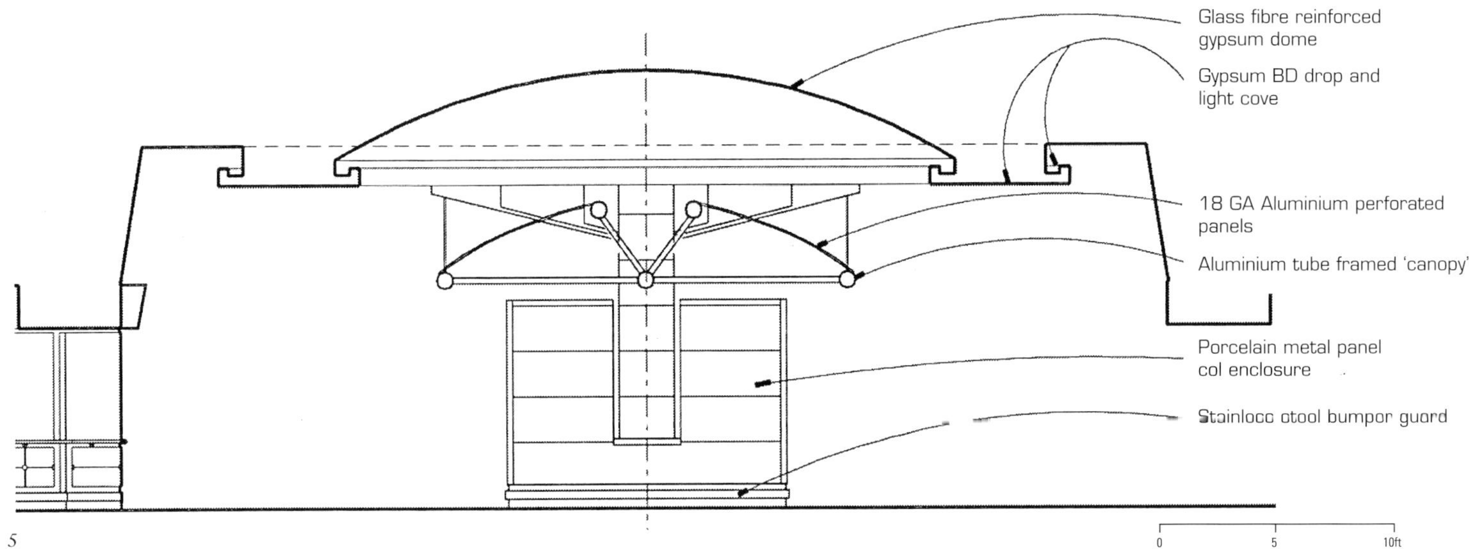

5

室内环境先进并且美观宜人，适合病人、访客和职工使用，并能反映其中包含的先进技术。

1、2和3　接待等候区，示遮篷和拱顶
4和5　接待等候区，遮篷和拱顶详图
摄影：Hedrich Blessing，由哈利埃利斯建筑事务所提供

STAIRS

CUBE GALLERY, MANCHESTER, UK
Hodder Associates

楼 梯

英国，曼彻斯特，立方体画廊
霍德建筑师事务所

1

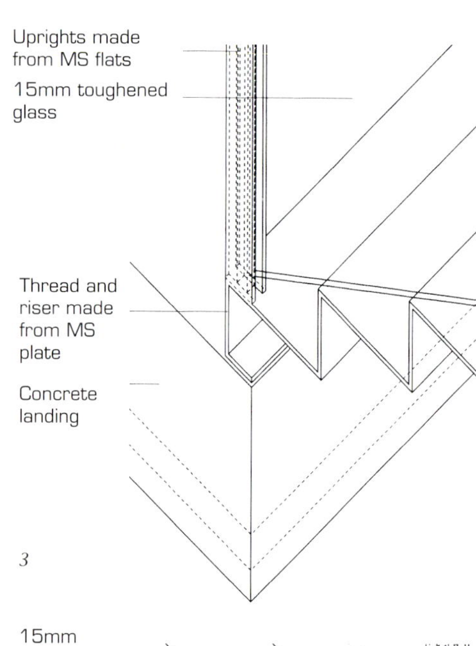

3

2

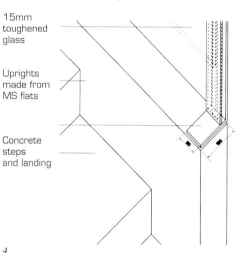

15mm toughened glass

Uprights made from MS flats

Concrete steps and landing

4

“立方体”实际上是一个建筑学中心，它是遍布英国的建筑网络的一个部分。它代表一个展示和讨论建筑学的重要公共论坛。

“立方体”位于一座列为二级的旧棉花仓库内，将这二层楼装修改造成画廊，是探索在这座历史性的框架中增添一层现代的外壳。

通过一个新的前厅可以进入两间位于一层的展室和英国皇家建筑师协会书店，这个前厅代表了对于 “立方体”和在建筑其余部分里的办公室都没有区别的入口。

展室十分简单，新建屏风和散布于保留墙体边上的玻璃有着微妙的相互作用。服务点强调了空间，新的橡木地板将整体统一起来。

两座折弯钢板做的新楼梯通向地下展室和讲演室。这些空间的处理和一层的非常相似，透过上面的屋顶天窗自然光线能照到这里。

1 钢板折角形扶手
2 硬木龙骨外包 12.5mm 厚石膏板
3 Expamet 凹线脚
4 15mm 厚钢化玻璃
5 玻璃上边缘
6 80mm × 10mm 增强扁钢立柱
7 硬木龙骨外包 12.5mm 厚石膏板
8 玻璃下边缘
9 8mm 厚钢板楼梯踏步
10 Expamet 底线脚
11 12.5 mm 厚石膏板
12 30mm × 30 mm 方钢立柱
13 80mm × 10mm 钢板立柱用螺丝固定在方钢立柱上
14 15mm 厚钢化玻璃
15 80mm × 10mm 钢板立柱与钢踏步板焊接

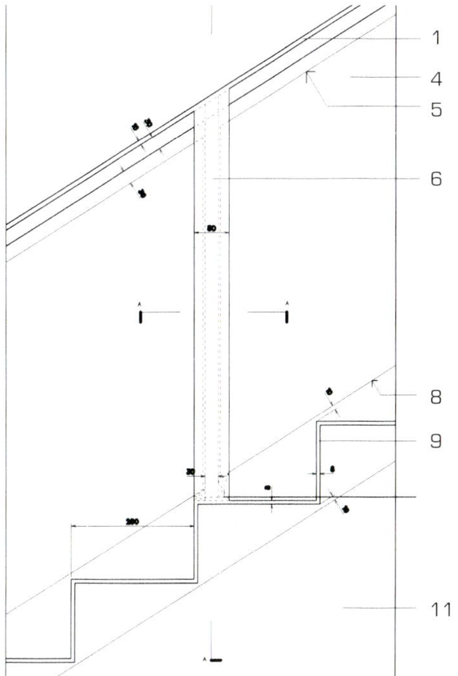

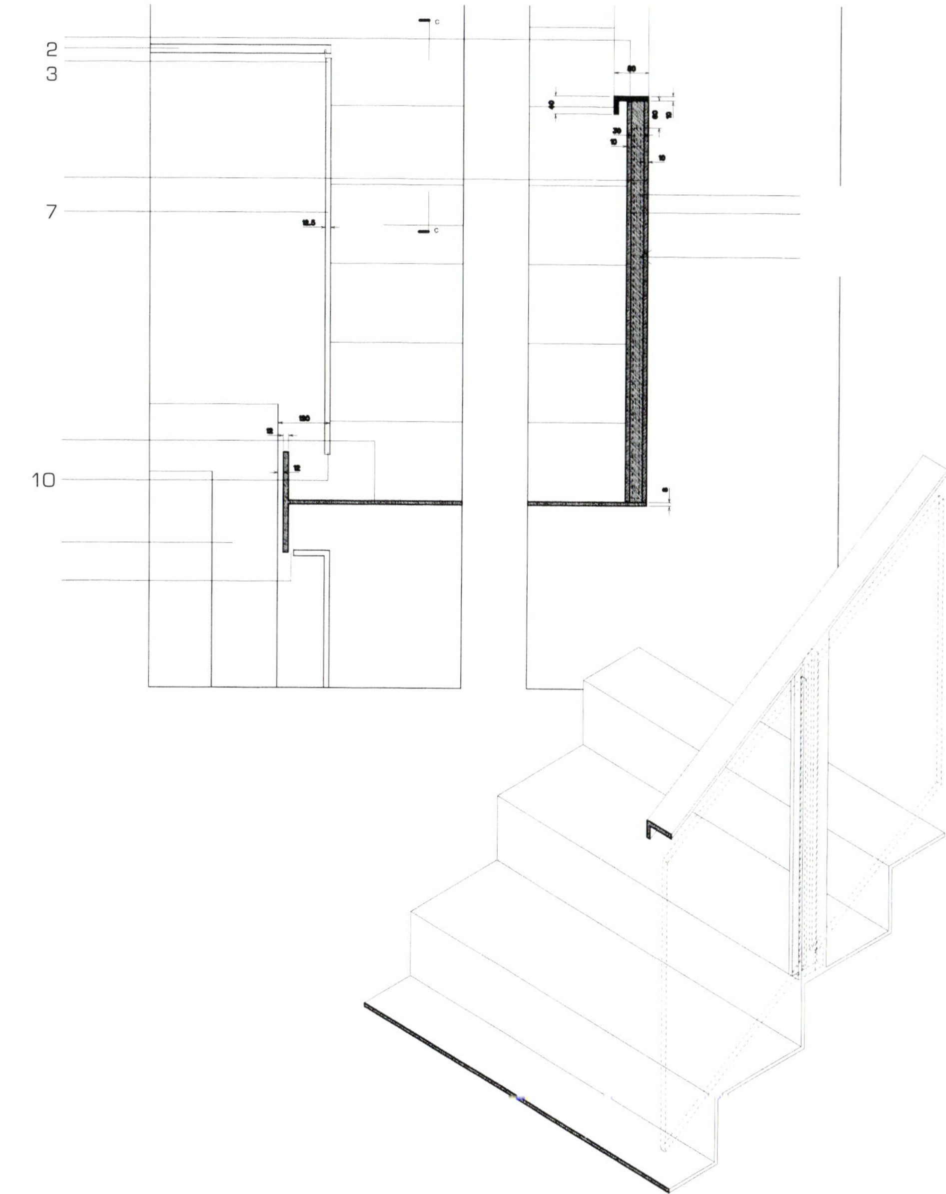

5

6

1 入口
2 地下室
3 主楼梯与混凝土休息平台连接处
4 栏杆与混凝土休息平台连接处
5 楼梯侧立面详图，楼梯正立面、钢立柱平面大样图
6 一层，二层
摄影：Peter Cook

GLAZED BRIDGE

CATHARIJNECONVENT, UTRECHT, THE NETHERLANDS

Hubert-Jan Henket architecten bna

玻璃桥

荷兰，乌得勒支，CATHARIJNECONVENT

休伯特·J·亨克建筑师事务所

1

1 室外玻璃桥
2 剖面
3 详图

乌得勒支市政委员会将 Lange Nieuwtraat 重新开发，成为博物馆用房工程的一部分。

本工程需要将 Catharijneconvent 的入口移到另外一侧。也需要让公众穿过建筑群到达 Nieywegracht 而不用进入博物馆。因此主要从保安方面考虑需要将这两条交叉的路线分开。做到这点的惟一办法是用不同标高。

收藏品分散在不同的建筑内，让游客在建筑群中很难找到方向，但是增加了玻璃桥以后这变得容易了。当游客买了票以后，玻璃桥使他们改变了方向，通过一座地下通道进入了修道院。玻璃桥还在通道上形成顶盖。

在重新开发中还包括了一座新楼梯和电梯，提供对整座修道院的垂直景观，以及对公共路线的视野，这会帮助游客辨别博物馆的新入口。新楼梯是再循环利用从旧楼梯上拆下的木头建成的。

分隔墙建得更透明。一片巨大的垂直窗安在原有楼梯上，带来更多的自然光并将一

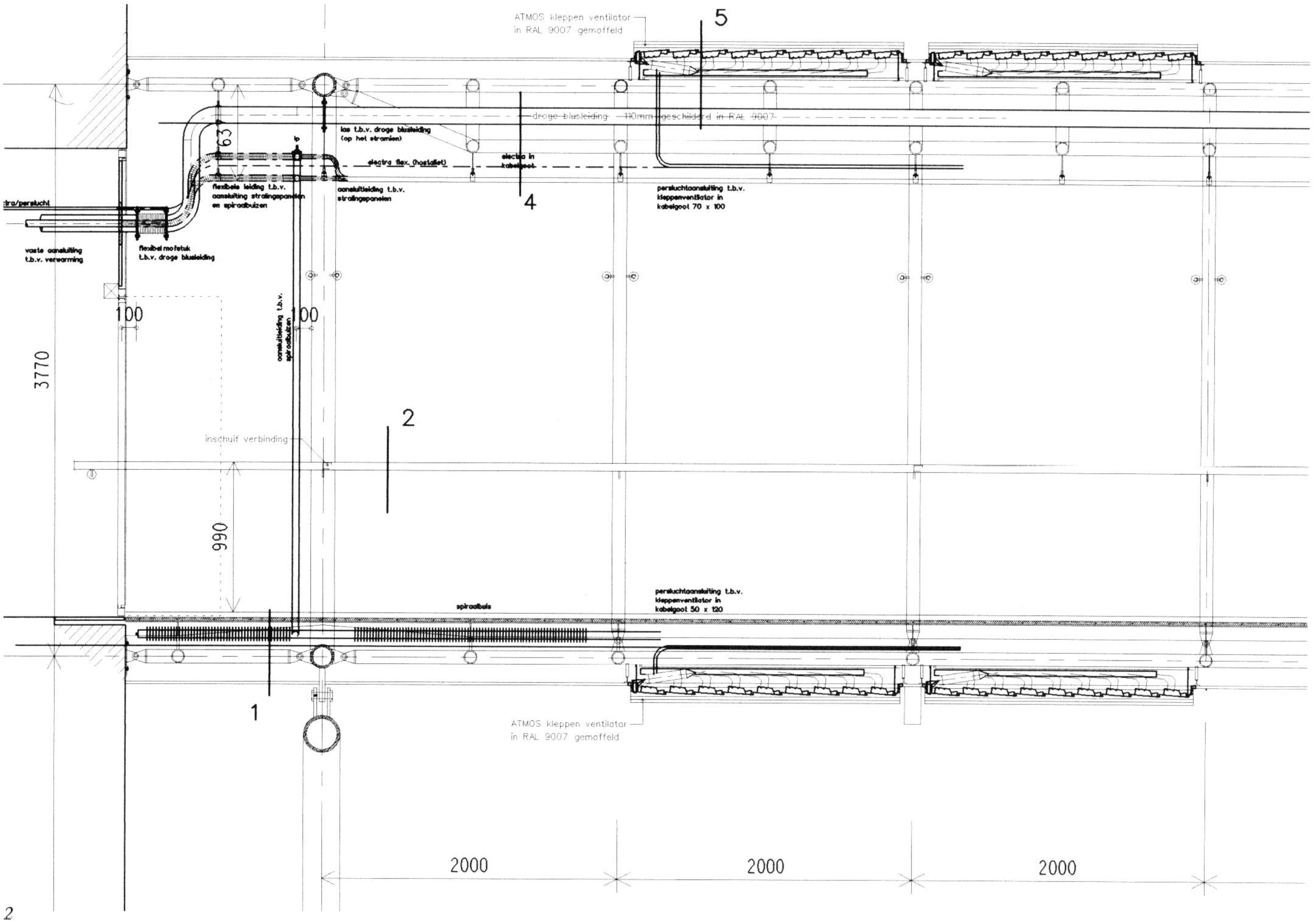

2

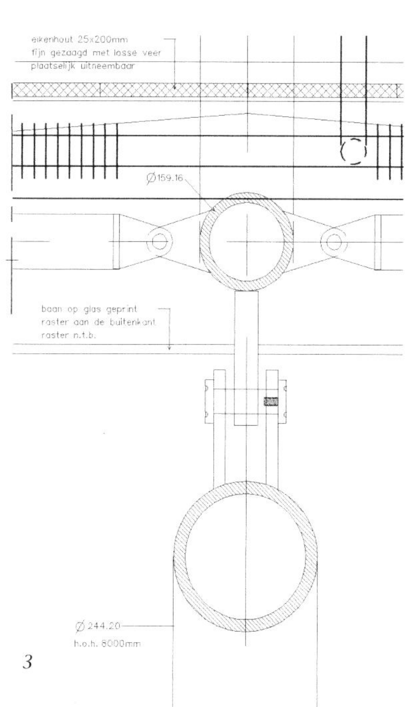

3

些高处的展室和建筑群中的其他建筑联系起来。这扇窗将用来展出博物馆永久收藏的美丽的彩色玻璃藏品。

重新开发也包括采暖、通风和电气系统的重新安装。

4 剖面
5 玻璃桥内景
6 采暖系统详图
7 玻璃桥下方
8 玻璃桥剖面
摄影：Architectuurfotografie Sybolt Voeten/
Michel Kievits

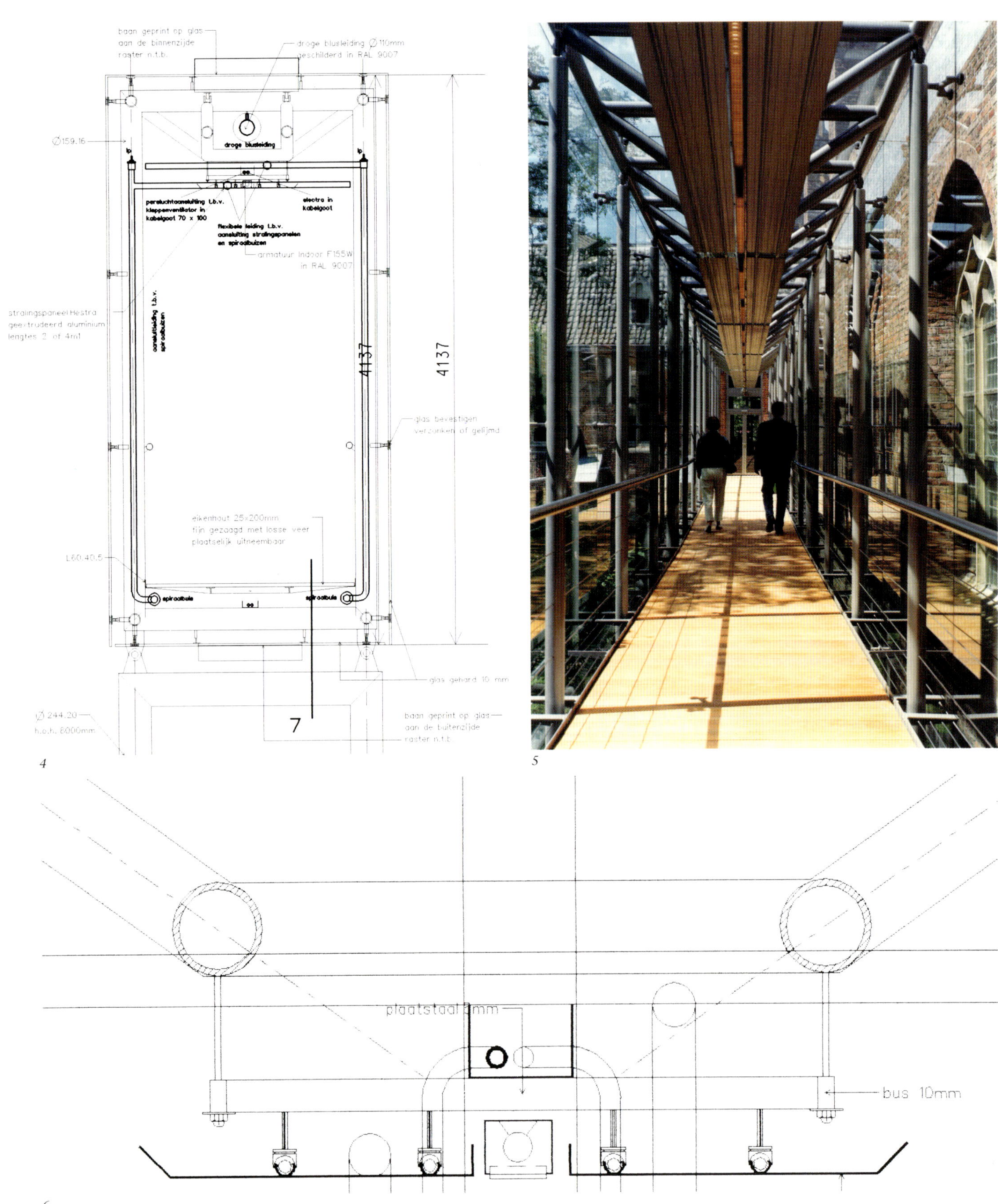

4

5

6

7

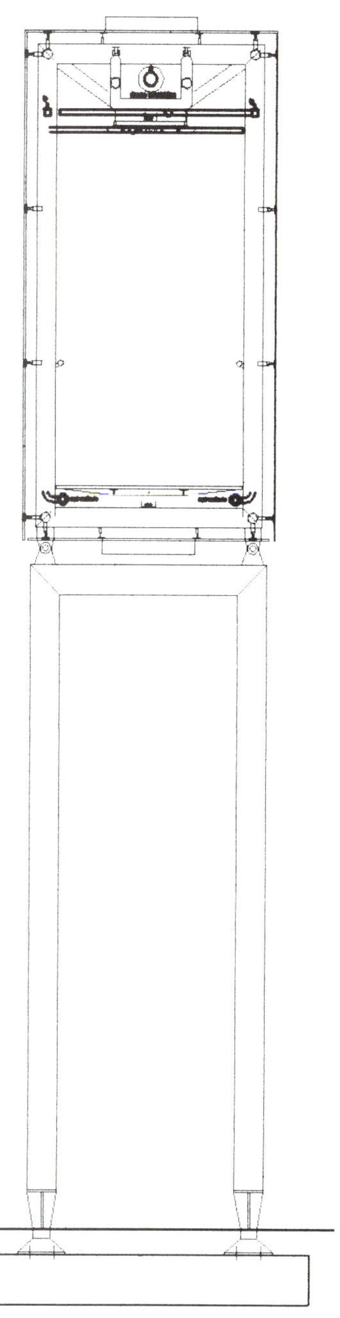

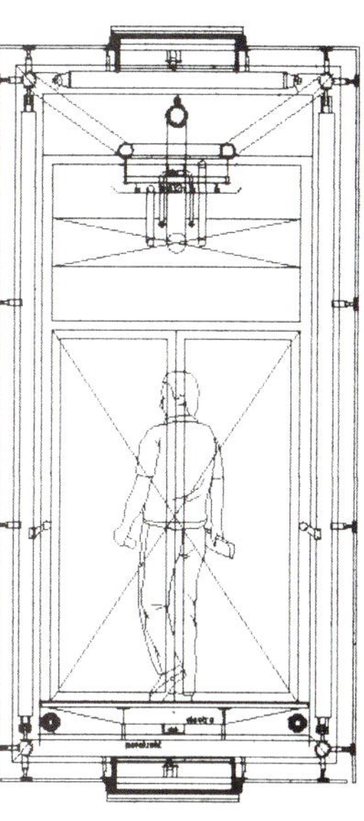

8

LOUVRES AND WALL

GRANT HOUSE, SURRY HILLS, NSW, AUSTRALIA
Jahn Associates Architects

百页和墙

澳大利亚，新南威尔士，萨里山，格兰特住宅
约翰建筑师事务所

1

2

1 从庭院越过水池看入口，阿鲁克邦阳极氧化处理铝板百页成为卧室私密的屏风
2 并列的天然和人工材料反映了空间的不同功能
3 百页剖面

这座为业主斯蒂芬·格兰特建的城市住宅位于悉尼内城后街一座老木材院内，新院墙的表面是由砖墙、胶合板和波纹金属板在同一平面上拼合成的。层叠的材料和交织成的表面形成的简单体型给街道带来新的尺度。

新建筑集中在南侧，完全包含在原有砖墙的范围以内，并在一层形成庭院。建筑的各部分围合、俯瞰、交叉、隔断并充满了这个庭院。室内作为整体参与到空间联系和材料的相互作用之中，这在悉尼占大多数的19世纪连排式住宅或20世纪高级公寓中是很少见到的。悉尼很少有机会提供一种积极和消极空间综合的空间环境，但是他们需要在格兰特住宅中进行的这种明显的探索。

约翰建筑师事务所因为这个项目得到两个奖项，包括罗宾·博伊德国家住宅设计奖和澳大利亚皇家建筑师学会颁发的新南威尔士分会荣誉建筑奖。

A 百叶槽
B 注模聚丙烯夹子，本色阳极氧化铝合金面层
C 钢筋混凝土片墙，压条和混凝土连接框架见详图
D 转轴固定在活动杆上装在槽内——成组由机械联动操作
E 六边形百页
F 不锈钢平头螺丝，每连接处2只
G 滑动连接
H 庭院垫层上做铺地

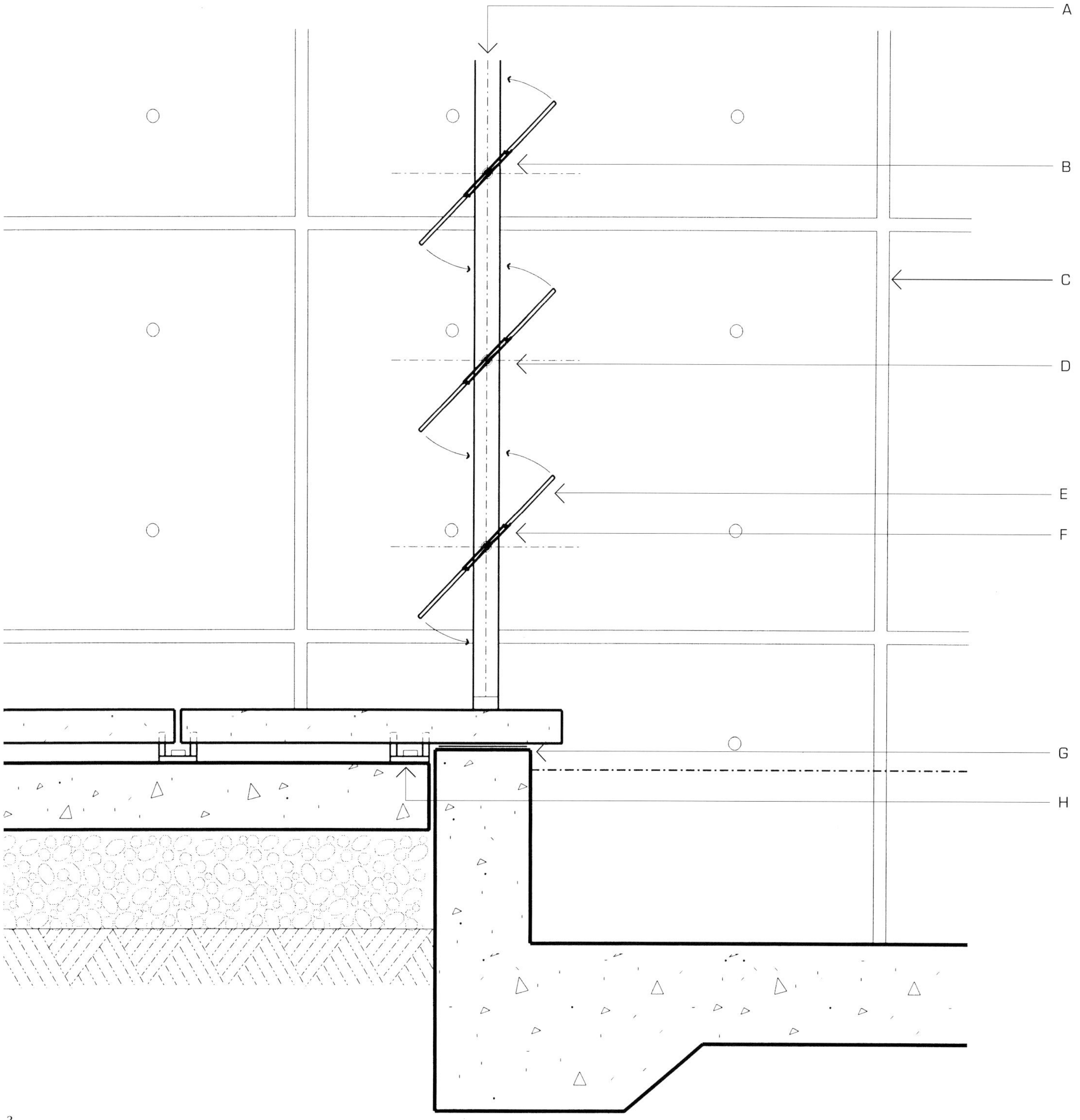

3

NO JUNK MAIL
1 ESTHER ST

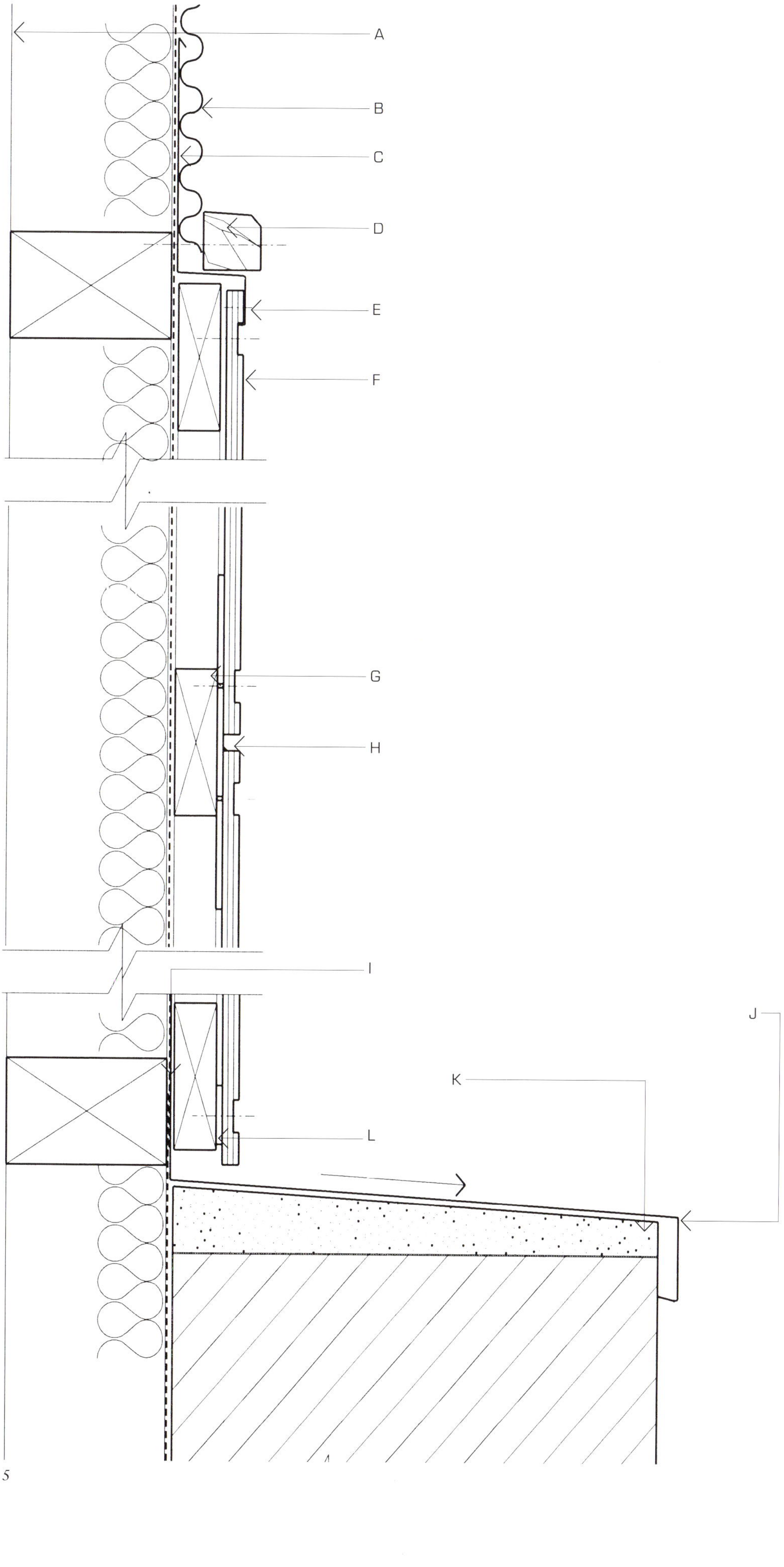

对面页：
钢和带钉的混凝土墙镶嵌在原有砖墙上
5 墙身剖面
6 木压条和混凝土接缝用来在混凝土片墙上产生格状细部
摄影：Brett Boardman

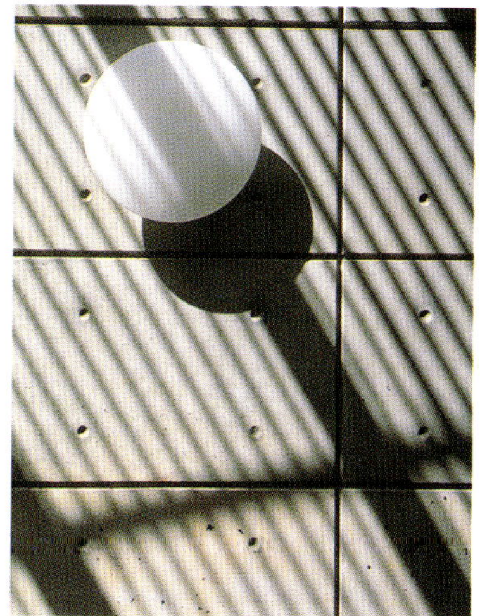
6

A 石膏板
B 卡勒邦定制波浪形饰面板
C 通长内衬
D 沿建筑周圈通长硬木盖板
E 粉末喷涂金属盖板
F 胶合板上直接固定装饰木条和垫块
G 100mm × 38mm 装饰背条
H 3mm 环氧带
I 内衬和 DPC 间封硅胶
J 铝合金盖板，粉末喷涂饰面
K 原有砖墙上盖抹灰的压顶
L 硬质板背衬条

A
B
C
D
E
F
G
H
I
J
K
L

5

SLOPED GLAZING SYSTEM

SAILS PAVILION, SAN DIEGO CONVENTION CENTER, SAN DIEGO, CALIFORNIA, USA
Joseph Wong Design Associates

倾斜的玻璃系统

美国，加利福尼亚州，圣地亚哥，圣地亚哥会议中心，船帆厅
约瑟夫·翁设计事务所

1

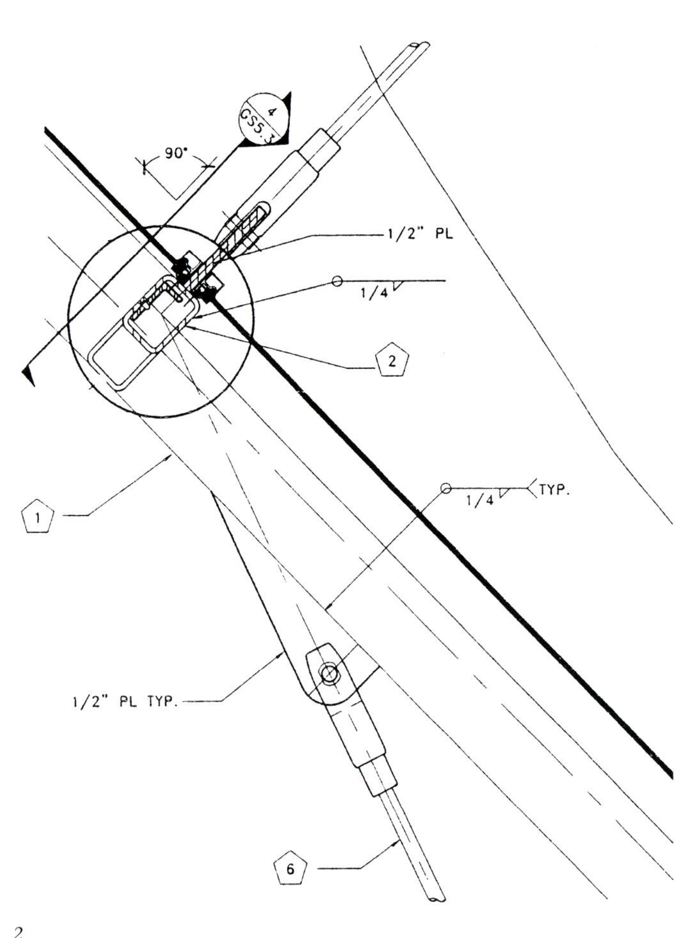

2

1 内景
2 拉索支撑连接详图
3 倾斜玻璃剖面

圣地亚哥会议中心对船帆厅进行了重大改造，将 8360m² 的无柱室外展览区围合起来，增强了船帆厅的多功能能力。平台空间有一个帐篷结构的屋顶，象征海湾中的船帆。它本来是四面开敞的。

改造成围合空间的工作包括增加工业标准贸易展示空间的舒适性、灯光、空调、火灾控制系统，发光墙和屋顶填充系统。

在设计任务书中要求保留原开敞性的设计和保持最大量的自然光线。原有织物帐篷屋顶标准的拱形和曲线形开敞外型是由织物和钢索支撑的外轮廓线和坡度决定的。东侧开敞处用带轻型桁架和钢索支撑的通高通长夹层玻璃围合。其中应用了织物枕形顶部填充。西侧开敞处用一片实心的隔声墙封闭，外装饰面与原有抹灰墙面相一致。

南北向标准拱形开间的围合方法具有挑战性。它在满足原有帐篷屋顶排水的条件下，还满足了美观、自然光线和结构设计的要求。新建的围合具有足够的完整性来承担

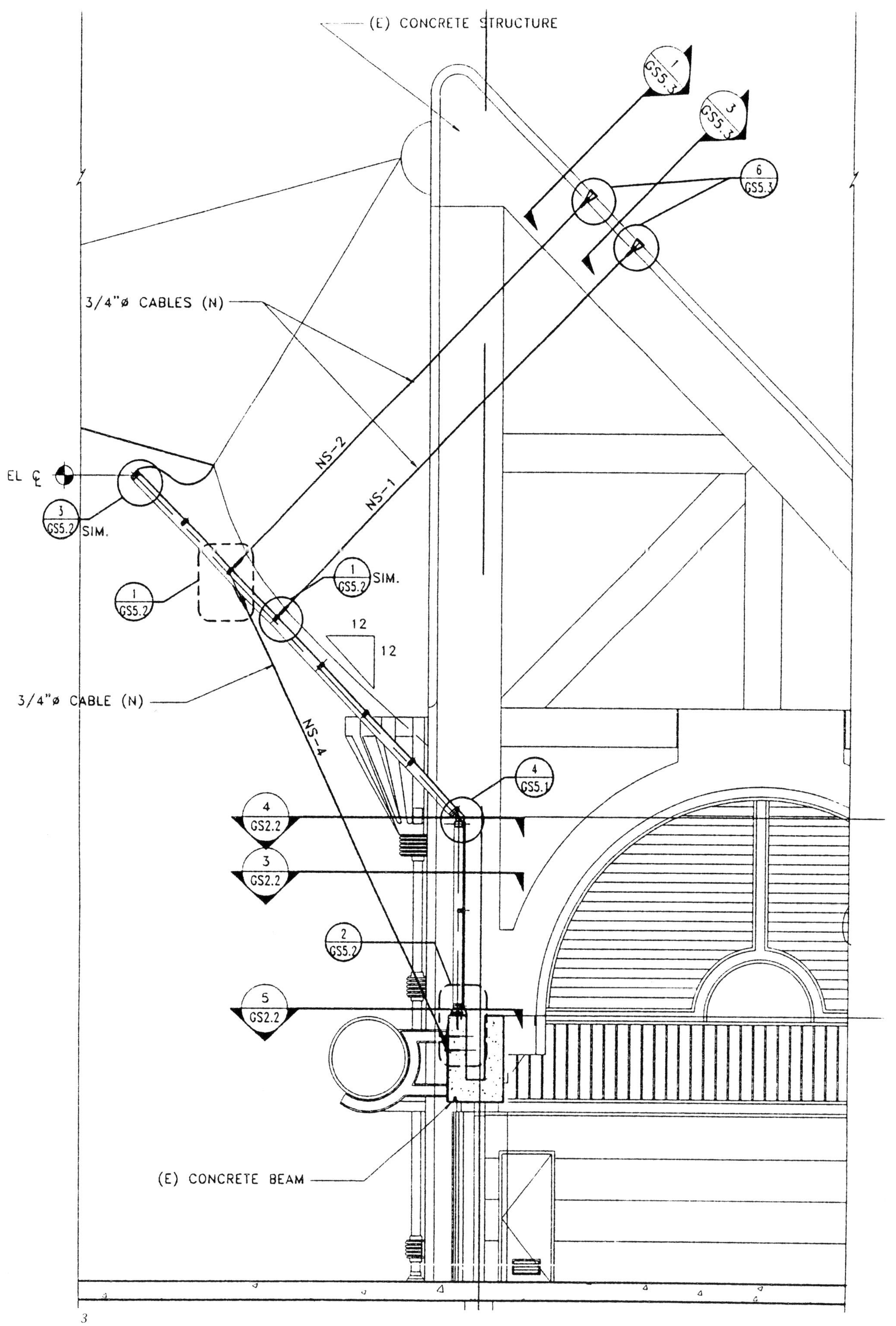
(E) CONCRETE STRUCTURE
1
GS5.3
3
GS5.3
6
GS5.3
3/4"ø CABLES (N)
NS-2
NS-1
EL ℄
3
GS5.2
SIM.
1
GS5.2
SIM.
1
GS5.2
12
12
3/4"ø CABLE (N)
NS-4
4
GS5.1
4
GS2.2
3
GS2.2
2
GS5.2
5
GS2.2
(E) CONCRETE BEAM
3

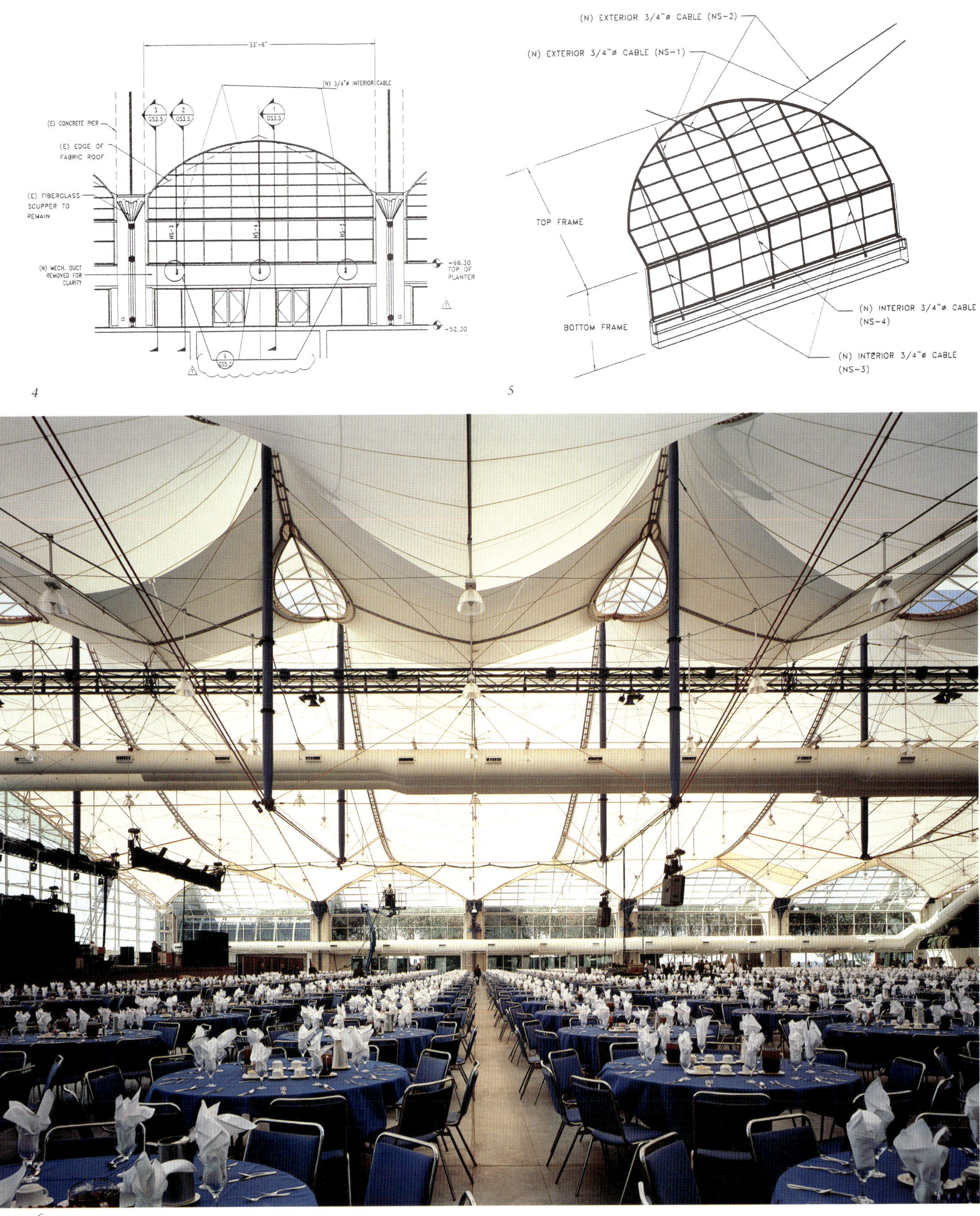
53'-6"
(N) 3/4"ø INTERIOR CABLE
3
GS3.5
2
GS3.5
1
GS3.5
(E) CONCRETE PIER
(E) EDGE OF FABRIC ROOF
(E) FIBERGLASS SCUPPER TO REMAIN
NS-3
NS-4
NS-3
(N) MECH. DUCT REMOVED FOR CLARITY
+66.30 TOP OF PLANTER
-52.30
6
GS5.2
(N) EXTERIOR 3/4"ø CABLE (NS-2)
(N) EXTERIOR 3/4"ø CABLE (NS-1)
TOP FRAME
BOTTOM FRAME
(N) INTERIOR 3/4"ø CABLE (NS-4)
(N) INTERIOR 3/4"ø CABLE (NS-3)

4

5

6

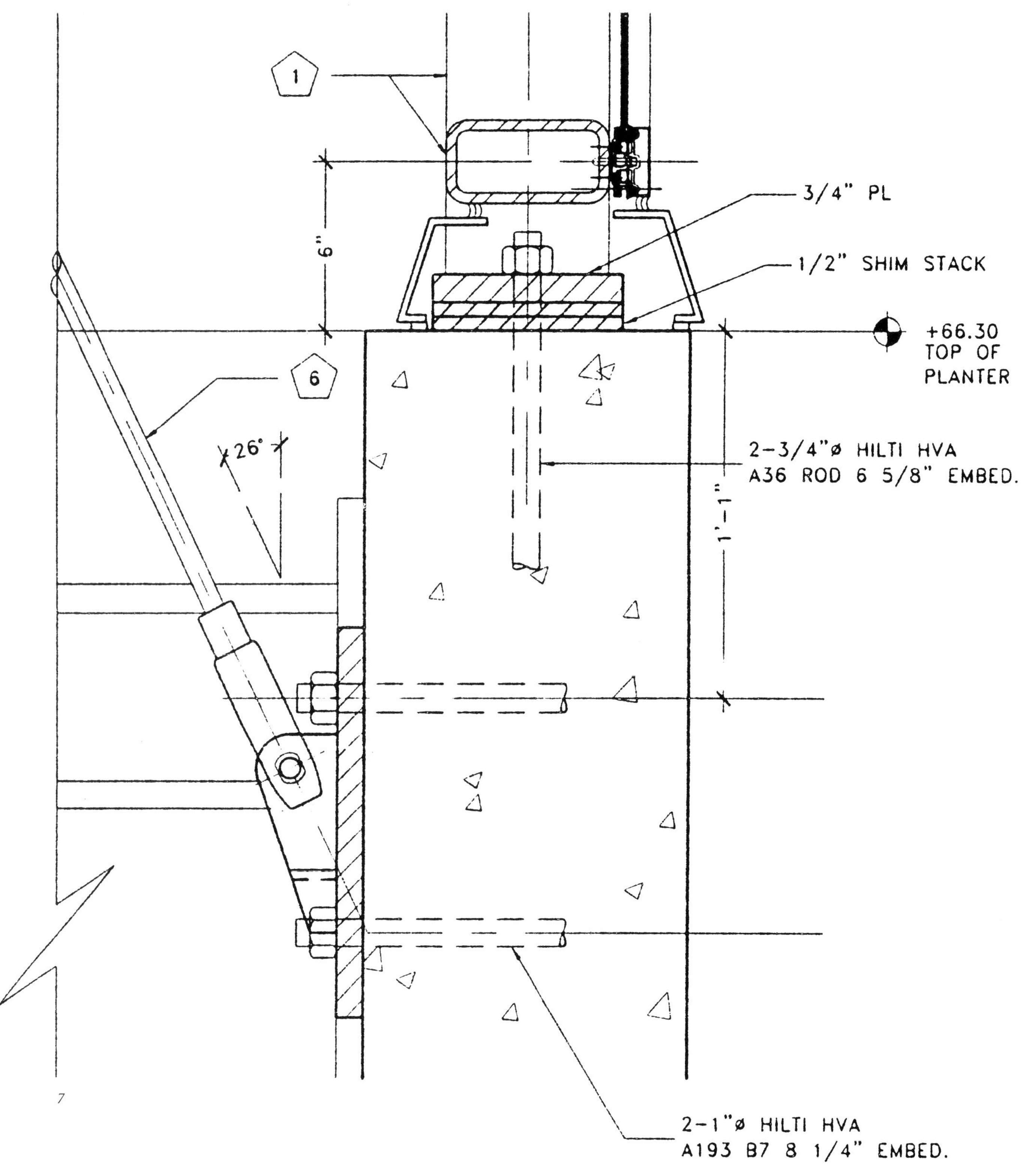

7

它的重量，并且抵抗地震荷载和风力，以及原屋顶的移动和荷载。

轻质的倾斜玻璃系统由夹层玻璃和钢框架组成，根据设计、工艺、造价和考察来选定。这套系统根据原有屋顶织物的轮廓线，并在玻璃系统和原帐篷边缘用织物填充。广泛应用结构索来支撑所有的荷载并稳定结构。结果是一个透明的柱间围合，与原开敞风帆的设计相协调。

4 标准开间内立面
5 标准开间室外轴测图
6 内景
7 钢索支撑和玻璃系统基础详图
摄影：Brady Architectural Photography

DOME

IZUMO DOME, IZUMO, JAPAN
Kajima Design

穹 顶

日本，出云，出云穹顶
鹿岛设计

1

这个设计是从为出云市属全天候多功能体育场做的许多参选方案中选出的。

由单张薄膜穹顶覆盖形成了这个开敞型的室内环境。其视线与室外连续，有一整套抵御大雪的设施，灵活的平面设计和可移动的看台。并将横撑系统与框架相结合，采用木材和钢材混合的结构，其整体布局能安排和组织各种体育项目。

通过使用单层膜屋顶使自然光线能透进穹顶内，使用尽可能少的构件使室内空间明亮和令人愉快。为了使穹顶看起来与公园结合成一体，并加强室内外连续的感觉，通过将穹顶用36根柱子架起来，每边6m高的墙上使用了大型聚碳酸酯固定百叶窗，以达到完全的开敞性。

为了方便维护，特别的控制装置和室内环境控制设备集中在中心环上。这个装置与框架结合在一起。中心环的直径是22m，安装了灯光设备，通气窗安装在中间5m高的环上。

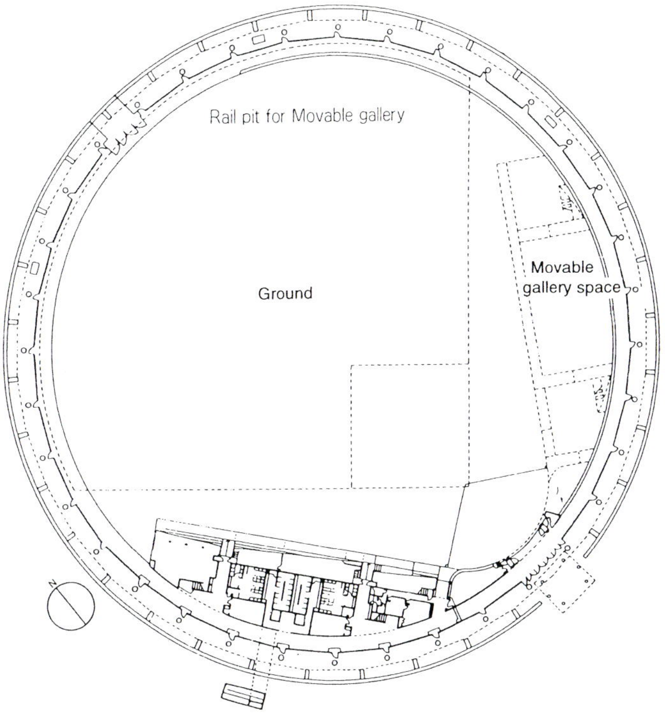

2

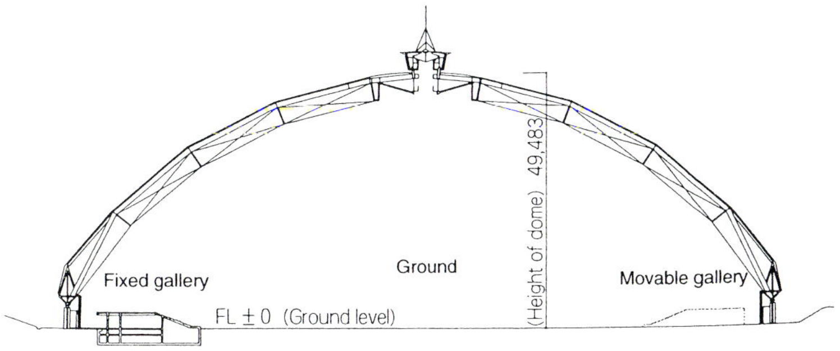

3

Rail pit for Movable gallery

Ground

Movable gallery space

4

Fixed gallery

Ground

Movable gallery

FL ± 0 (Ground level)

(Height of dome) 49,483

5

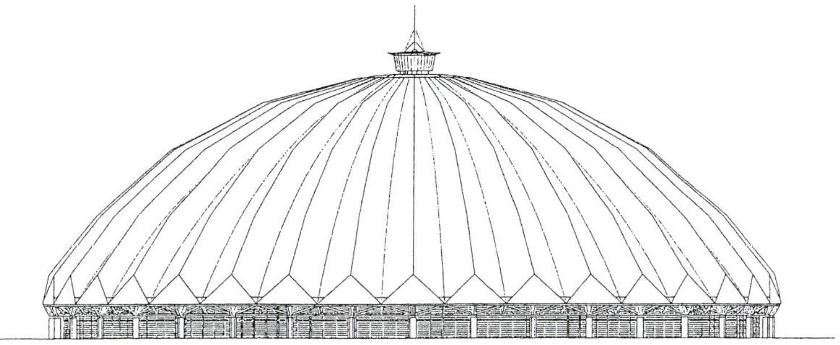

6

1 鸟瞰
2 中心环
3 全景
4 一层平面
5 剖面
6 立面

7 混合结构系统仰视
8 大型百叶门
9 穹顶顶部和底部剖面详图
摄影：Nishinihon Shabo

7

8

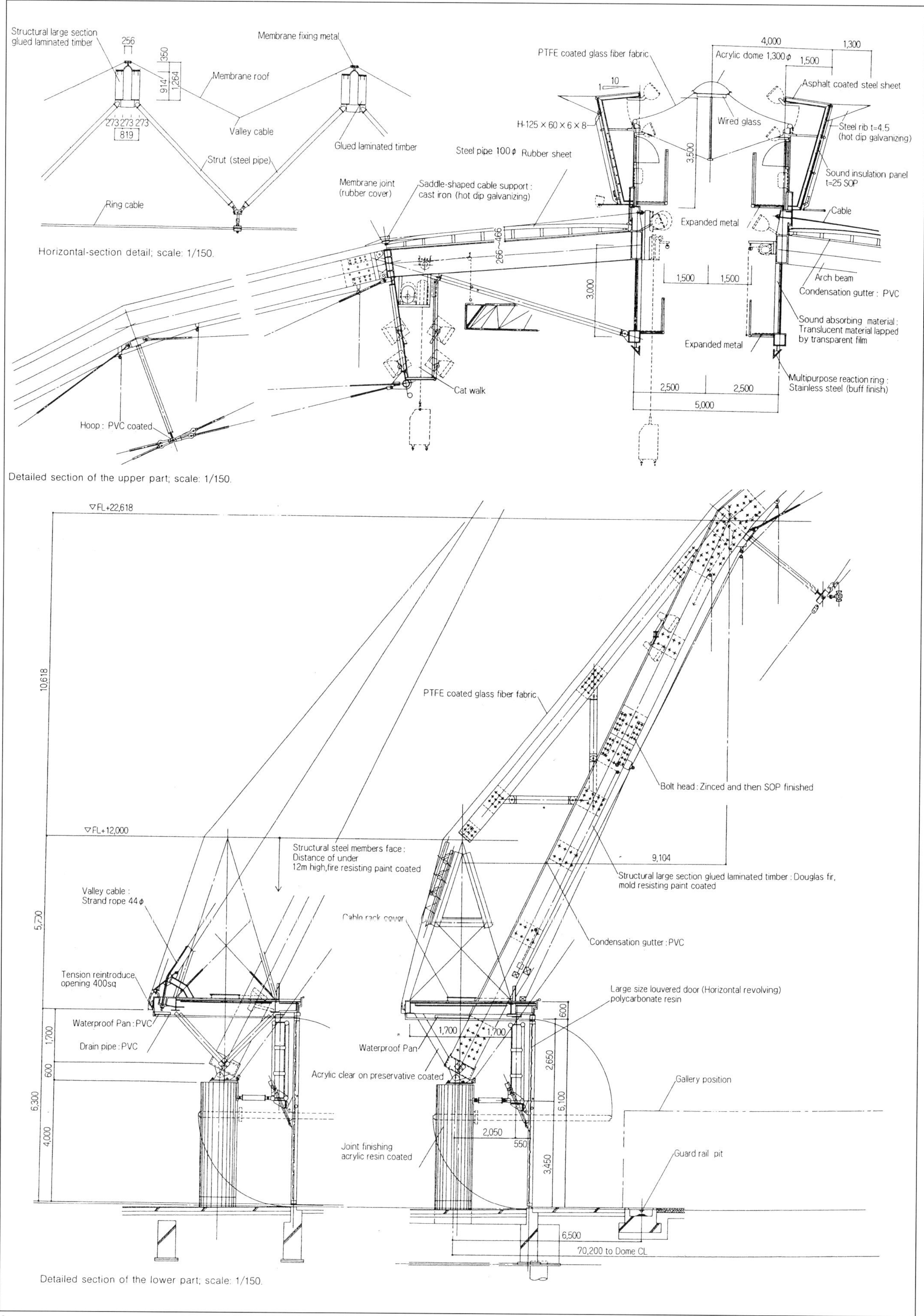

Horizontal-section detail; scale: 1/150.

Detailed section of the upper part; scale: 1/150.

Detailed section of the lower part; scale: 1/150.

9

ROOF

NAGANO OLYMPIC MEMORIAL ARENA, NAGANO, JAPAN
Kajima Design, Kume, Kajima, Okumura, Nissan, Iijima, Takagi Design Joint Venture

屋 顶

日本，长野，长野奥林匹克纪念体育场
鹿岛设计，久米，鹿岛，奥村，日产，饭岛，高木设计事务所合作公司

1

2

3

这项工程最大的挑战是将木制悬挂屋顶和吊顶结构与一个可调节的空间系统结合在一起，这是世界上首创的形式。

直线形固定看台用来举办大型的非奥运项目的赛事，如美式足球，而可移动的圆形看台用作墙体和供较小型的集会，如音乐会使用的看台。

非同一般的信州落叶松吊顶使室内充满只有木材才能营造出来的温馨气氛。

高高的U形拱外墙和屋顶材料减少了热负荷。设计中选用了由胶合木板和玻璃棉板相结合的屋顶板系统，用来隔热、隔声、吸声和防火。

吊顶通过减小空间容积来节约能源。凸面的吊顶造型使声音有效地扩散至整个体育场内，以达到更清晰的声学环境。

每层屋顶之间安装了平均分配的通风口和非直接屋顶光（遮阳设施），两端山墙为大面积玻璃墙面，提供了干净而舒适的室内环境。

1　山墙外景
2　南边全景
3　不锈钢屋顶室外景观
4和5　剖面

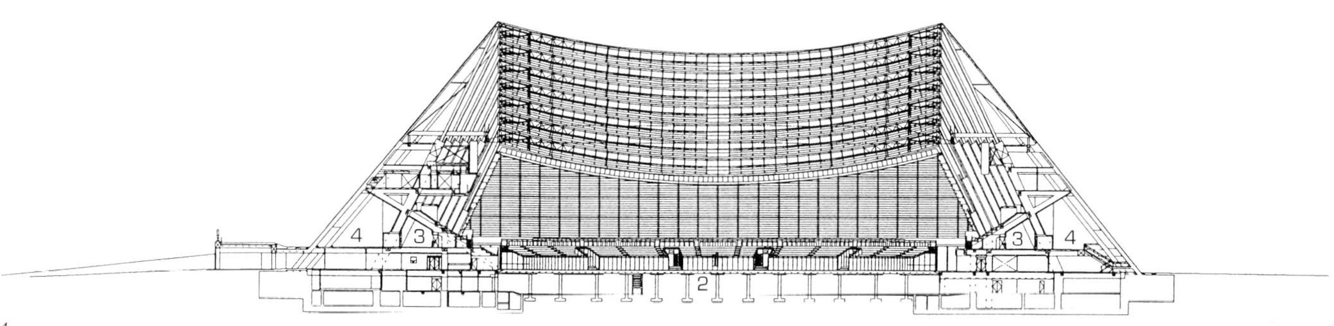

4

1　体育场
2　停车场
3　室内大厅
4　室外大厅

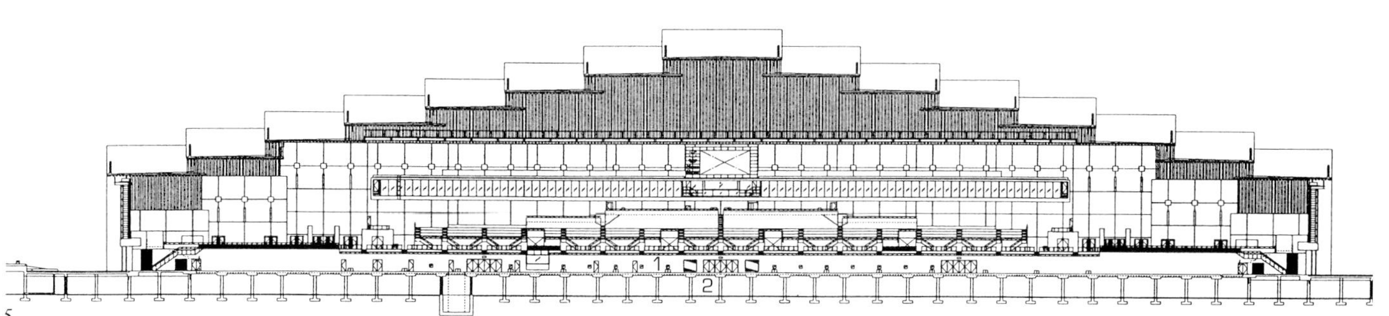

5

6

7

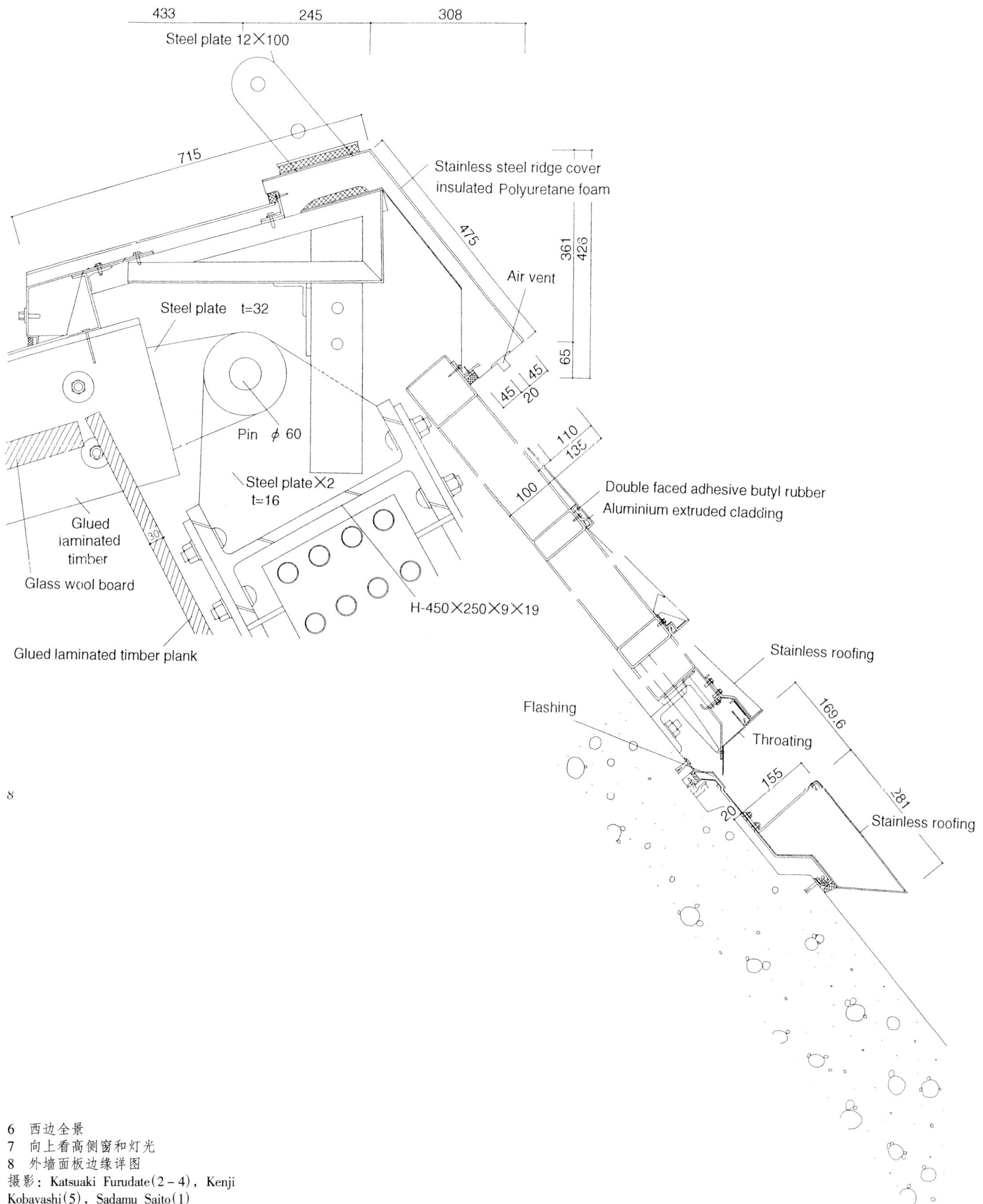

8

6 西边全景
7 向上看高侧窗和灯光
8 外墙面板边缘详图
摄影：Katsuaki Furudate(2－4)，Kenji Kobayashi(5)，Sadamu Saito(1)

SKYLIGHT, BRIDGE AND ACOUSTIC REFLECTION BOARD

SHINSHU OTANI-HA (HIGASHI HONGANJI) RECEPTION HALL, KYOTO, JAPAN

Kajima Design, Kansai　　Design Supervisor: Shin Takamatsu

天窗、桥和音响反射板

日本，京都，信州小谷派（东本愿寺）接待大厅

鹿岛设计事务所，关西设计监理：高松伸

1

1　太阳和月亮形状的天窗夜景

2　天窗剖面详图

京都巨大的东本愿寺地下寺庙的天窗是设计概念的中心。天窗将自然光线和阴影引入这个空间，有意识地将景观引入建筑的新框架中而形成新的景观。寺庙的扩建是 Shen 佛教的复兴者 Rennyo Shonin 500 周年纪念活动的一部分。

在现有基地的主轴线上设计了带天窗的大型地下设施，并在底部运用了圆锥台的形式。天窗是三个区域的共同特征，并形成了向天空开敞的光庭园。开敞给游客一种与外界联系的感觉，引导他们从封闭的场所中感受到他们自己肉身的位置和自由，以支持一种开放的宗教设施的思想。

室外墙面用倾斜的，层叠的按声学要求设计的木板覆盖，形成一种上升的、解脱的感觉，宛如被佛握在手中。建筑的主要外装修材料是木材和钢筋混凝土。通过使用天然材料，抽象而强有力的建筑形式变成了温和的形象。

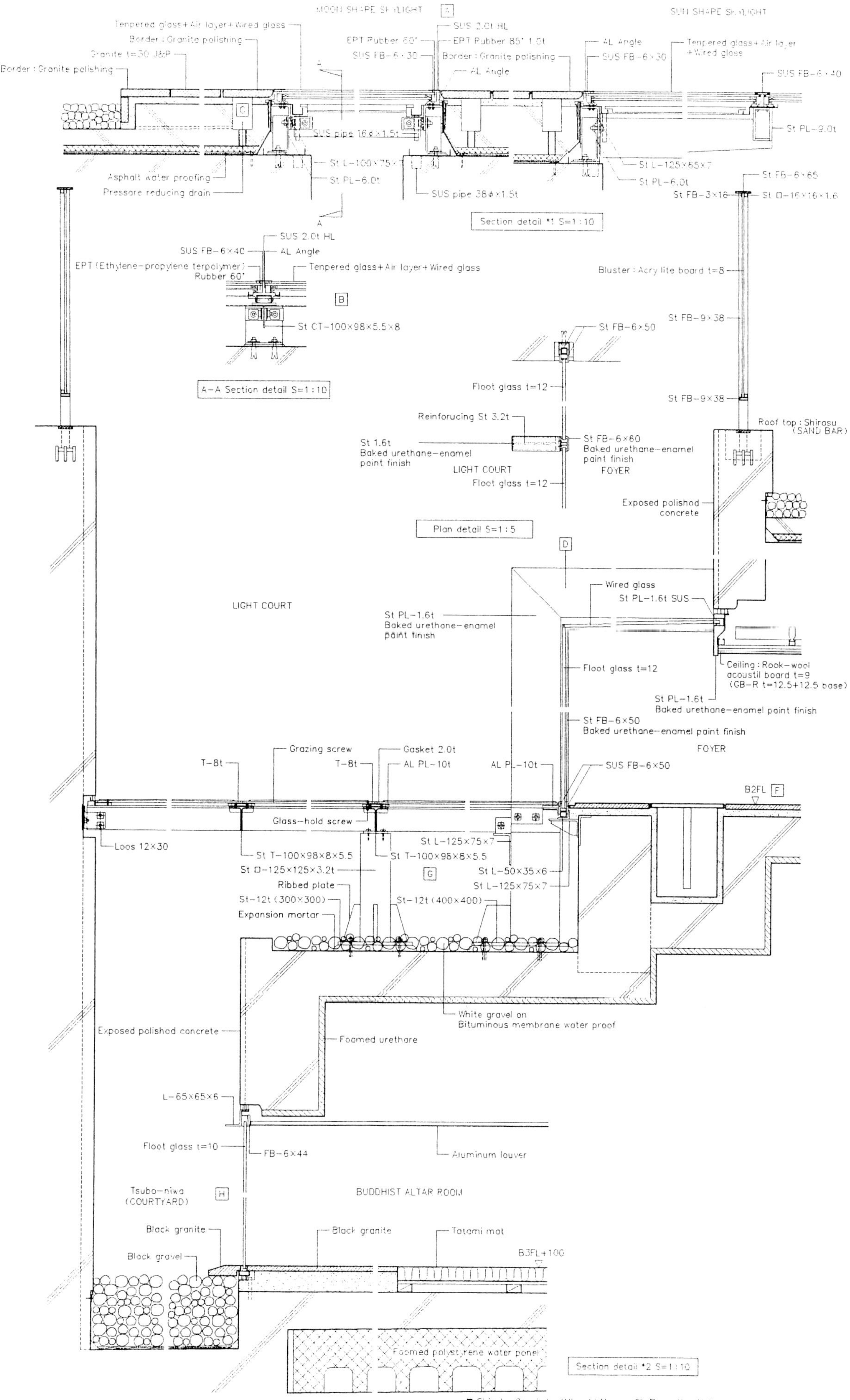

■ Shinshu Otani-ha (Higashi Honganji) Reception Hall KAJIMA DESIGN KANSAI A-2

2

3 月亮形天窗仰视
4 前厅
5 视听室墙面声音反射板

3

4

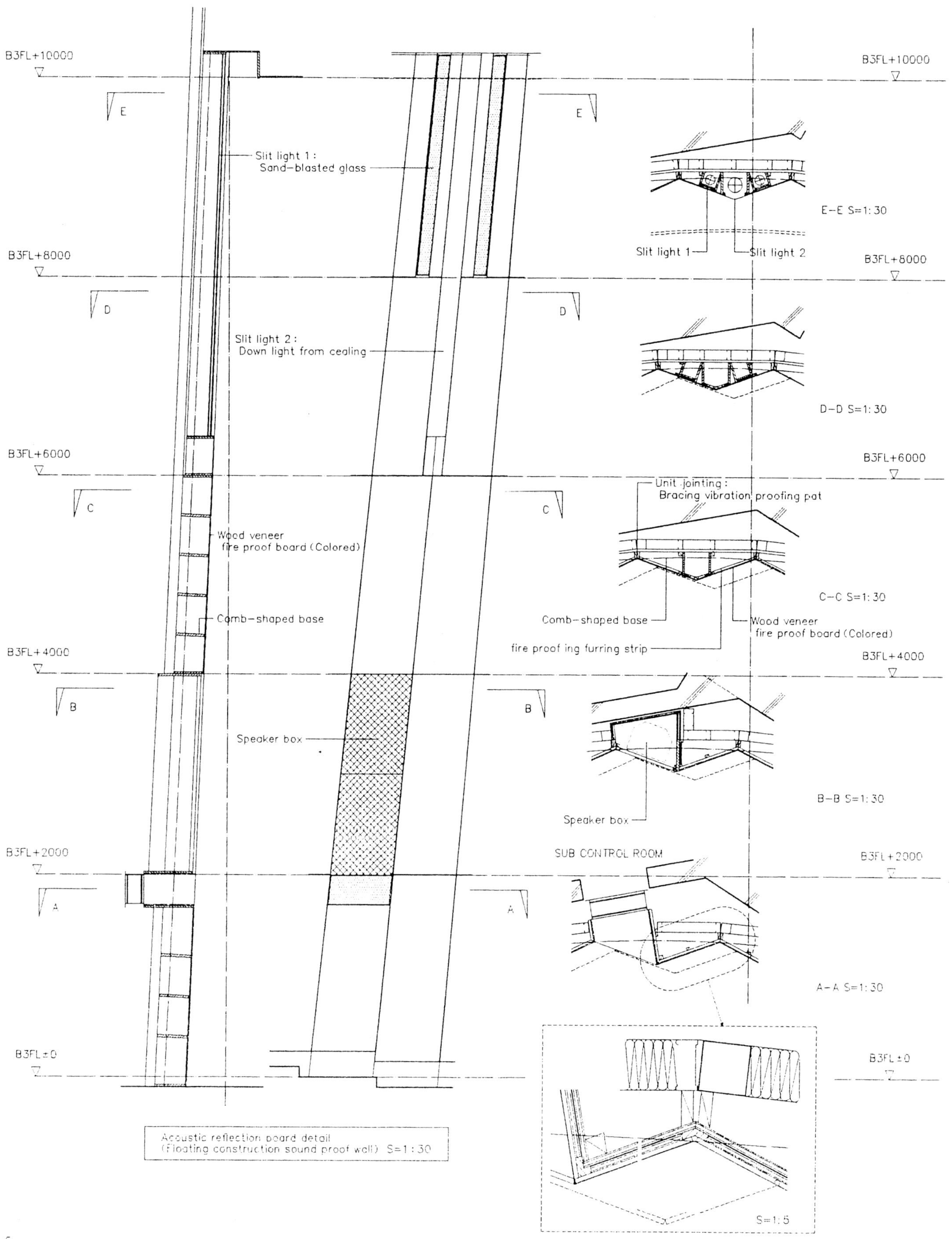

Acoustic reflection board detail
(Floating construction sound proof wall) S=1:30

5

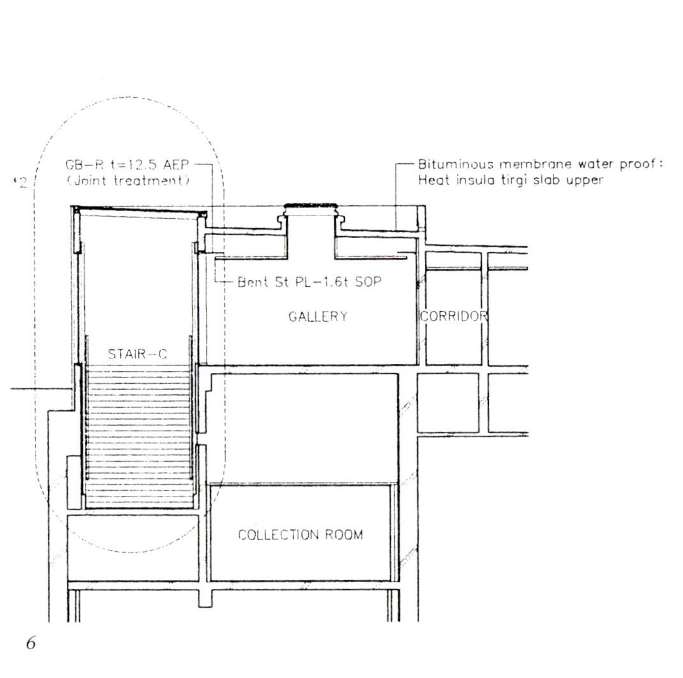
GB-R t=12.5 AEP
(Joint treatment)
Bituminous membrane water proof:
Heat insula tirgi slab upper
Bent St PL-1.6t SOP
GALLERY
CORRIDOR
STAIR-C
COLLECTION ROOM

6

7

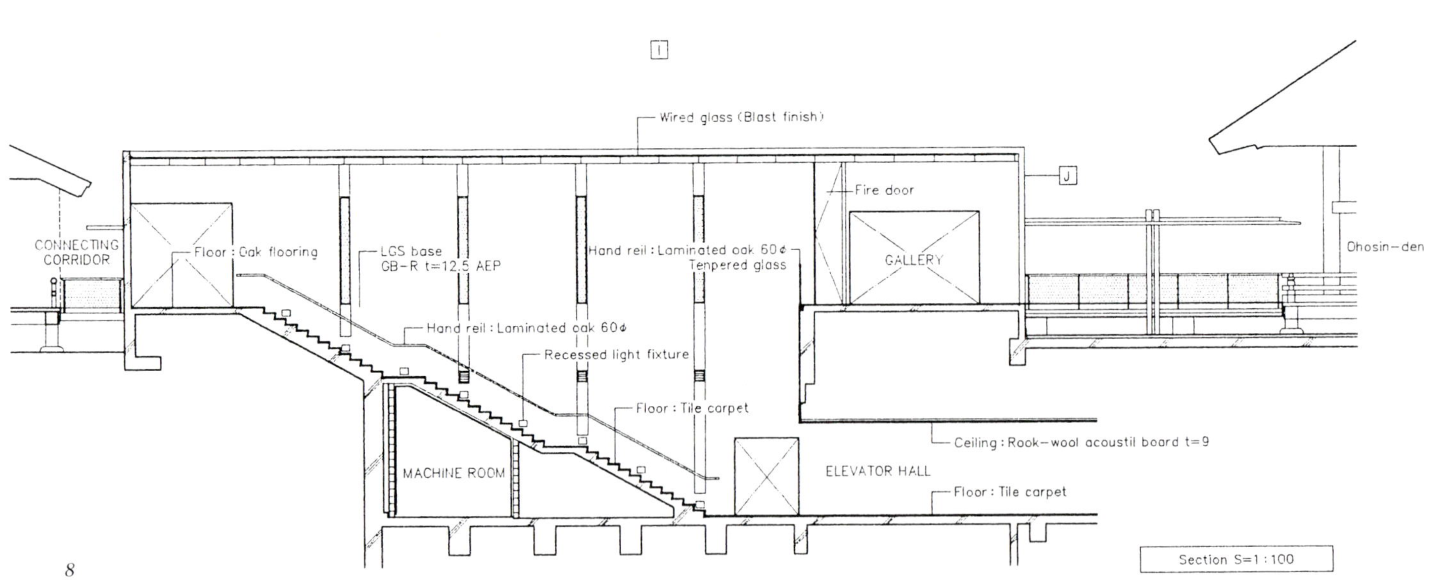
Wired glass (Blast finish)
Fire door
CONNECTING
CORRIDOR
Floor: Oak flooring
LGS base
GB-R t=12.5 AEP
Hand reil: Laminated oak 60¢
Tenpered glass
GALLERY
Ohosin-den
Hand reil: Laminated oak 60¢
Recessed light fixture
Floor: Tile carpet
Ceiling: Rook-wool acoustil board t=9
MACHINE ROOM
ELEVATOR HALL
Floor: Tile carpet
Section S=1:100

8

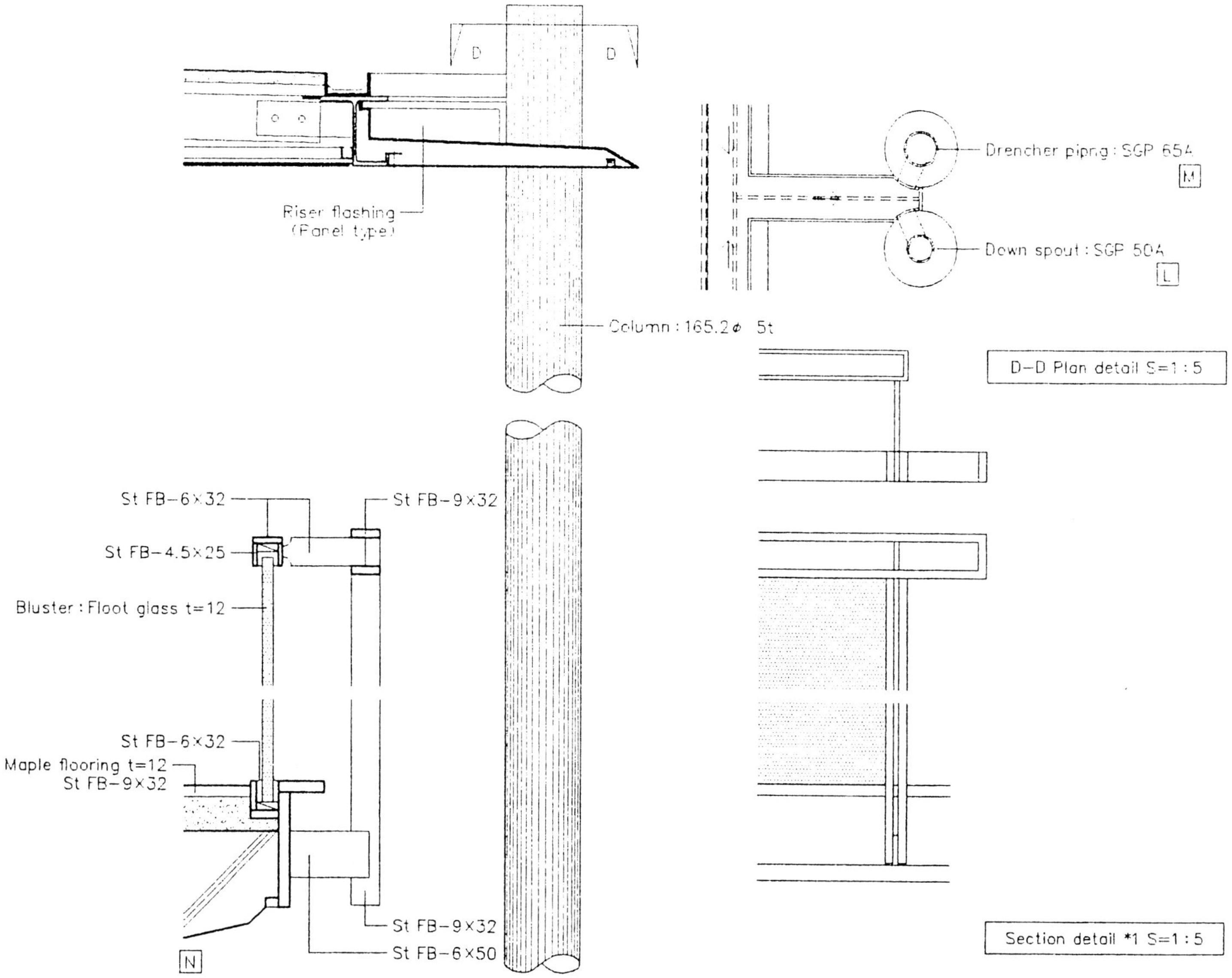

D D

Riser flashing
(Panel type)

Drencher piping : SGP 65A
M

Down spout : SGP 50A
L

Column : 165.2φ 5t

D-D Plan detail S=1:5

St FB-6×32
St FB-9×32
St FB-4.5×25
Bluster : Float glass t=12
St FB-6×32
Maple flooring t=12
St FB-9×32
St FB-9×32
St FB-6×50
N

Section detail *1 S=1:5

9

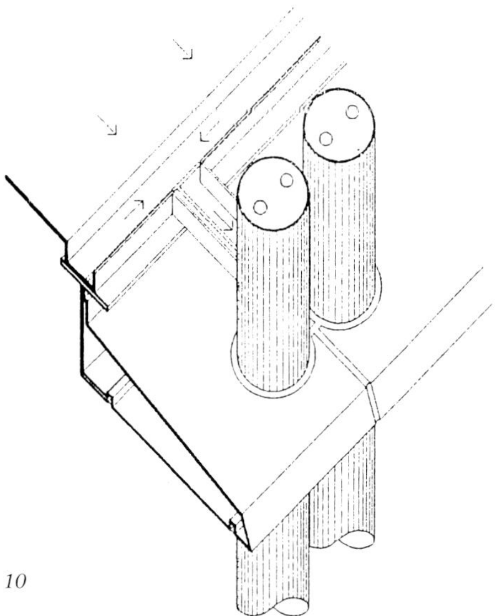

10

6 剖面示楼梯
7 楼梯夜景
8 剖面示楼梯和扶手
9和10 桥详图
摄影：Nacása & Partners Inc

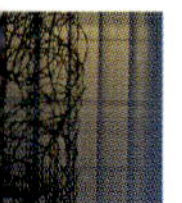

PANEL WALL

NASU HISTORY MUSEUM, NASU, NASU-GUN, TOCHIGI PREFECTURE, JAPAN
Kengo Kuma & Associates

墙 板

日本，栃木县，那须郡，那须，那须历史博物馆
隈研吾建筑师事务所

1

那须历史博物馆位于日本芦野，一个沿着江户时代主要道路的历史性地区。建立这座博物馆是要告诉人们那须城丰富的历史遗产。基地中包含了许多历史古迹，包括一座修复了的大门，旧贮藏屋和一根从小学中得来的石柱。这些文物围合在一座透明玻璃建筑中，将它们集中在一起。

将稻草贴在铝合金网中制成的半透明的板放在玻璃后面，区分了建筑与庭院，这样能够对室外光线有不同的控制方式。

用从附近山上采集来的藤条编制的透明隔断安置在重要的位置，并通过利用当地材料，使博物馆营造出一种不同寻常的气氛。

透明的设计与自然材料相结合叫做“数寄屋”。这个设计中数寄屋的发展产生了活泼和开敞的效果。

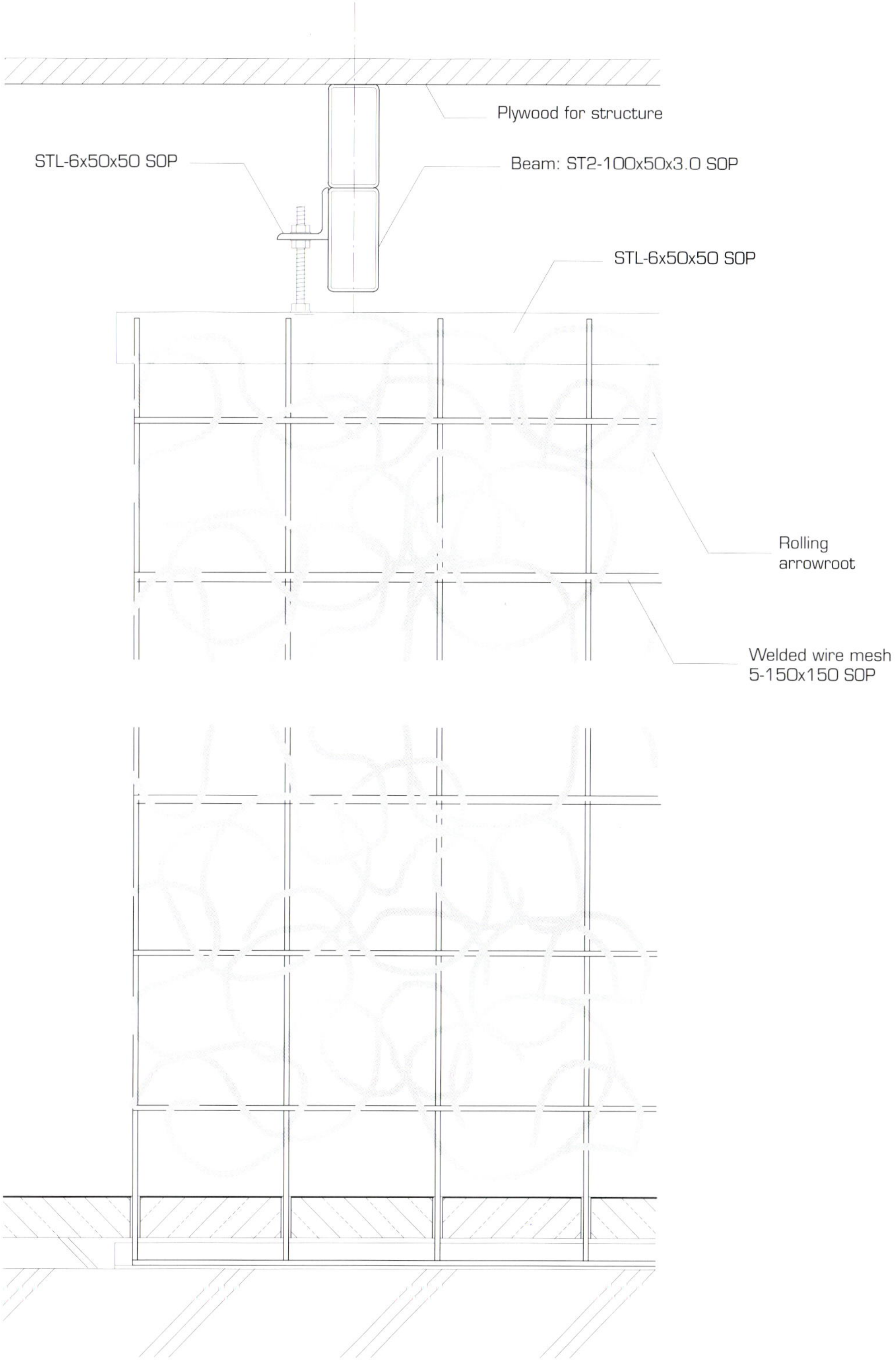

Plywood for structure

STL-6x50x50 SOP

Beam: ST2-100x50x3.0 SOP

STL-6x50x50 SOP

Rolling
arrowroot

Welded wire mesh
5-150x150 SOP

2

3

1 带米纸墙和藤条家具的入口大厅
2 墙板立面
3 稻草制的可移动透明板

Plywood for structure

STL-6x50x50 SOP

20 50

Hung bolt 3/8

Beam: ST2-100x50x3.0 SOP

L-6x50x 50 SOP

Welded wire mesh 5-150x150 SOP

Rolling arrowroot

STPL-t3.2

Cast-in anchor M-10

Rubbing stone of Ashino

4

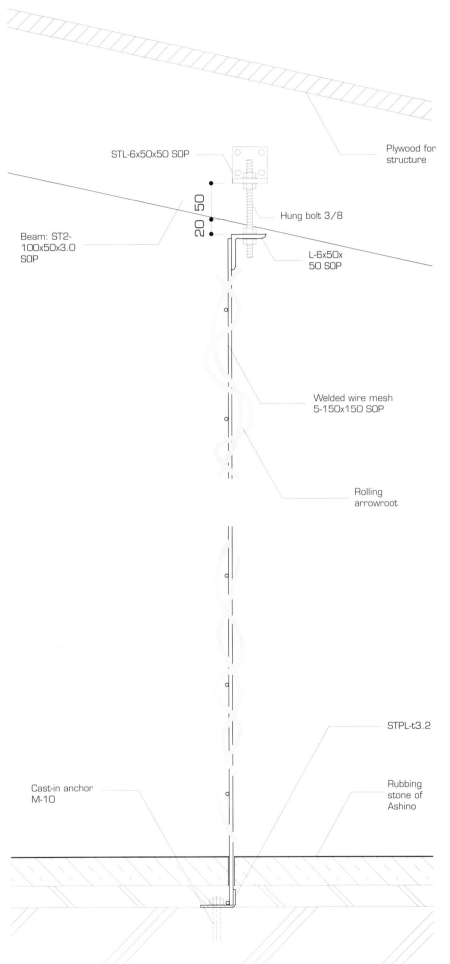

4 墙板侧立面
5 敞开的展室
6 侧面外观
7 藁板详图
8 葛藤板详图
9 透过玻璃看庭院
摄影：由隈研吾建筑师事务所提供

5

6

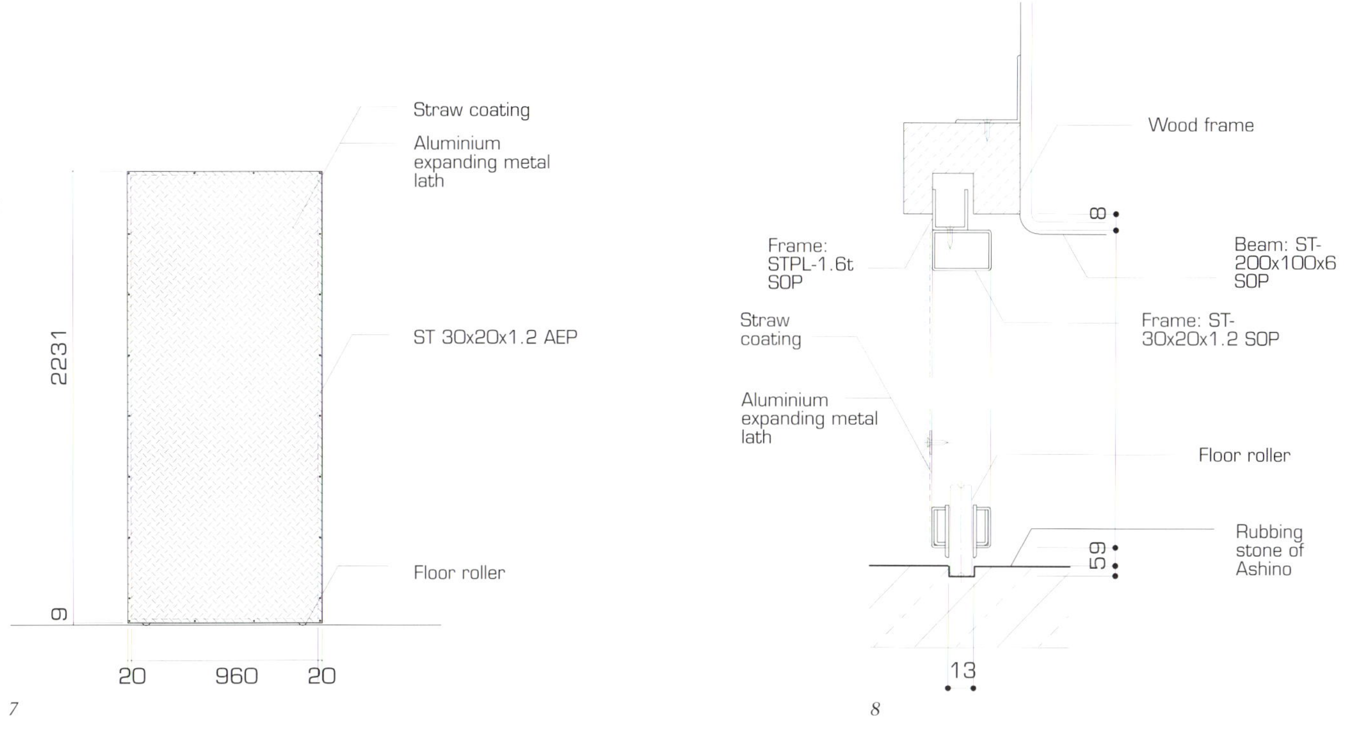

Straw coating
Aluminium expanding metal lath
ST 30x20x1.2 AEP
Floor roller
2231
9
20
960
20
Wood frame
8
Frame: STPL-1.6t SOP
Beam: ST-200x100x6 SOP
Straw coating
Frame: ST-30x20x1.2 SOP
Aluminium expanding metal lath
Floor roller
Rubbing stone of Ashino
59
13

7

8

9

STONE WALL

NASU, NASU-GUN, TOCHIGI PREFECTURE, JAPAN
Kengo Kuma & Associates

石　墙

日本，枥木县，那须郡，那须，那须
隈研吾建筑师事务所

1

2

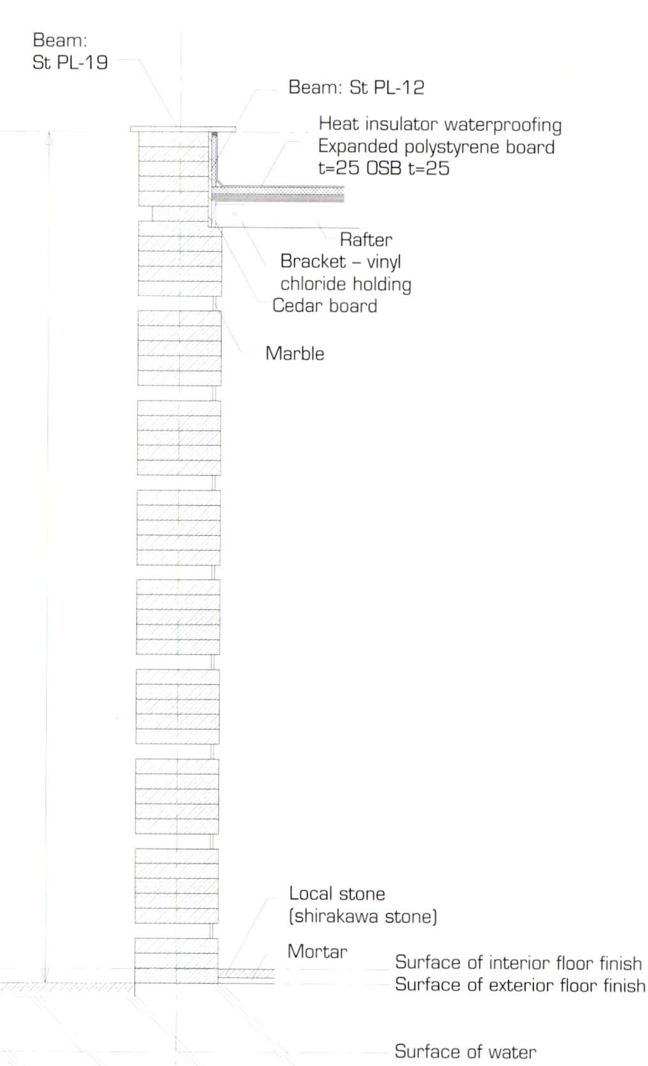

4

3

石头博物馆工程的目的是重建三座很久以前在那须市的芦野地区建的传统日本式石头库房。平面布局是要创造一种由于采用走廊而产生的室内外统一的空间感觉。

走廊建于两种类型的“软”墙中。石头是一种典型的重型建材，其中含有具有挑战性的处理方法。然而，通过利用一系列条板或百页来使这种材料的实体性减弱，而获得轻巧、含混和柔软的感觉。

在石墙上开许多小开口也达到了柔软性。这样在基地的边界产生了一种含混的感觉，并将光线分成无数束。

通过对石头进行不同处理而造成的柔软感觉和“柔软”的性质的对比是令人难忘，并让人能不断体验到的。

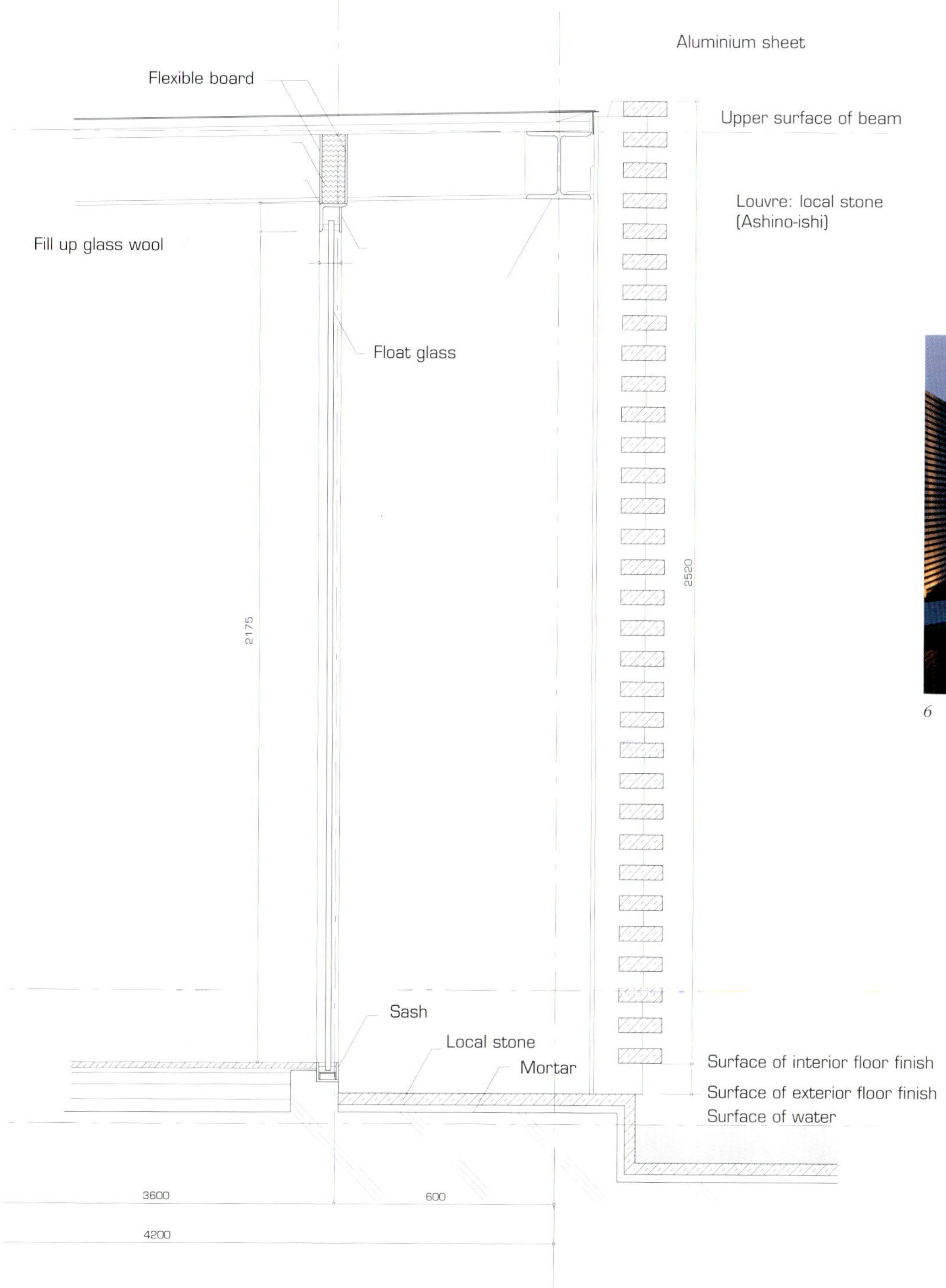

Aluminium sheet
Flexible board
Upper surface of beam
Louvre: local stone
(Ashino-ishi)
Fill up glass wool
Float glass
2175
2520
Sash
Local stone
Mortar
Surface of interior floor finish
Surface of exterior floor finish
Surface of water
3600
600
4200

5

6

7

1 展厅 1
2 画廊 1
3 东面全景
4 墙身剖面详图
5 百叶剖面详图
6 夜景
7 石条板细部
摄影：由隈研吾建筑师事务所提供

CURTAINWALL

HOTEL KYOCERA, KAGOSHIMA PREFECTURE, JAPAN

Kisho Kurokawa Architect and Associates

幕 墙

日本，鹿儿岛县，京瓷旅馆

黑川纪章建筑师事务所

1

京瓷旅馆是由国分市和 Hayato 联合开发建设的。它位于鹿儿岛机场附近，是繁忙的鹿儿岛技术开发区的一个组成部分，供商务旅行者和假日旅行者居住。

椭圆形的设计和使用朴素的预制混凝土和玻璃表达了简单性。中心位置是一个大中庭，横跨整个建筑的 60m 跨度。中庭空间由玻璃覆盖 30% 的屋顶和整个南侧外墙围合而成，显得非常开敞，在视觉上和室外融为一体。

住客和使用旅馆设施的游客的交通流线是分开的，旅馆设施包括宴会厅、地下室的体育设施和温泉、一层大门厅、餐厅和茶座。

客房围绕中庭空间沿外墙布置，并沿建筑内设走廊。自然光线从南侧屋顶和天窗中进入中庭，将昏暗狭窄的走廊照亮，形成了更加明亮和安全的空间。

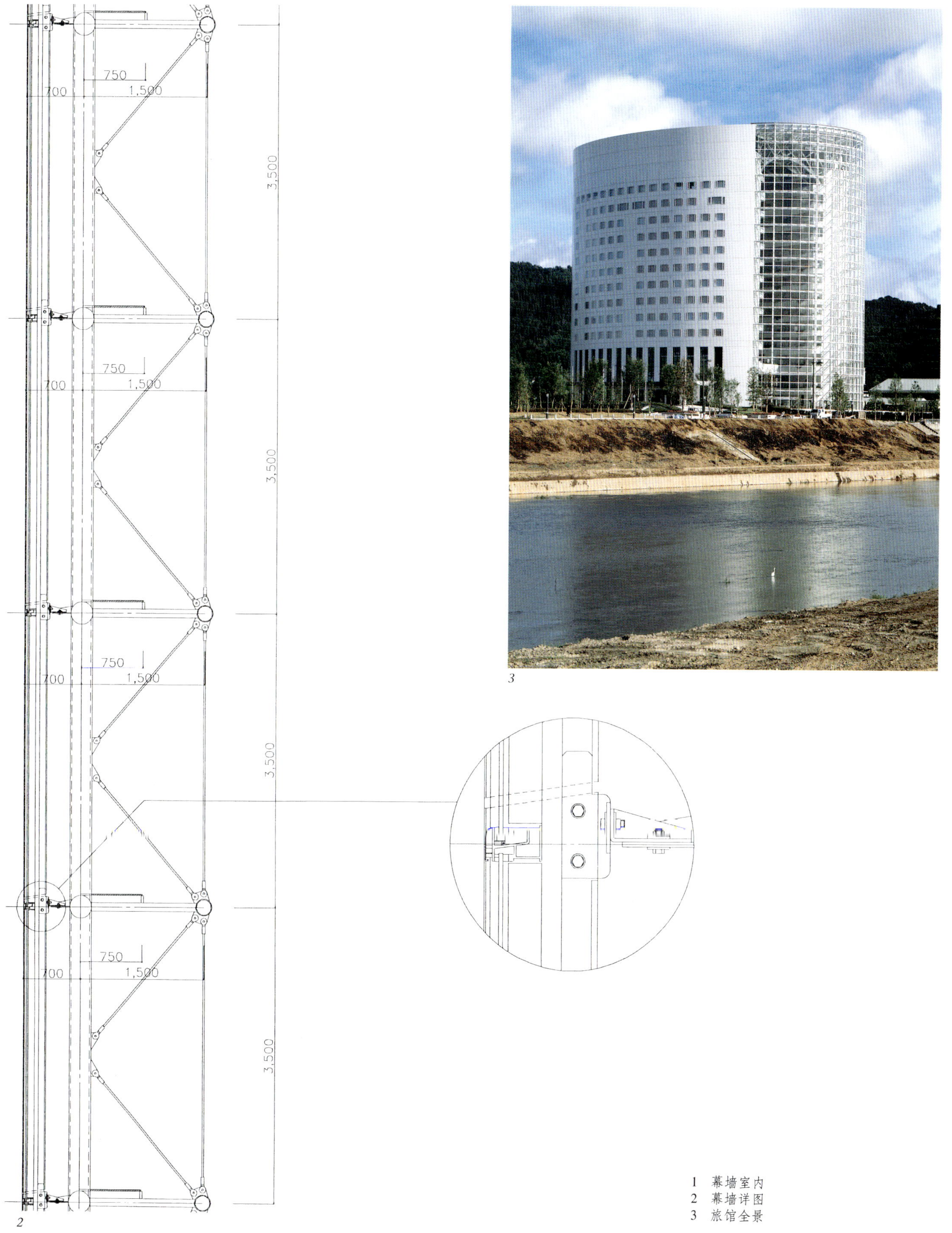

1 幕墙室内
2 幕墙详图
3 旅馆全景

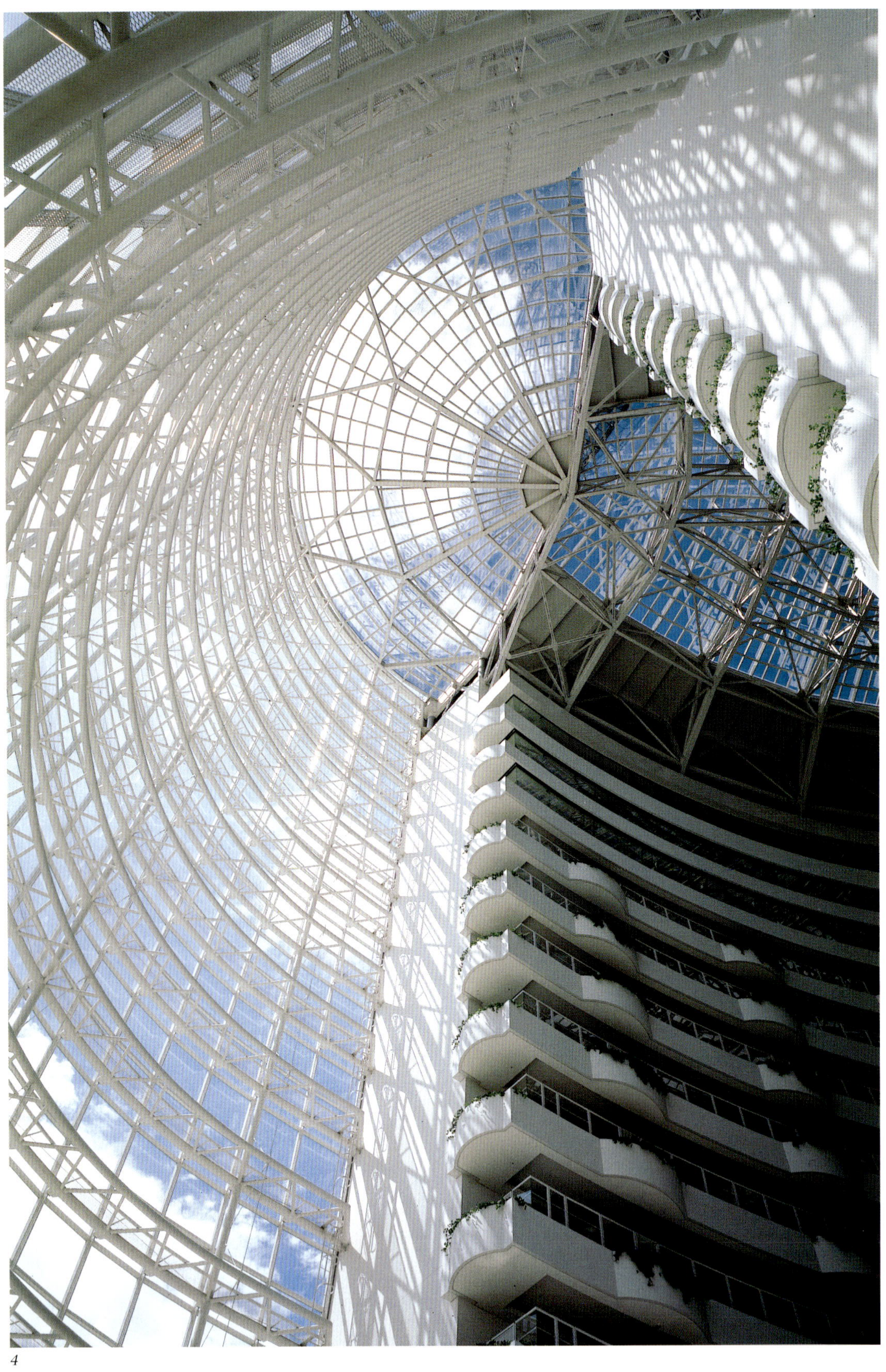

4

4和5 幕墙内景
6 剖面
7 总平面图
摄影：Tomio Ohashi

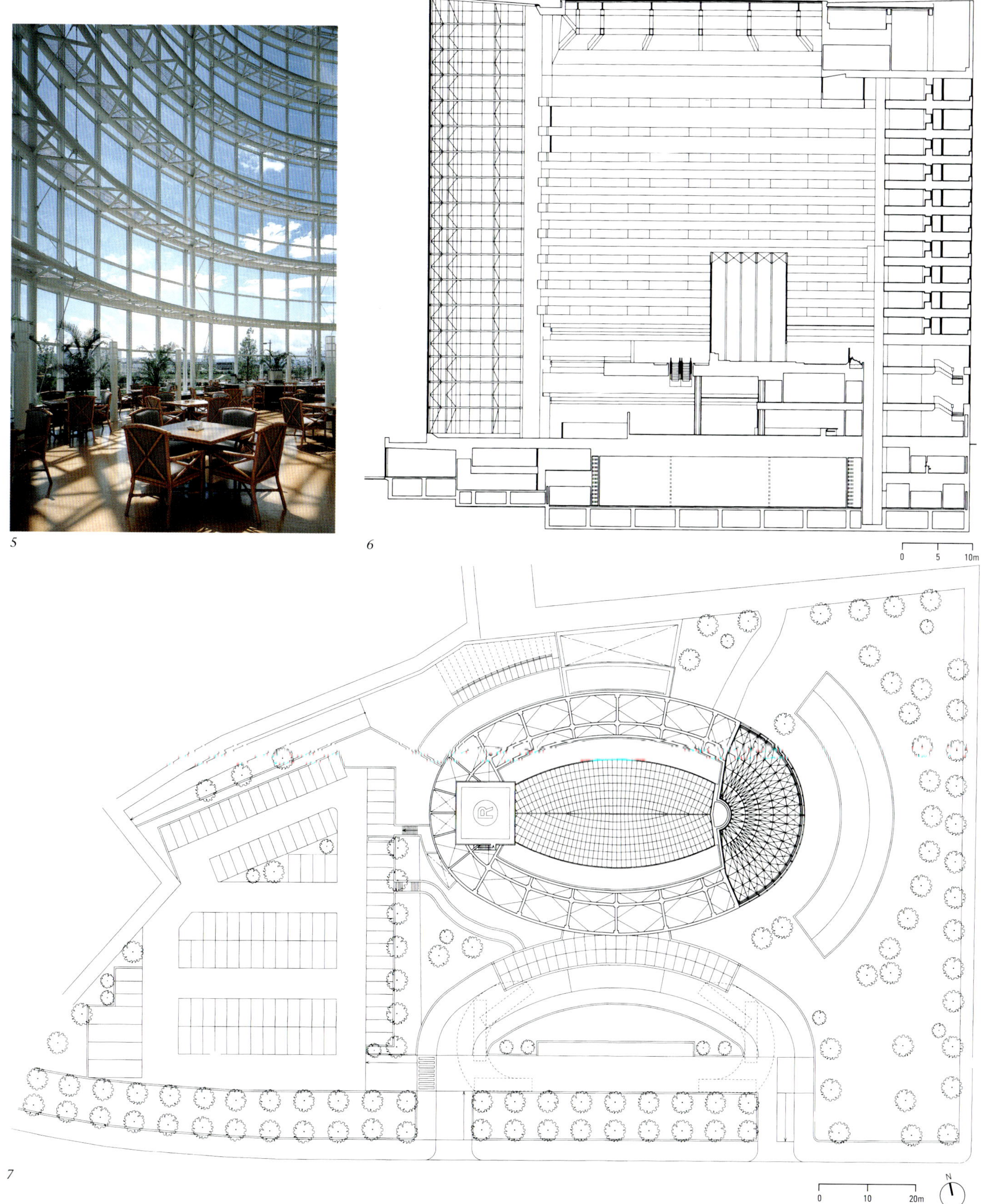

5

6

7

EAVES

WAKAYAMA PREFECTURAL MUSEUM AND THE MUSEUM OF MODERN ART, WAKAYAMA, JAPAN

Kisho Kurokawa Architect and Associates

屋 檐

日本，和歌山，和歌山县立博物馆和近代美术馆

黑川纪章建筑师事务所

1

2

建筑平面的设计和基地的历史相互关联。基地曾经是古和歌山城堡的所在，现在是和歌山县立近代美术馆和和歌山县立博物馆。

设计的特点是抽象的传统日本式屋檐(Hisashi)，纸糊的灯柱(Andon)，悬挂的灯笼（Touro)，折叠屏风（Byobu)和墙(Tsuijiber)，每种构件都用现代材料制成。

四个灯柱放在退进的外墙角部。另外，设计中含有的单层、双层和三层屋檐重叠在一起，看起来像飘浮着，在不同的方向有不同的表现。传统的形象和现代的材料随着新一代在共生中发生了改变。

3

1 剖面
2 屋檐、灯笼、折叠的屏风和墙
3 屋檐
4 屋檐详图

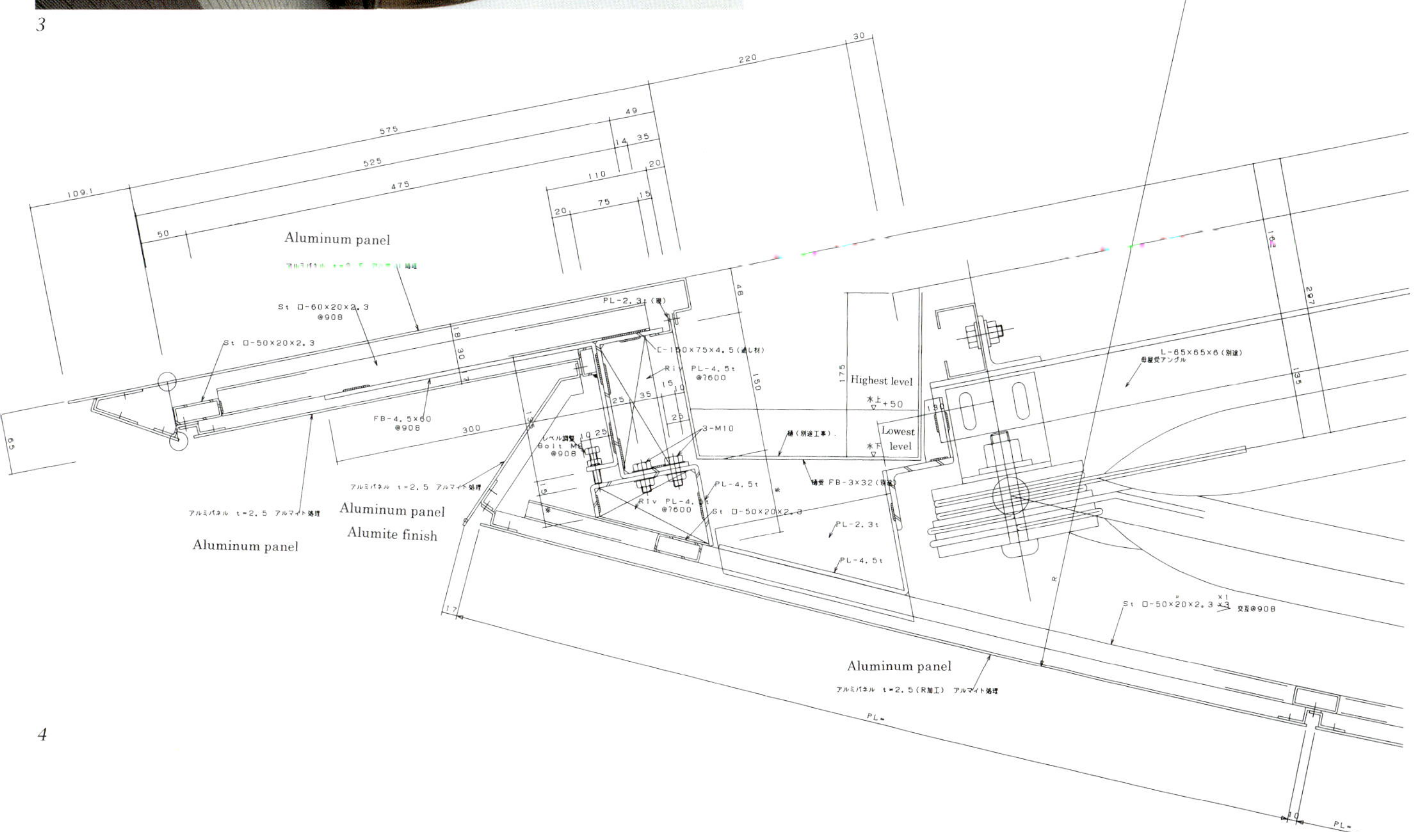

4

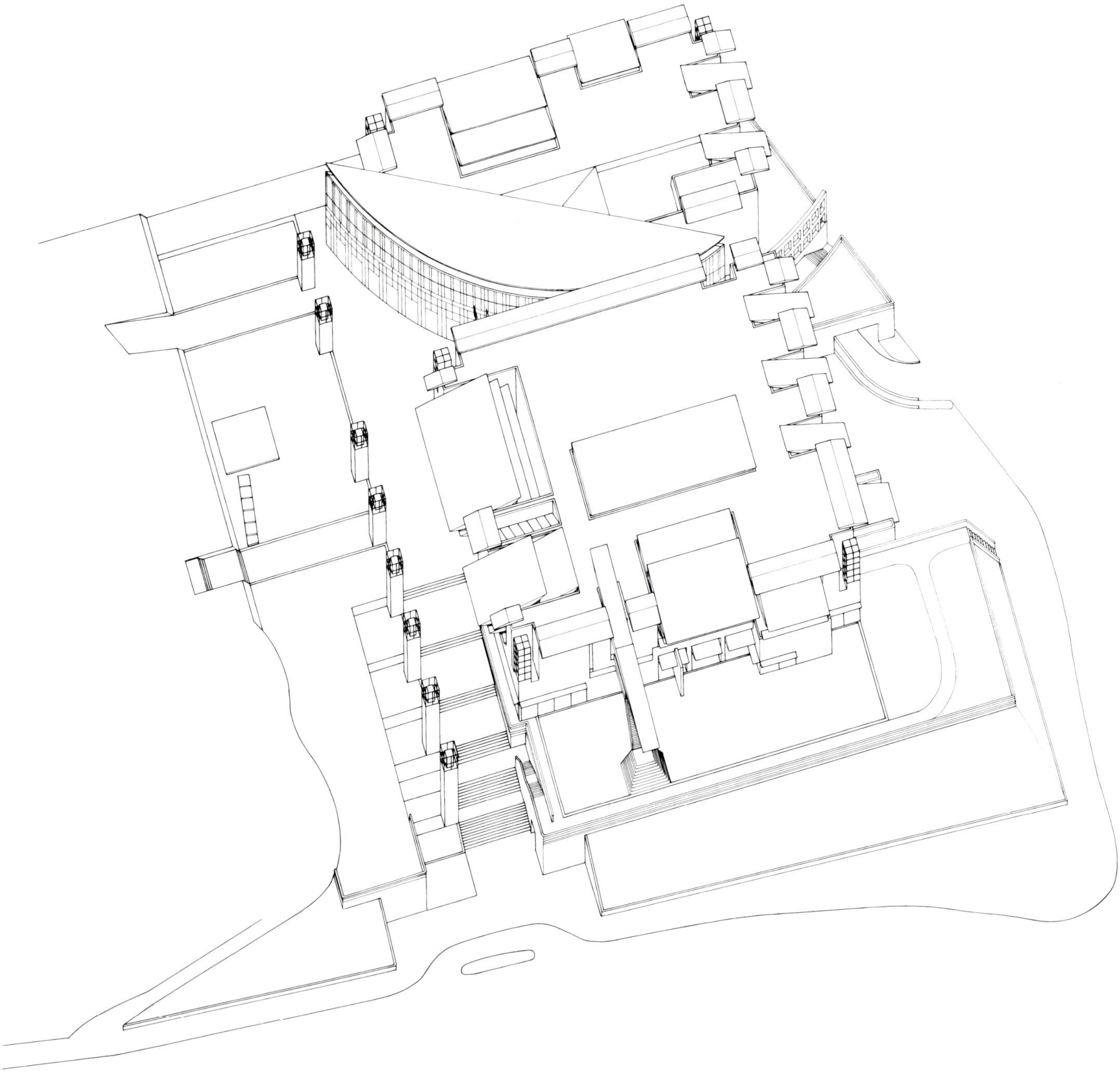

5

6

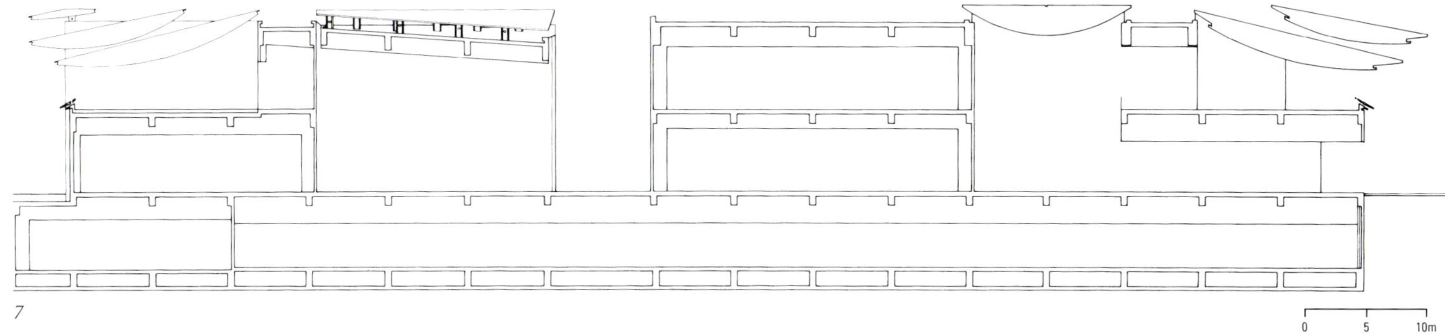

7

8

5 轴测透视
6 县立博物馆夜景
7 剖面
8 楼梯
摄影：Tomio Ohashi

ATRIUM

CREW CENTRE EXTENSION, HELSINKI INTERNATIONAL AIRPORT, HELSINKI, FINLAND

KVA Architects LTD

中 庭

芬兰，赫尔辛基，赫尔辛基国际机场，机组中心扩建

KVA 建筑师有限公司

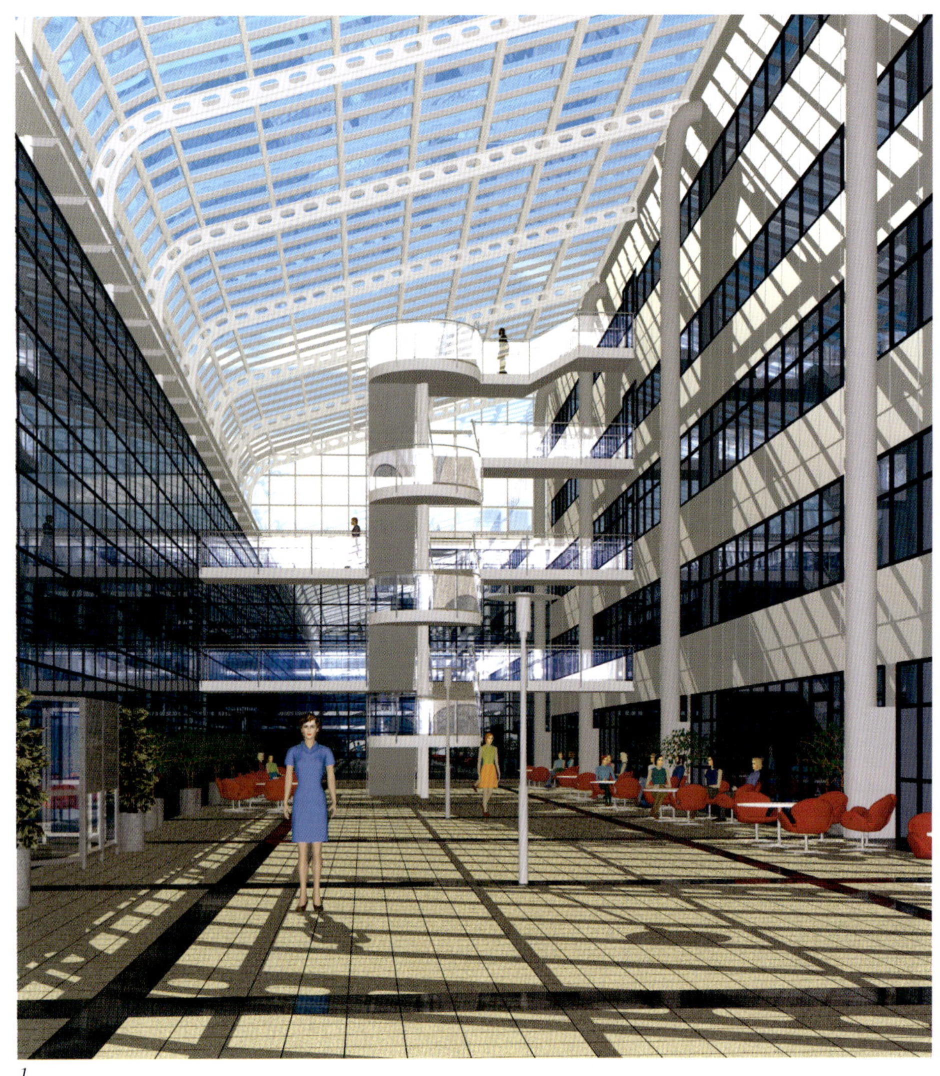

1

1 中庭渲染图
2 剖面

现有钢框架6层办公楼第3层上的长方形屋面区域被改造成为一个中庭。中庭层将会成为一个作出发前简要指示，举行会议和集会的公共会议场所。中庭内有装备现代视听设备的200座会议厅，会议厅的家具布置改变后可用作自助餐厅。周围现有建筑内的办公空间用两座开敞楼梯和走廊与扩建部分相联系。

玻璃屋面倾斜的角度由屋檐的高度，即现有的三层高蓝色玻璃幕墙和新扩建的五层高女儿墙的高度决定，实墙面用吸声板覆盖。主要承重钢梁的间距为7.2m，次梁间距1.8m。整个建筑物的面积约37400m^2，总体积约156000m^3。

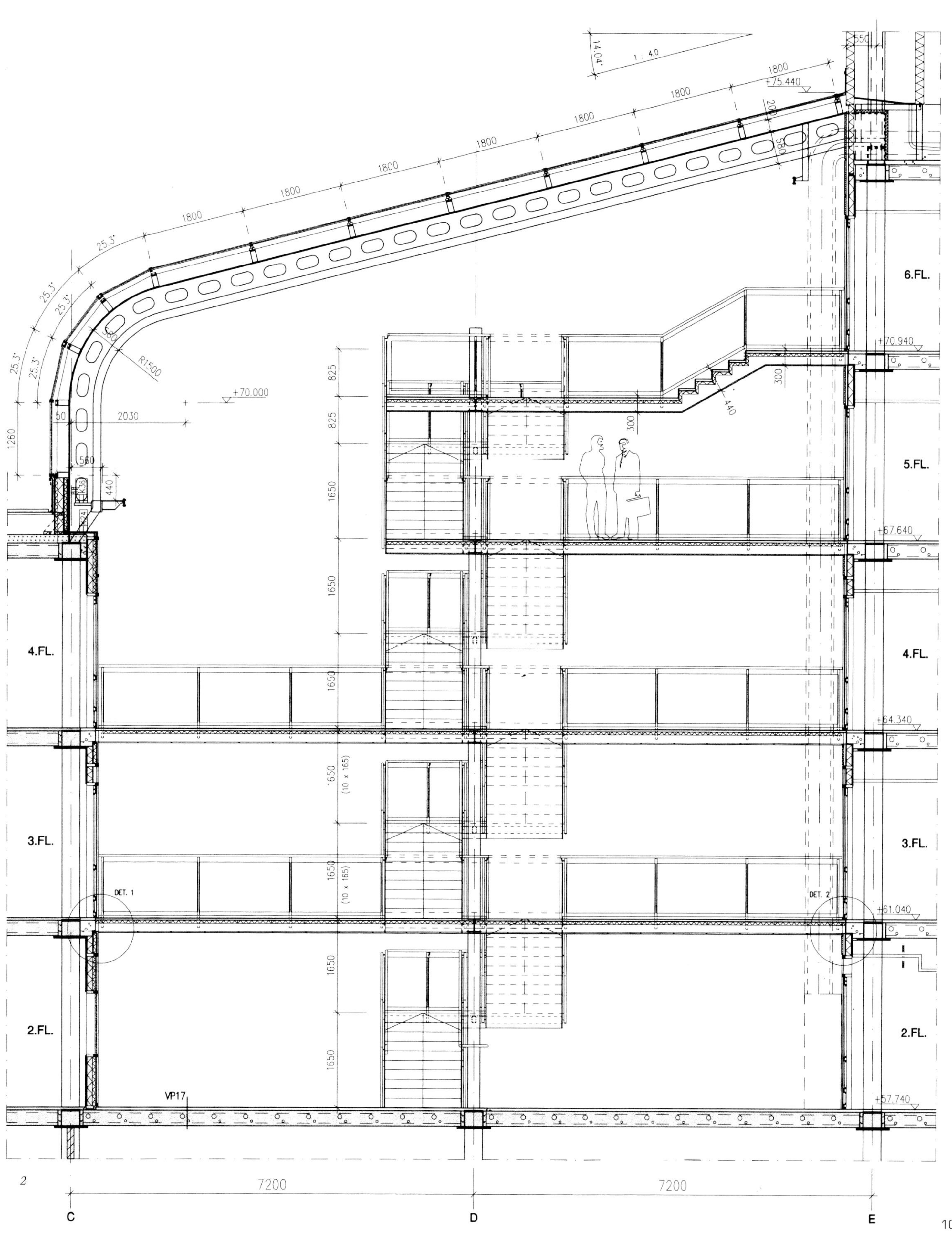

14.04°
1 : 4.0
1800
+75.440
550
1800
1800
1800
1800
1800
1800
25.3°
25.3°
25.3°
25.3°
25.3°
R1500
+70.000
2030
1260
560
440
6.FL.
+70.940
825
825
300
440
1650
5.FL.
+67.640
1650
4.FL.
1650
+64.340
1650
(10 x 165)
3.FL.
1650
(10 x 165)
DET. 1
DET. 2
+61.040
1650
2.FL.
1650
VP17
+57.740
7200
7200
C
D
E

2

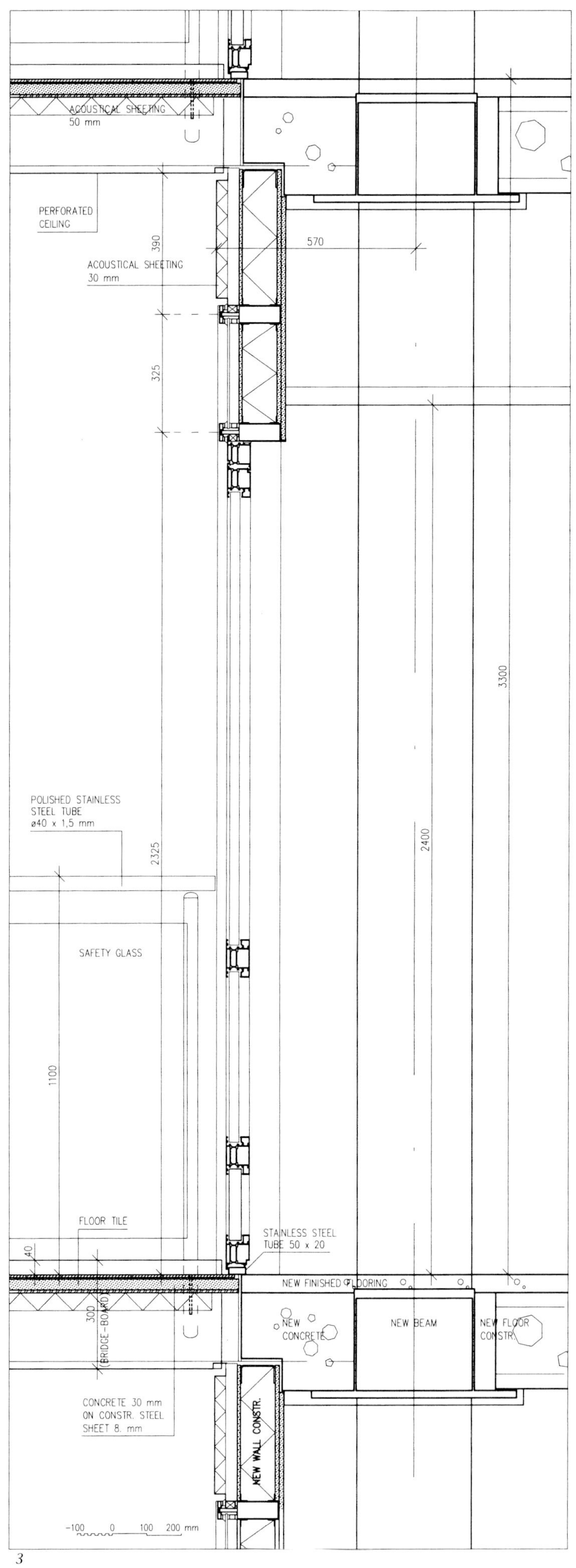
ACOUSTICAL SHEETING
50 mm
PERFORATED
CEILING
390
570
ACOUSTICAL SHEETING
30 mm
325
3300
POLISHED STAINLESS
STEEL TUBE
ø40 x 1,5 mm
2325
2400
SAFETY GLASS
1100
FLOOR TILE
STAINLESS STEEL
TUBE 50 x 20
40
NEW FINISHED FLOORING
300
(BRIDGE-BOARD)
NEW
CONCRETE
NEW BEAM
NEW FLOOR
CONSTR.
CONCRETE 30 mm
ON CONSTR. STEEL
SHEET 8. mm
NEW WALL CONSTR.
-100 0 100 200 mm

3

3 走廊垂直详图
4 中庭层渲染图
摄影：由KVA建筑师有限公司提供

4

CURTAINWALL

MULTILEVEL CAR PARK, P5, HELSINKI INTERNATIONAL AIRPORT, HELSINKI, FINLAND
KVA Architects LTD

幕 墙

芬兰，赫尔辛基国际机场，P5 多层停车场
KVA 建筑师有限公司

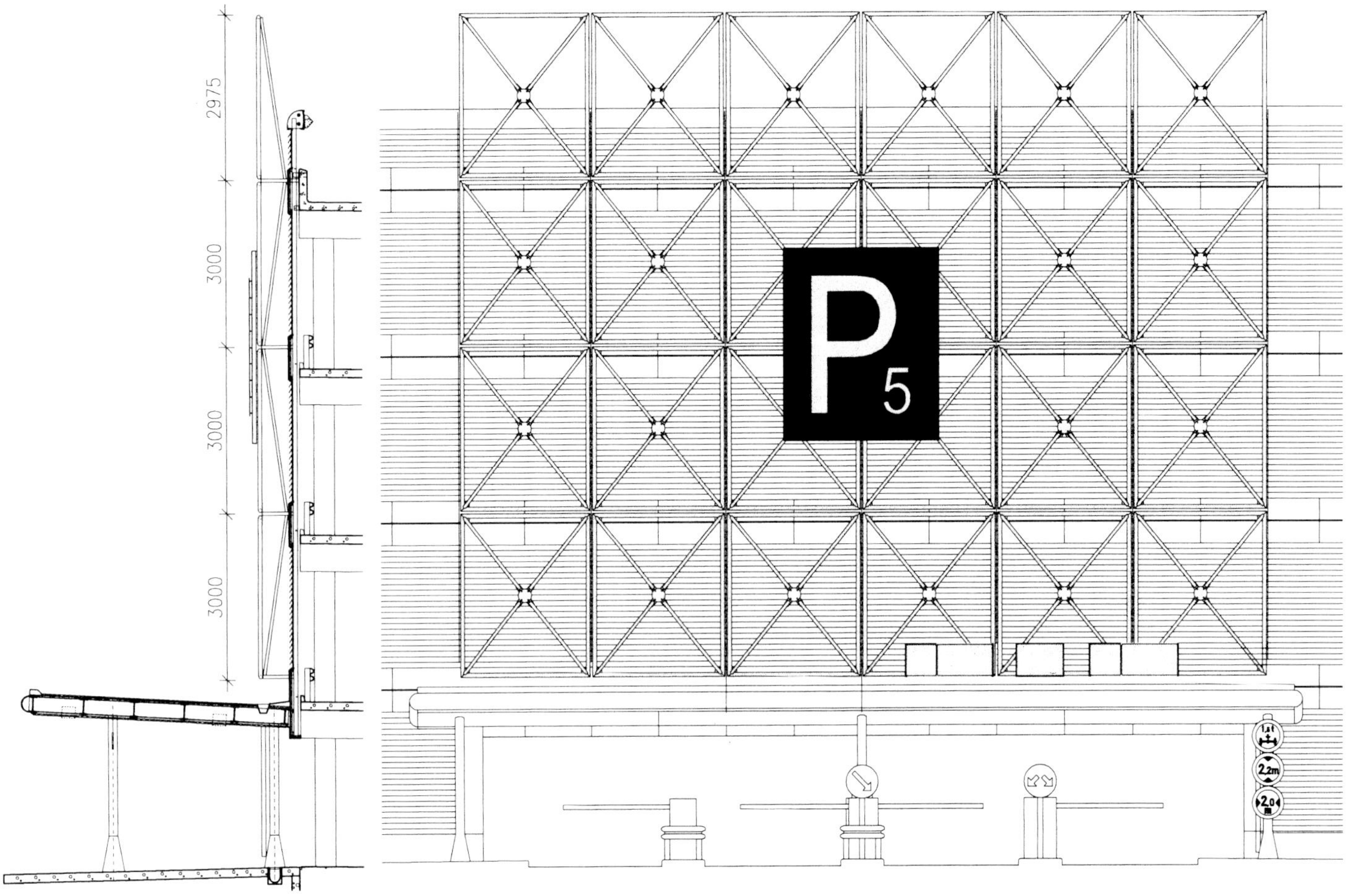

1

1 幕墙垂直剖面和立面
2 入口区域立面结构
3 停车场入口
4 幕墙剖面
5 入口立面
摄影：Jussi Tiainen

停车场的总建筑面积有 53150m²，总体积 143265m³，结构为现浇横向增强楼板，混凝土柱柱距 15.8m，梁间距 5m。框架分为四个部分，之间为变形缝，中间为螺旋形坡道。

楼板在浇完两天内施加预应力。这座七层楼的停车场中约有 1950 个停车位，用通道与相邻的机组中心相连。

三层地下停车场为旅客服务，装有机械通风和自动灭火设备。四层地上停车场通过外墙幕墙和开敞的坡道自然通风。

幕墙由专为本建筑设计的曲线形水平百叶组成。铝合金百叶为挤压的型材，表面粉末喷涂成银灰色，间距 100mm，用螺丝安装在铝合金垂直支架上。室内停车区用表面为聚氟乙烯喷涂的钢板实墙区域有效地遮蔽。外墙为轻形铝合金框架。

旅客停车入口通道用四层高的钢结构加

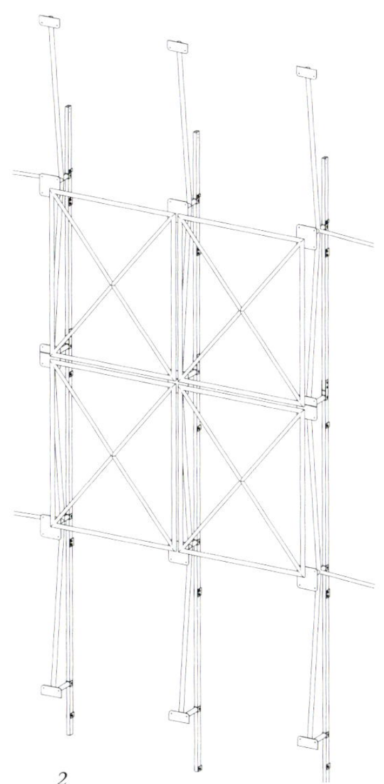

2

3

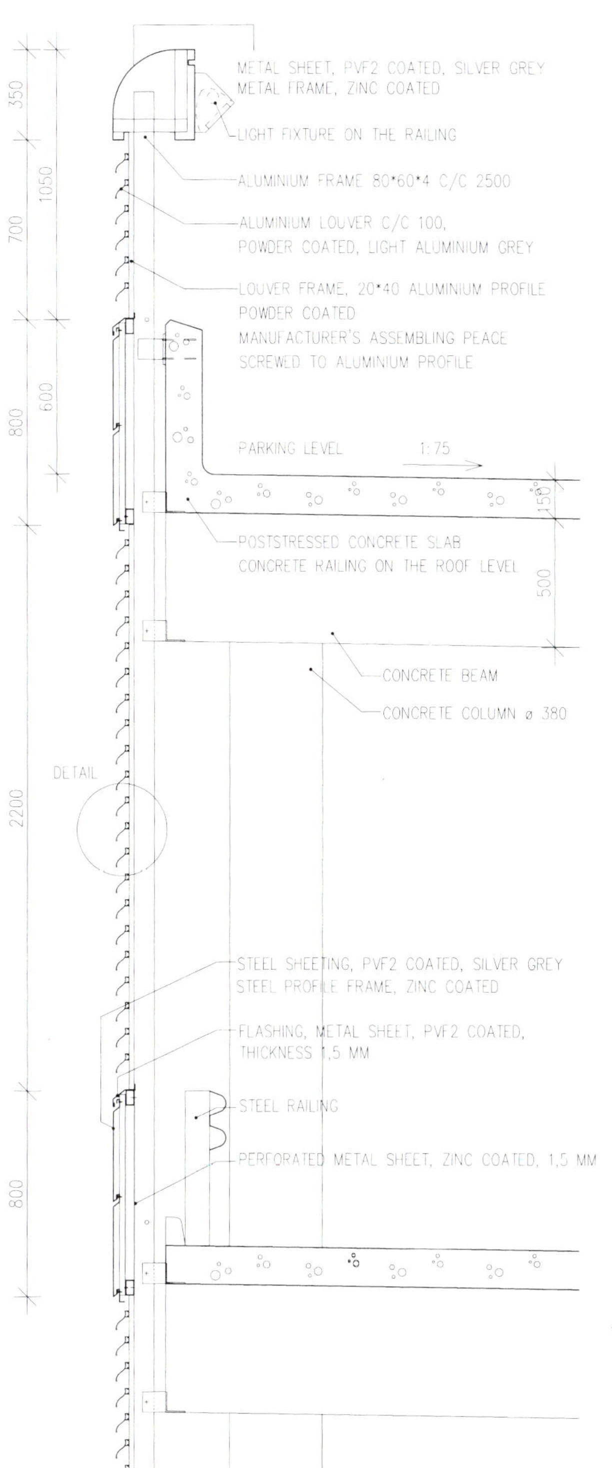

4

以强调，它是用拉丝不锈钢管焊接成的立面框架。入口雨篷遮盖着自动售票机和挡车器，这座建筑的所有雨篷都是用不锈钢作基本材料。

5

WALL AND HANDRAIL

THE WHANKI MUSEUM, SEOUL, KOREA
Kyu Sung Woo Architect, Inc

墙和扶手

韩国，汉城，焕奇博物馆
Kyu Sung Woo 建筑师事务所

1

2

这个私人基金会是为纪念当代韩国画家金焕奇（Kim Whanki）和他的精神而设立的。建筑作为一个文化中心和艺术家的集会场所，反映了他的精神。绘画展厅与临时展厅、小型咖啡厅、主任办公室以及中厅结合在一起，形成了博物馆的社会结构。每一项功能元素都包容在一个单独的建筑体块中。

建筑形式沿东西向轴线组织，反映了博物馆所在山谷的方向。建筑体块由室内外通道和随陡峭山坡层层跌落的平台相联系。

为了容纳丰富的内容，保持开敞空间、新建筑和周围现状环境之间的平衡，许多功能空间位于地下。博物馆的室内空间围绕一个位于室外庭院下 8m 见方的空间组织。这个空间容纳了展览和集会功能以及其他活动功能。它是博物馆中交通和定位的中心。

每个展览空间都由围绕这个空间的楼梯联系在一起。这些楼梯的外墙沐浴着阳光以减少地下压抑的感觉。在建筑的中心和东面楼梯开始处，有一座幽深的水池，加强了光线、水和压抑的地下的最初形象。

1 从二层看中央大厅
2 从二层看彩花玻璃窗
3和4 主楼梯扶手详图
5 中央大厅墙身剖面
摄影：Timothy Hursley

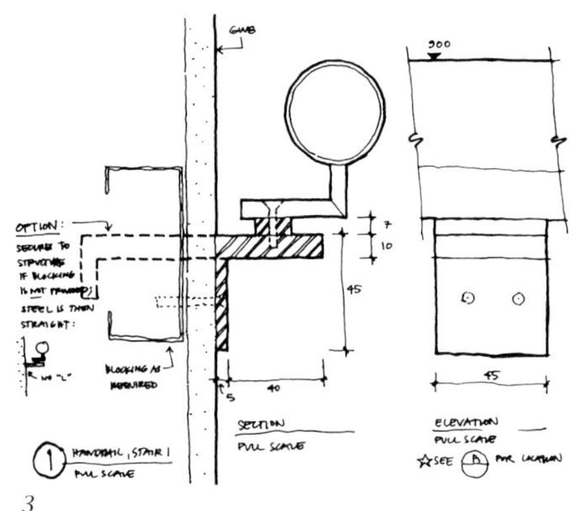

900
45
40
SECTION
FULL SCALE
ELEVATION
FULL SCALE
3

900
AS CLOSE
AS POSSIBLE
SKA
END ELEVATION
1:5
SECTION AA
1:5
4

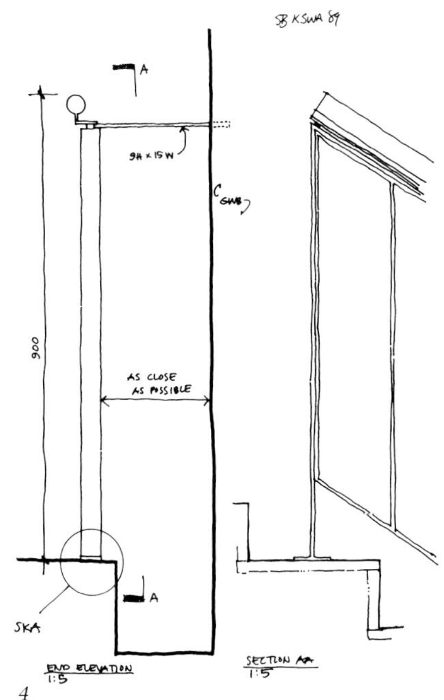

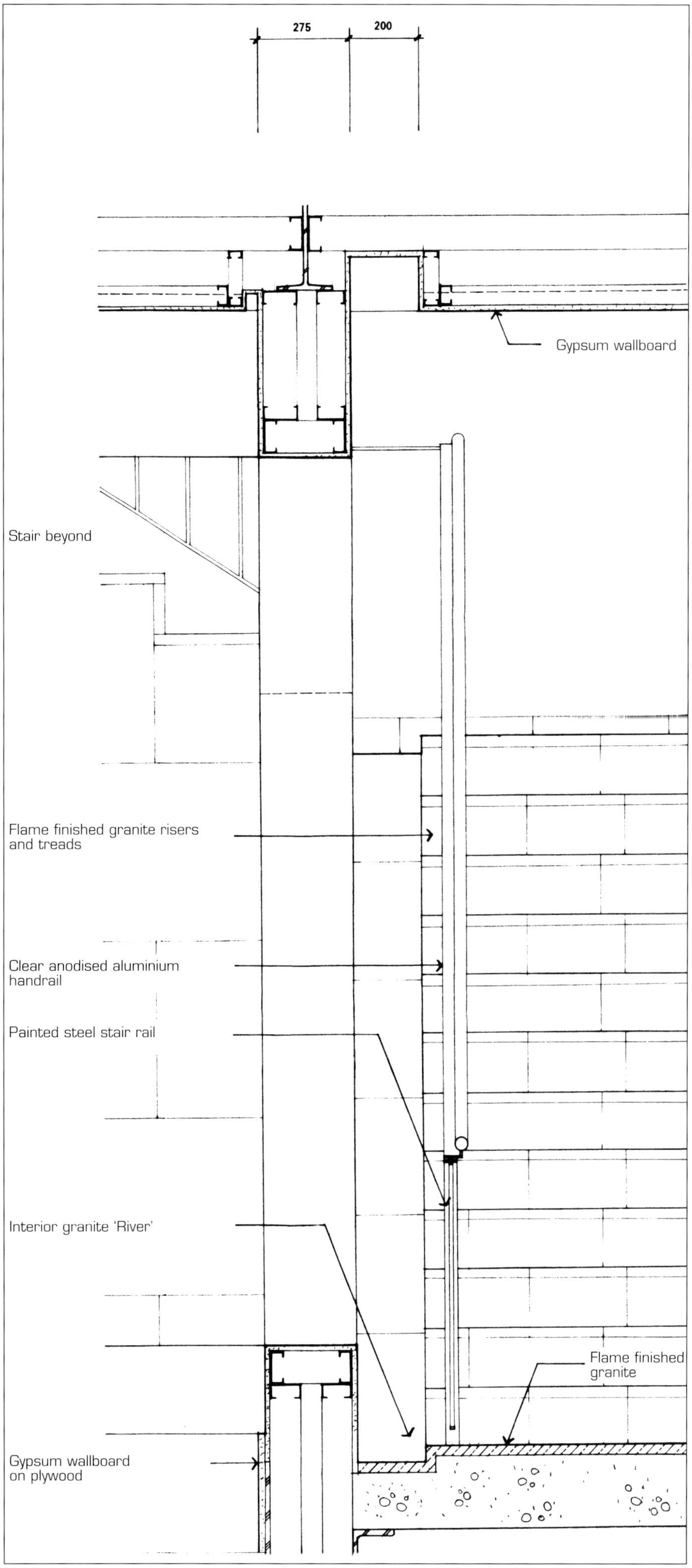

275
200
Gypsum wallboard
Stair beyond
Flame finished granite risers
and treads
Clear anodised aluminium
handrail
Painted steel stair rail
Interior granite 'River'
Flame finished
granite
Gypsum wallboard
on plywood
5

PODIUM, GLAZED ROOF AND MOTOR-CONTROLLED FABRIC SUNSHADE

KADOORIE BIOLOGICAL SCIENCES BUILDING, THE UNIVERSITY OF HONG KONG, HONG KONG SAR, PRC

Leigh and Orange Ltd

裙房、玻璃顶和电动控制织物遮阳

中国，香港特别行政区，香港大学，嘉道理（Kadoorie）生物科学大楼

利安顾问有限公司

1

2

1　倒金字塔形支撑结构
2　玻璃入口门厅
3　玻璃入口雨篷平面
4　剖面

这个楼的设计在非常受限制的基地上做到了功能合理，具有灵活性、安全、节能、环保、经济、可持续利用、易于建造和维护等一系列特点。

建筑包括8层实验室，每层为两套同样大小的实验室，位于交通核心筒的两边，核心筒中有厕所、电梯和楼梯。底下两层为教学实验室，上边6层是供研究用的实验室。顶层是温室、水族池、花房和设备机房等辅助设施。

有顶的裙房层的作用是充当行人集散大厅，将本楼与整个校园的交通系统联系在一起，并使之成为行人出入本楼的主要入口层。

古典的对称构图与校园方格网状的总体规划相呼应，并且用现代的建筑语言与新古典主义的主楼相呼应，主楼是由同一家公司于1912年设计的。

建筑处理的简洁优雅使人难以想到这座建筑的智能化程度。运用高效率空间的，大进深，外墙和核心筒的平面处理，并应用可拆卸隔断，网格化的吊顶设备管线，模数化

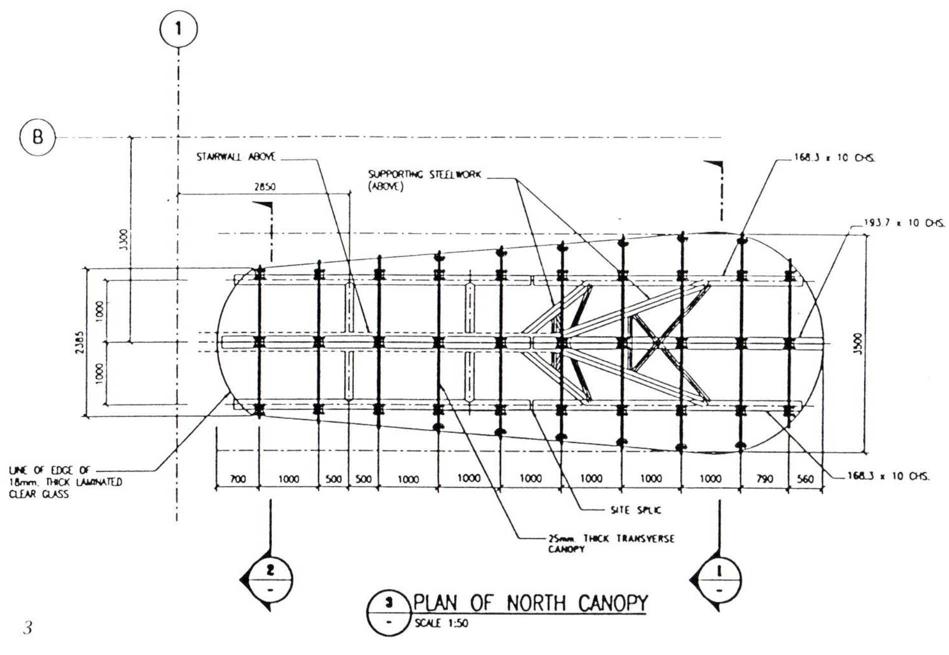

3

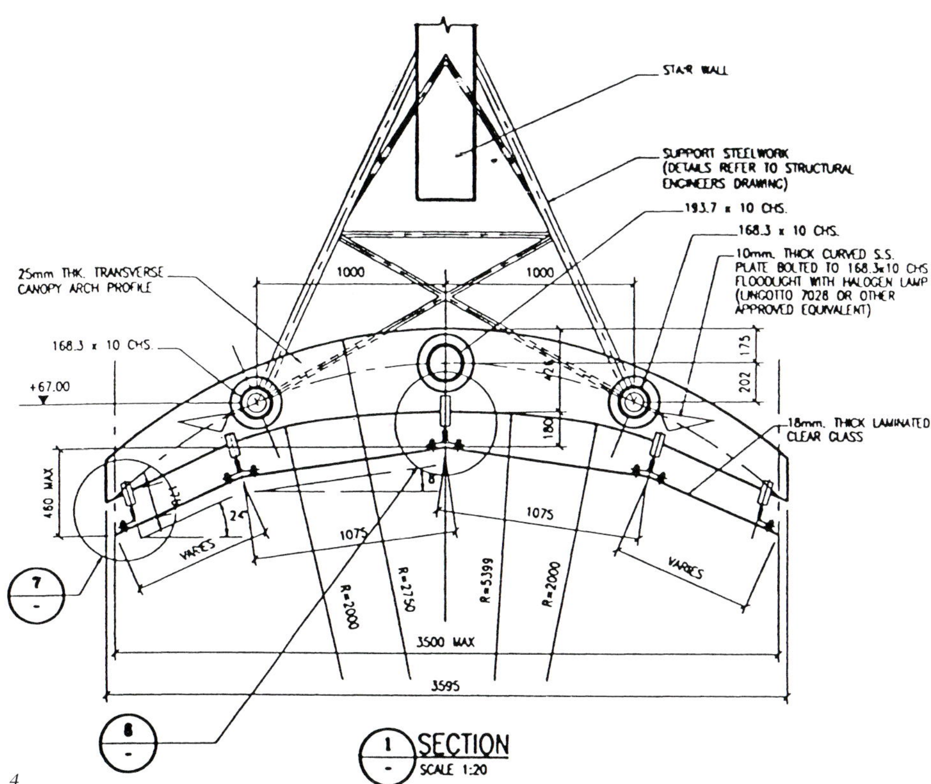

4

的实验室家具，和先进的毒气柜设计，创造了非常具有灵活性的建筑。明装的，易于维修的设备管线避免了维修工人沾污有洁净要求的房间，每时每刻都能进行安全、便捷的维护工作。

通过使用再循环型毒气柜，控制阳光的双层外墙，在室外设备区安置散热的设备，在预计 50 年的建筑使用年限里估计能节约能源 4410 万千瓦小时，减少散发二氧化碳 2690 万吨。

5

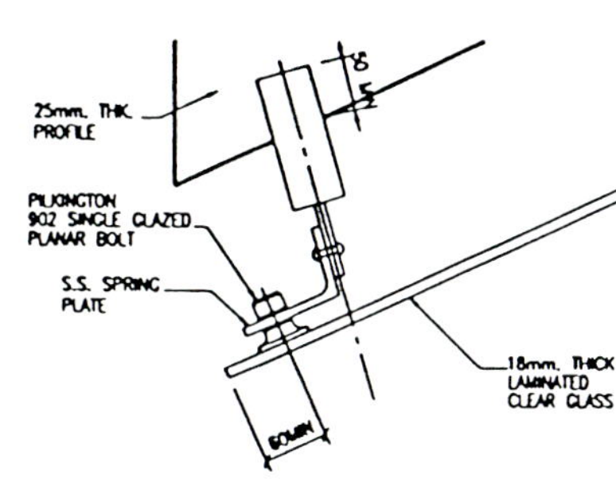

6

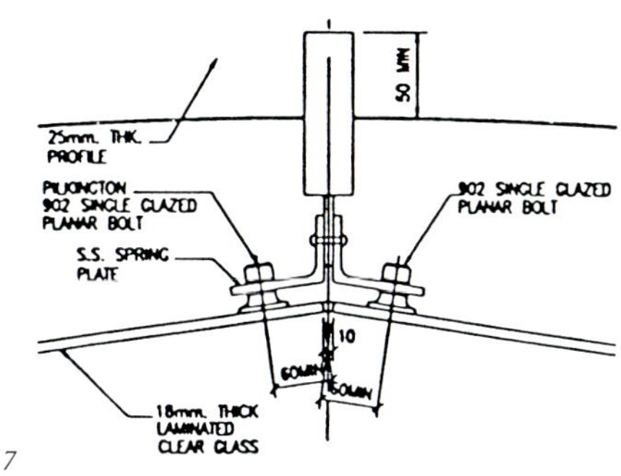

7

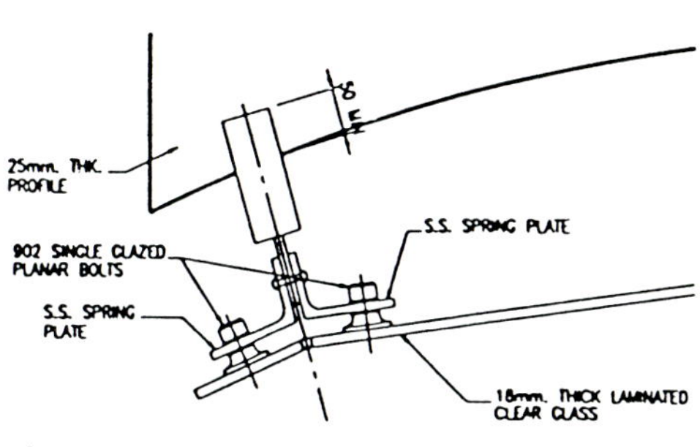

8

9

10

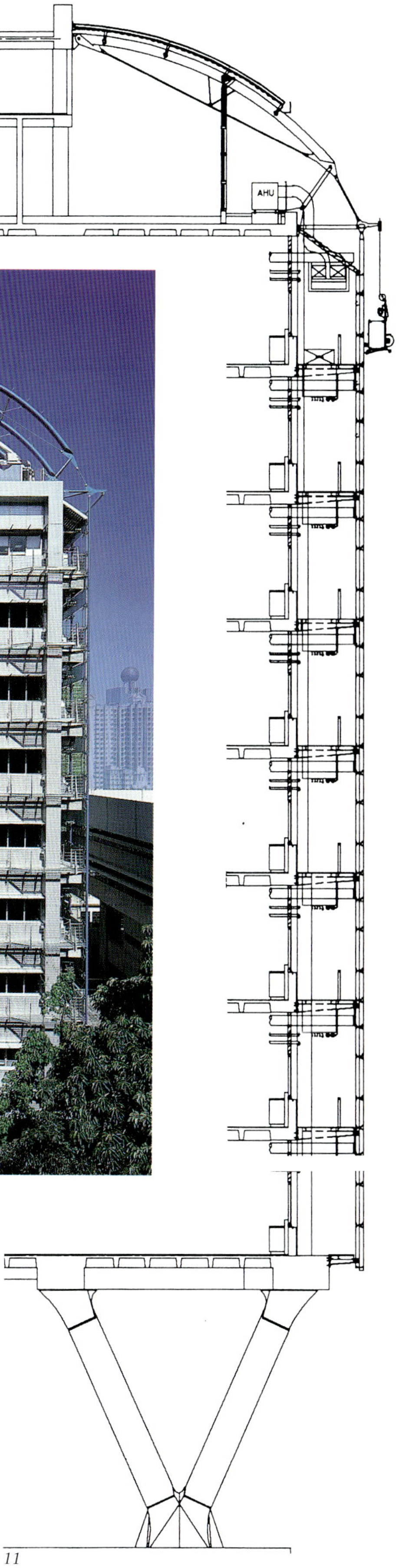

11

5 玻璃入口门厅
6、7和8 玻璃入口门厅节点详图
9 南立面
10 裙房集散大厅
11 横剖面示意图

12

13

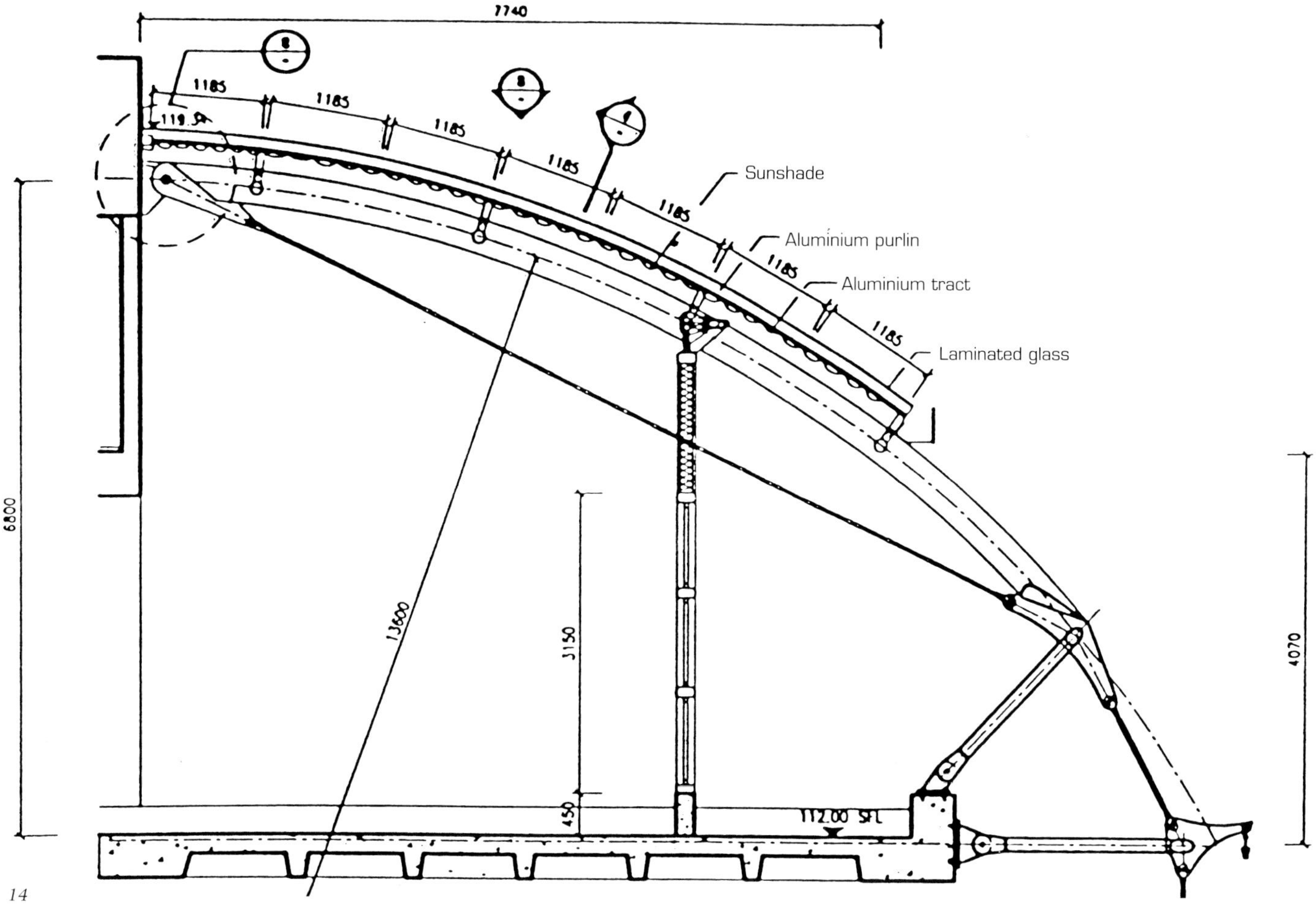

7740
1185
1185
1185
1185
1185
1185
1185
119.34
Sunshade
Aluminium purlin
Aluminium tract
Laminated glass
6800
13600
3150
450
4070
112.00 SFL

14

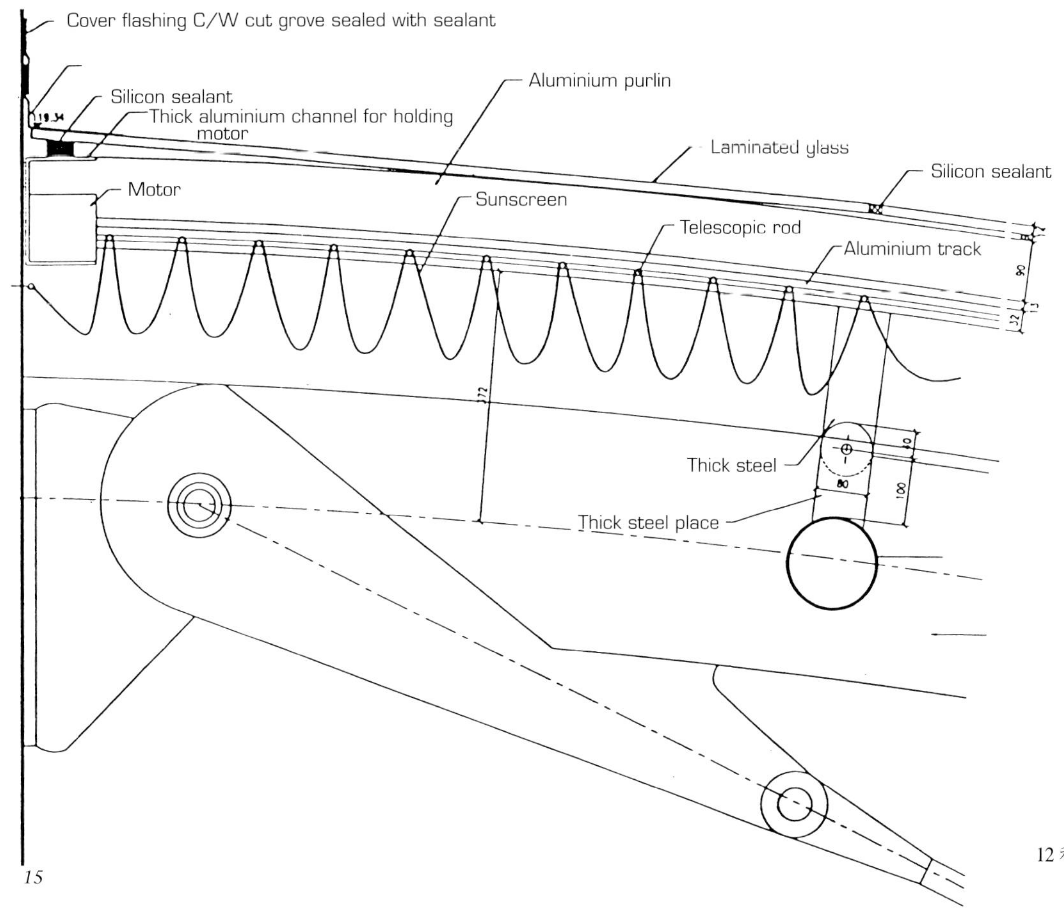

15

12和 13　屋顶铝合金百页
14　带马达驱动织物遮阳的玻璃屋顶剖面
15　玻璃屋顶剖面详图
摄影：Stuart Woods

GLASS PANEL SCREEN

MARTIN SHOCKET RESIDENCE, CHEVY CHASE, MARYLAND, USA
McInturff Architects

玻璃板隔断

美国，马里兰州，切维蔡斯，马丁·肖克特住宅
麦金特夫建筑师事务所

1

2

1和2 隔断框架
3 隔断框架详图
摄影：Julia Heine

当我们的客户买下他们位于华盛顿特区的一个旧郊区1920年建的四方形Catalogue住宅，他们在后院发现有一座占地一样的单层建筑。它是建来作摄影师工作室的，但在遭到邻居的抱怨以后就再没有用过，它和住宅之间通过一座改变了半层高的连接体连在一起。建筑师的工作是要让这间房间和住宅内的生活与家庭结合在一起。

这间房间通过一扇新建的钢框窗和门通往一个新的门廊，朝向花园敞开。新建的结构系统形成了门窗洞口和遮盖门廊的悬挑雨篷。成对的钢柱，一根在墙内，另一根稍向里一些，支撑着雨篷，中间由喷砂玻璃板连接，将斜向光线反射进室内。里面的柱子表面贴了樱桃木饰面，使它看上去和触摸着变得柔和。

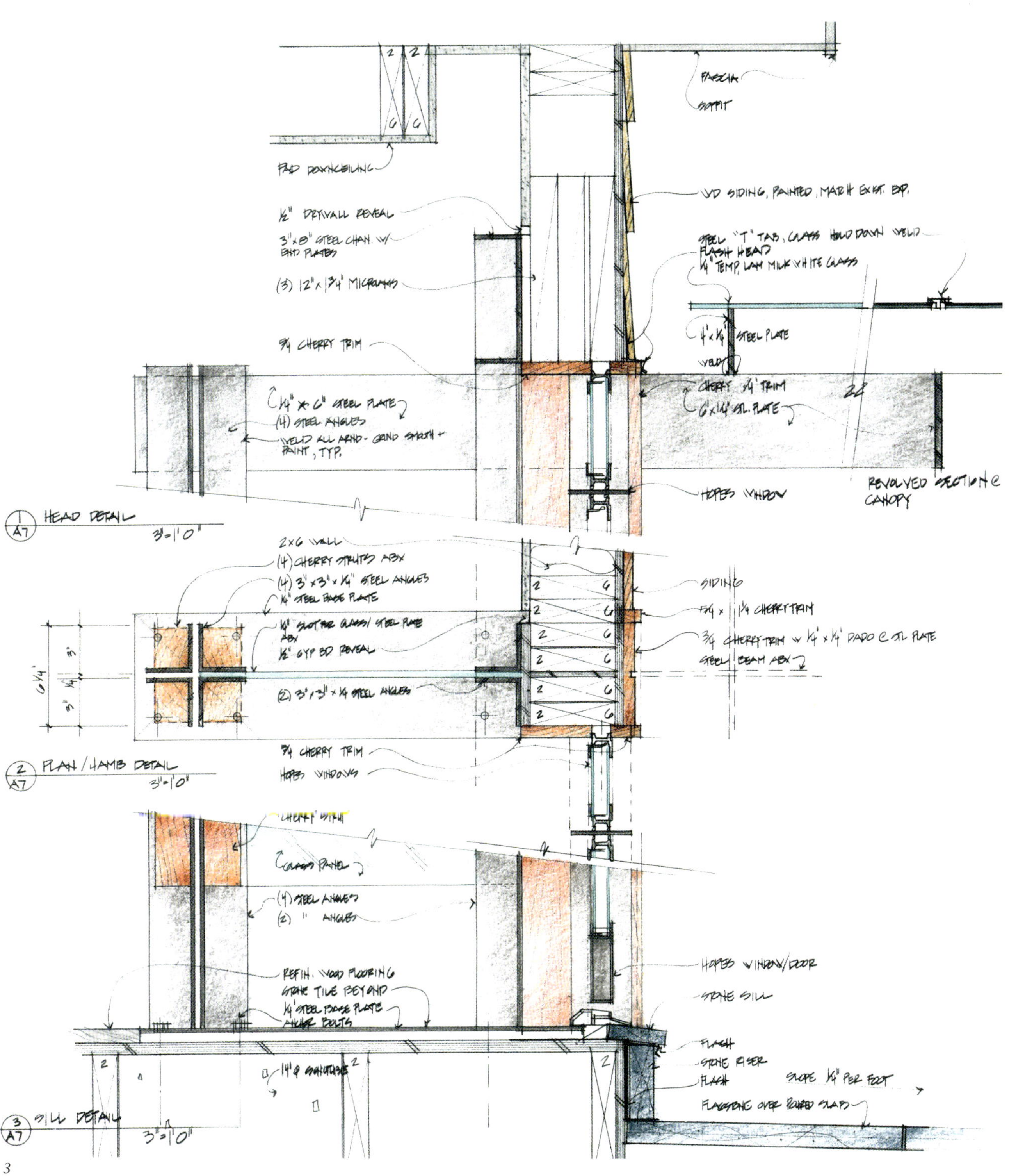
FASCIA
SOFFIT
1/2" DRYWALL REVEAL
3/4 CHERRY TRIM
(4) STEEL ANGLES
HOPES WINDOW
REVOLVED SECTION @ CANOPY
1 A7 HEAD DETAIL
3"=1'0"
2x6 WALL
(4) CHERRY STRUTS ABV
SIDING
1/2" GYP BD REVEAL
3/4 CHERRY TRIM
HOPES WINDOWS
2 A7 PLAN / JAMB DETAIL
3"=1'0"
(4) STEEL ANGLES
HOPES WINDOW/DOOR
STONE SILL
FLASH
STONE RISER
FLASH
3 A7 SILL DETAIL
3"=1'0"

3

STAIR

HUTNER STAIR, CHEVY CHASE, MARYLAND, USA
McInturff Architects

楼 梯

美国，马里兰州，切维蔡斯，哈特纳楼梯
麦金特夫建筑师事务所

1

1 家庭室
2 休息平台和楼梯斜梁连接详图
3 楼梯平面和立面

作为将一幢单层小住宅改建成二层工程的一部分，造一部楼梯是一个显而易见的需求。楼梯是在平面中引入的一个有新的意义的要素，看起来有机会将它当成一件非凡的事件并将注意力集中在它上面，因此它被设计成像一座位于底部石头休息平台和顶部木平台之间的活动桥。在某种意义上，它是一种跨在甲板和海边码头之间的“跳板”，能作为自成体系的结构装上或移走。

楼梯安在顶上和底部的钢脚中，此外仅有相邻的扶手连在一起。结构上，楼梯斜梁是由一系列有间隔的枫木板组成，用螺栓连在一起，许多钢构件从中穿过，包括扶手和踏步支撑以及桁架中柱构件组。枫木是用来作可接触到的构件，如踏步和扶手，以及受压构件，如楼梯斜梁。

钢材用于连接，作栏杆结构构件和受拉构件，例如桁架拉杆。

如果业主搬到另外一座住宅中，有人怀疑他们可能会把楼梯一起搬走。

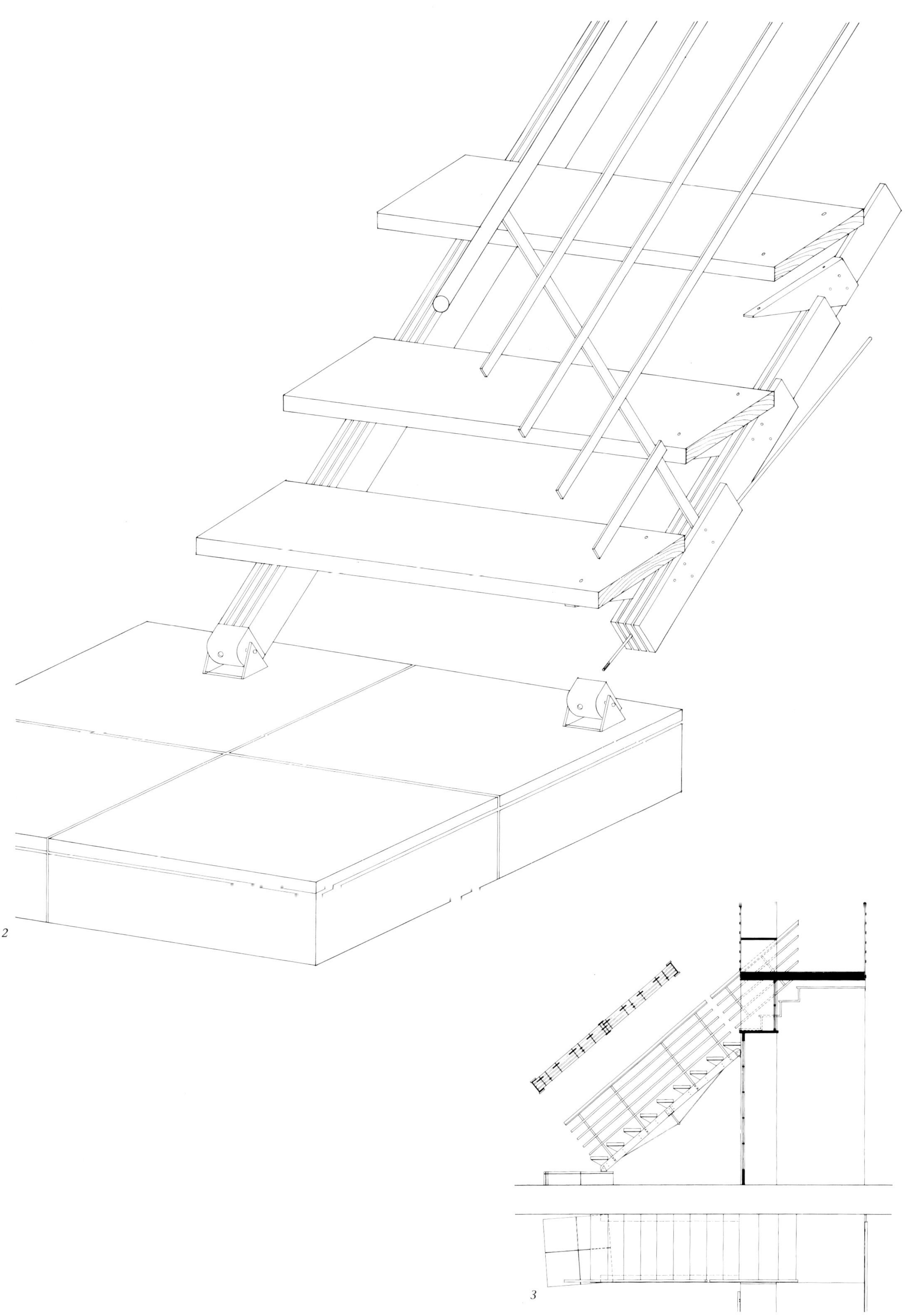
2
3

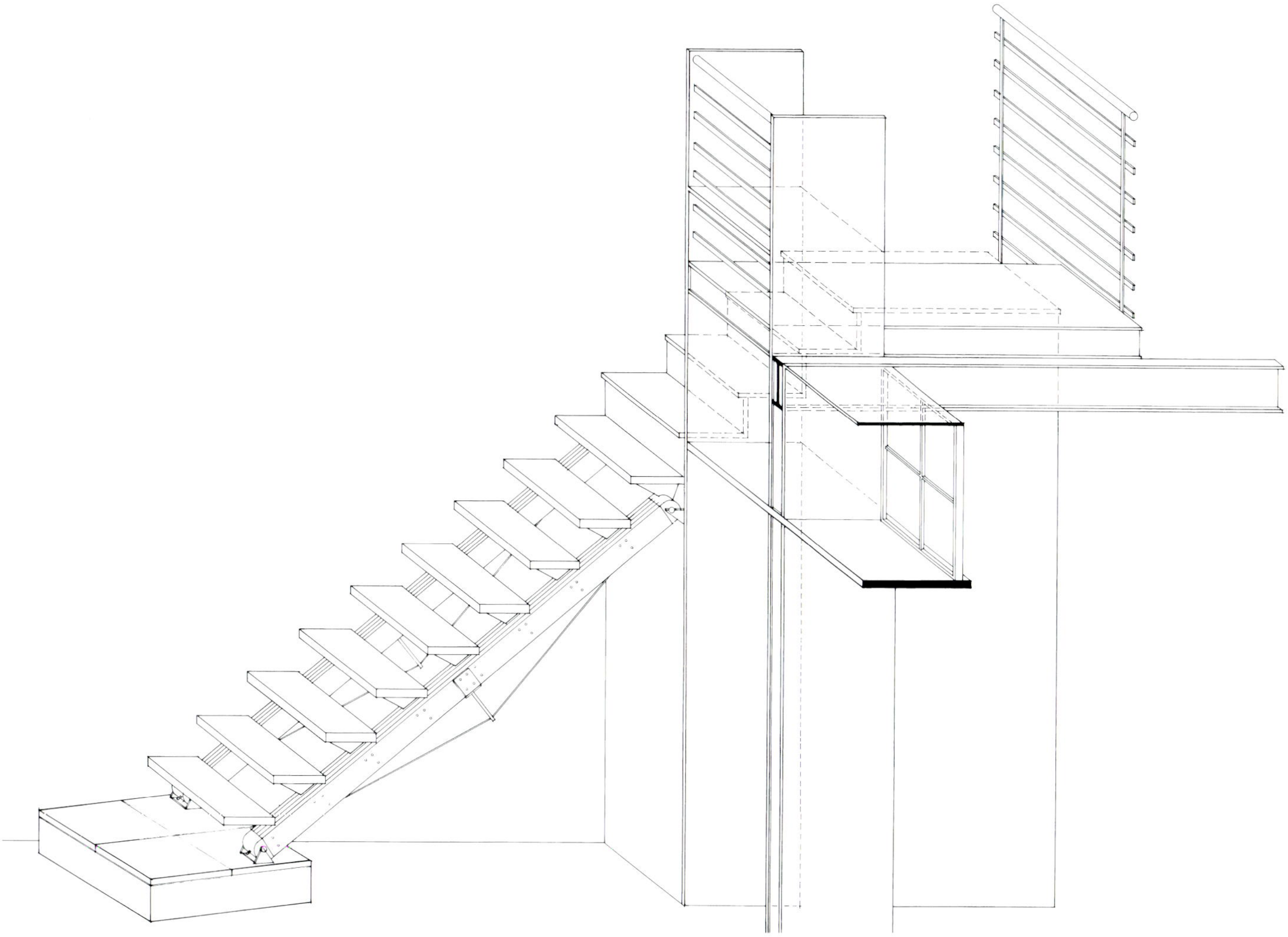

5

6

对面页：
细部
5 楼梯及二层平台轴测图
6 通往新建二层楼的楼梯
摄影：Julia Heine

STAIRS

KING STAIRS, CHEVY CHASE, MARYLAND, USA
McInturff Architects

楼 梯

美国，马里兰州，切维蔡斯，中心楼梯
麦金特夫建筑师事务所

1

2

1 从二层平台看楼梯
2 细部
3 连接详图
4 从三层平台看楼梯
摄影：Julia Heine

作为对一幢 1920 年代住宅的重大改造加建工程的一部分，需要建一座通往新加 3 层楼的新楼梯。这座楼梯在实际上和象征意义上都是工程的中心，它代表了从原有空间的传统建筑语言向加建空间的现代美学观点的转变。楼梯起步位于这座中央大厅式住宅入口的对面，只有栏杆的设计暗示了楼梯的样子。

在二层平台，实体的一至二层楼梯段让位给一个通透的楼梯段，细部使用了最少的钢板和通透的踏步，让光线能穿过楼梯，使下层的入口明亮。木踏步板用钢杆连接，槽钢和钢索形成视觉和触觉的对比。

在三层平台，这些踏步板延续成为悬挑走廊，形成通往新建第三层房间的通道。

木板之间、平台和墙之间的间隙，以及踏步之间的空档使光线透过，并强调了这些构件间的连接处理。

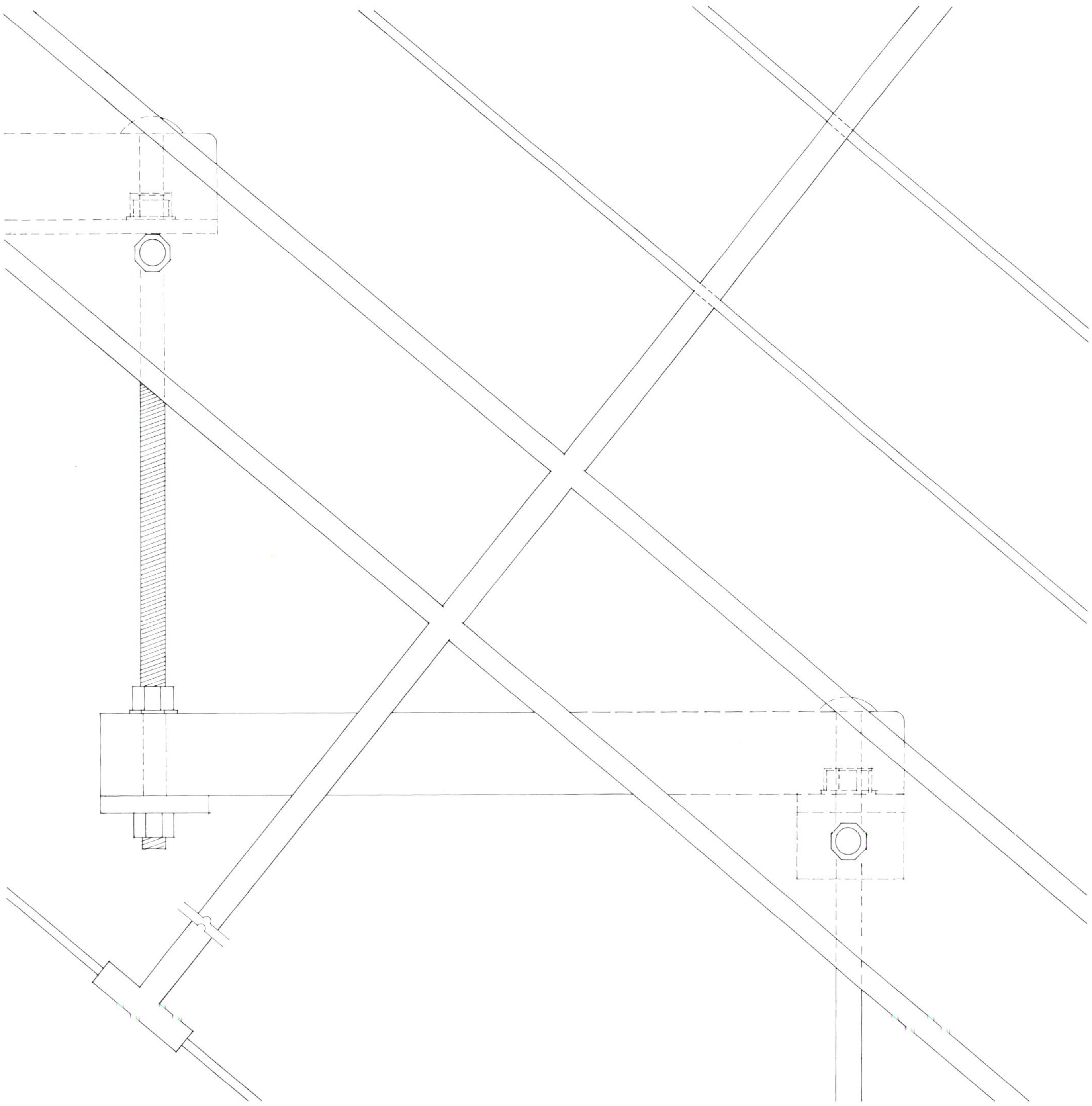

3

4

CONSERVATORY

BLAKES RESTAURANT, SOUTHGATE, MELBOURNE, AUSTRALIA
Maddison Architects

温　室

澳大利亚，墨尔本，南大门，布莱克斯餐厅
麦迪逊建筑师事务所

1

当墨尔本南大门综合楼投入使用时，布莱克斯餐厅就开始营业了。1999 年对它进行了装修扩建。在西边新扩建的餐厅，或称“温室”，是由 5 根“晾衣架”形方钢管支撑的。由于市政管理当局对地下管线的通行有严格要求，因此这个新建的餐厅需要是完全可以拆卸的。这些条件反映在它的细部构造和建设过程中。

屋顶浮在一个无框的玻璃窗上的构思来自于要吸引视线。整个“温室”的结构是一整套能依次拆卸的构件。它包括钢屋顶支撑臂，轻质屋面钢板，窗系统和预制基础矮墙。

所有结构构件能被容易地拆除，用一台吊车从现场吊起来。外露的钢支撑臂和主楼立面以及基础矮墙用可拆卸的销钉连接。

总的来说，新的扩建满足了业主扩大面积的需要，同时满足了市政管理当局对管道通行的严格要求。结果是创造了一种具有动感的结构，给到达餐厅的人一种有趣的感觉。

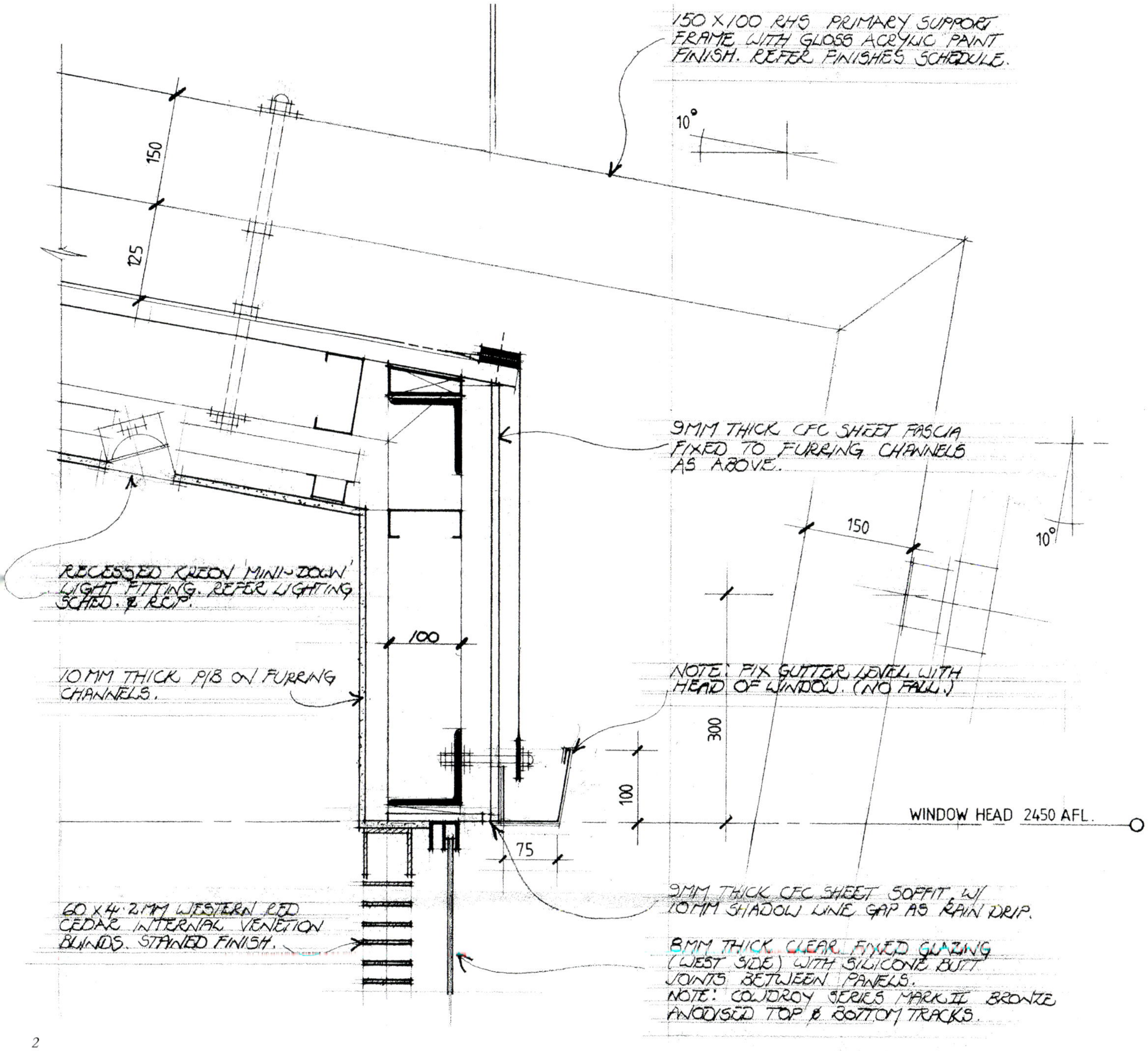

150 X 100 RHS PRIMARY SUPPORT FRAME WITH GLOSS ACRYLIC PAINT FINISH. REFER FINISHES SCHEDULE.

10°

150

125

9MM THICK CFC SHEET FASCIA FIXED TO FURRING CHANNELS AS ABOVE.

150

10°

RECESSED KREON 'MINI-DOWN' LIGHT FITTING. REFER LIGHTING SCHED. & R.C.P.

100

10MM THICK P/B ON FURRING CHANNELS.

NOTE: FIX GUTTER LEVEL WITH HEAD OF WINDOW. (NO FALL.)

300

100

WINDOW HEAD 2450 AFL.

75

9MM THICK CFC SHEET SOFFIT W/ 10MM SHADOW LINE GAP AS RAIN DRIP.

60 X 4.2MM WESTERN RED CEDAR INTERNAL VENETIAN BLINDS. STAINED FINISH.

8MM THICK CLEAR FIXED GLAZING (WEST SIDE) WITH SILICONE BUTT JOINTS BETWEEN PANELS.
NOTE: COWDROY SERIES MARK II BRONZE ANODISED TOP & BOTTOM TRACKS.

2

1 墨尔本天际线和克莱克斯餐厅
2 墙身/吊顶连接处剖面
3 开敞厨房和酒吧

3

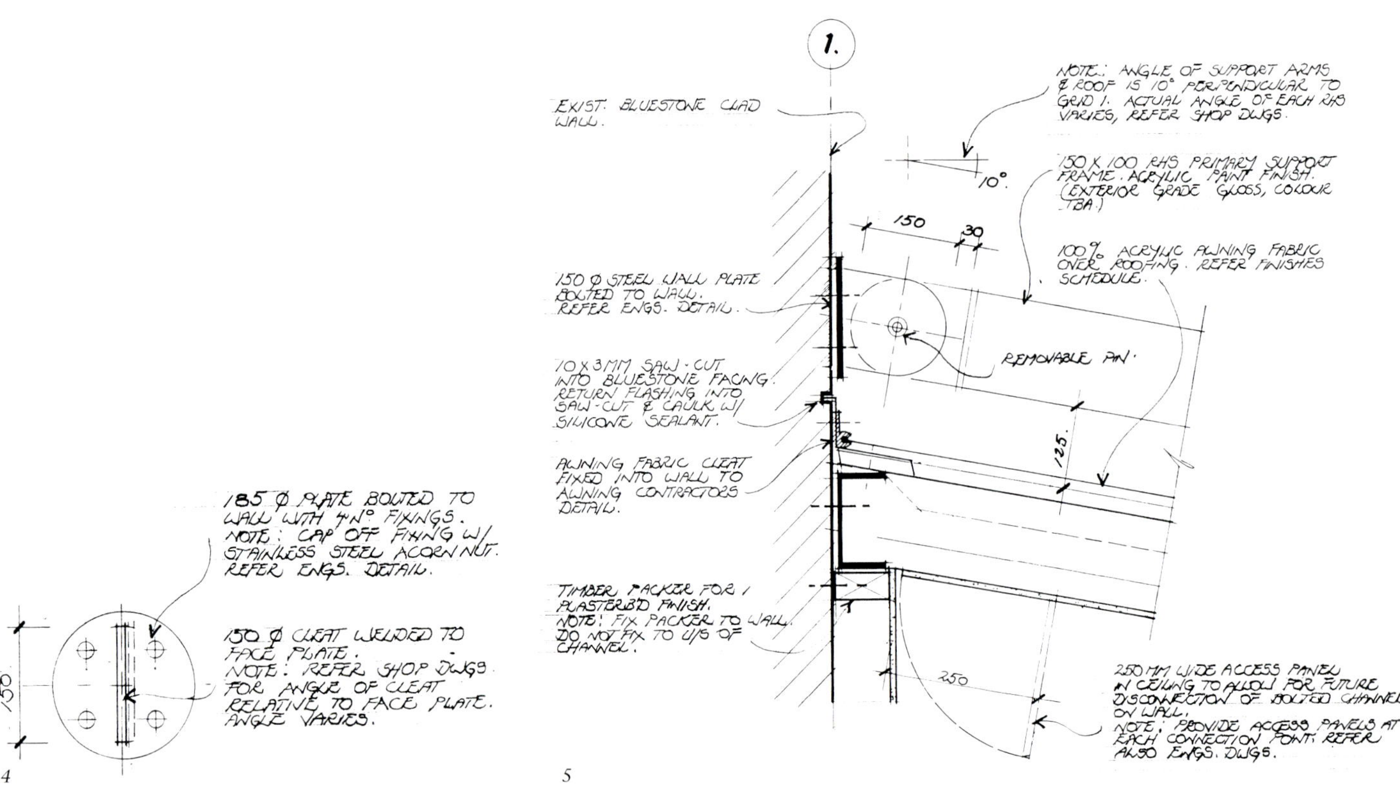
185 Ø PLATE BOLTED TO WALL WITH 4 N° FIXINGS. NOTE: CAP OFF FIXING W/ STAINLESS STEEL ACORN NUT. REFER ENGS. DETAIL.
150 Ø CLEAT WELDED TO FACE PLATE. NOTE: REFER SHOP DWGS FOR ANGLE OF CLEAT RELATIVE TO FACE PLATE. ANGLE VARIES.
150
1.
NOTE: ANGLE OF SUPPORT ARMS & ROOF IS 10° PERPENDICULAR TO GRID 1. ACTUAL ANGLE OF EACH RHS VARIES, REFER SHOP DWGS.
EXIST. BLUESTONE CLAD WALL.
10°
150
30
150 X 100 RHS PRIMARY SUPPORT FRAME. ACRYLIC PAINT FINISH. (EXTERIOR GRADE GLOSS, COLOUR TBA.)
100% ACRYLIC AWNING FABRIC OVER ROOFING. REFER FINISHES SCHEDULE.
150 Ø STEEL WALL PLATE BOLTED TO WALL. REFER ENGS. DETAIL.
REMOVABLE PIN
10 X 3MM SAW-CUT INTO BLUESTONE FACING. RETURN FLASHING INTO SAW-CUT & CAULK W/ SILICONE SEALANT.
125
AWNING FABRIC CLEAT FIXED INTO WALL TO AWNING CONTRACTORS DETAIL.
TIMBER PACKER FOR / PLASTERBD FINISH. NOTE: FIX PACKER TO WALL. DO NOT FIX TO U/S OF CHANNEL.
250
250 MM WIDE ACCESS PANEL IN CEILING TO ALLOW FOR FUTURE DISCONNECTION OF BOLTED CHANNEL ON WALL. NOTE: PROVIDE ACCESS PANELS AT EACH CONNECTION POINT. REFER ALSO ENGS. DWGS.

4

5

6

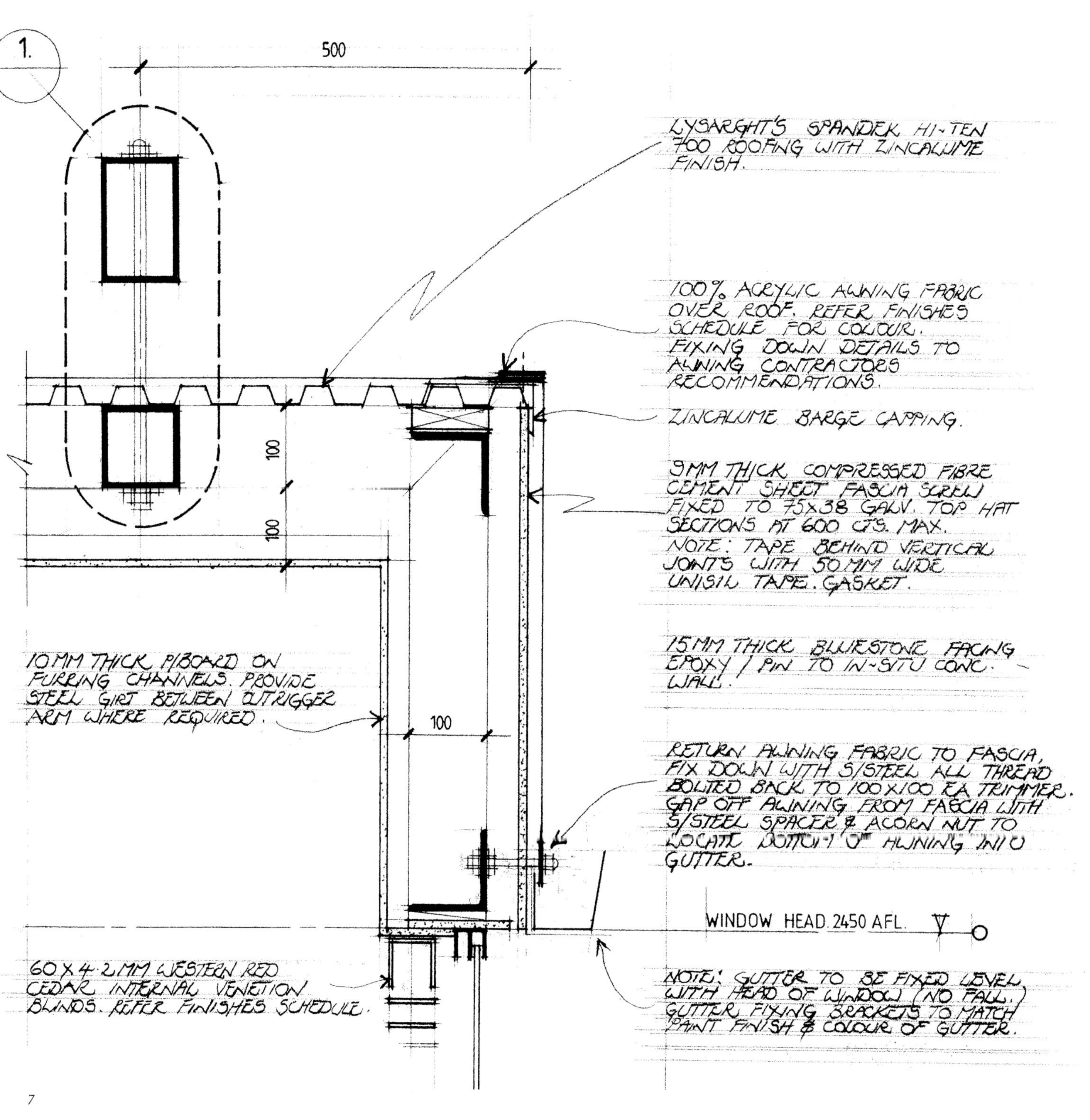

7

4　可拆卸销钉详图
5　墙身连接和屋顶支撑详图
6　从南岸大道看餐厅
7　墙身/吊顶连接处剖面

8

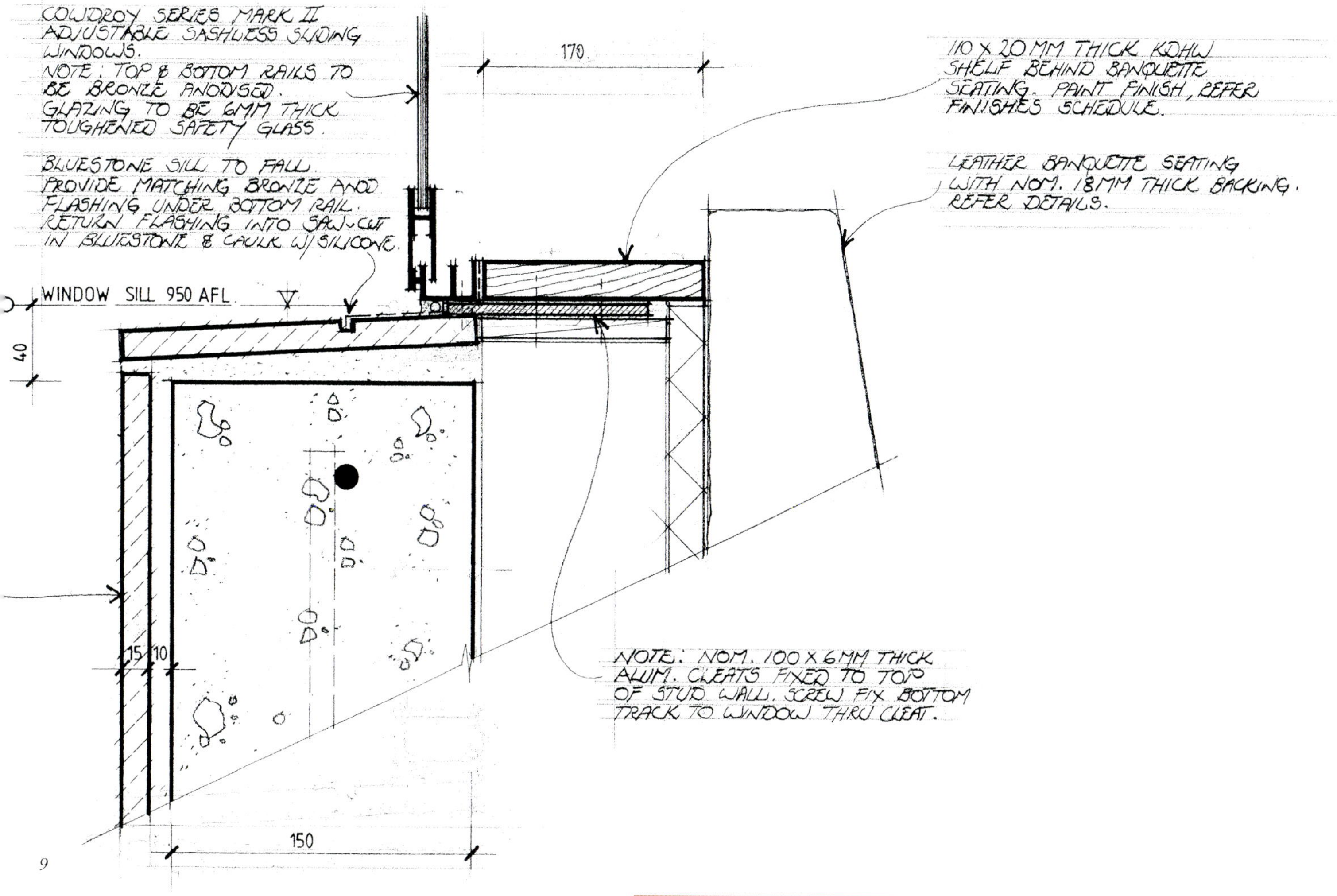

COWDROY SERIES MARK II ADJUSTABLE SASHLESS SLIDING WINDOWS.
NOTE: TOP & BOTTOM RAILS TO BE BRONZE ANODISED.
GLAZING TO BE 6MM THICK TOUGHENED SAFETY GLASS.

BLUESTONE SILL TO FALL.
PROVIDE MATCHING BRONZE ANOD FLASHING UNDER BOTTOM RAIL.
RETURN FLASHING INTO SAW-CUT IN BLUESTONE & CAULK W/ SILICONE.

170

110 x 20 MM THICK KDHW SHELF BEHIND BANQUETTE SEATING. PAINT FINISH, REFER FINISHES SCHEDULE.

LEATHER BANQUETTE SEATING WITH NOM. 18MM THICK BACKING. REFER DETAILS.

WINDOW SILL 950 AFL

40

15 10

NOTE: NOM. 100 x 6MM THICK ALUM. CLEATS FIXED TO TOP OF STUD WALL. SCREW FIX BOTTOM TRACK TO WINDOW THRU CLEAT.

150

9

10

8和10 餐厅内景
9 基础墙上窗台详图
摄影：Blain Crellin

TOWER AND OBSERVATION DECK

THE POINT, ALBERT PARK LAKE, MELBOURNE, AUSTRALIA

Maddison Architects Pty Ltd

塔和瞭望台

澳大利亚，墨尔本，阿伯特公园湖，“景点”

麦迪逊建筑师事务所

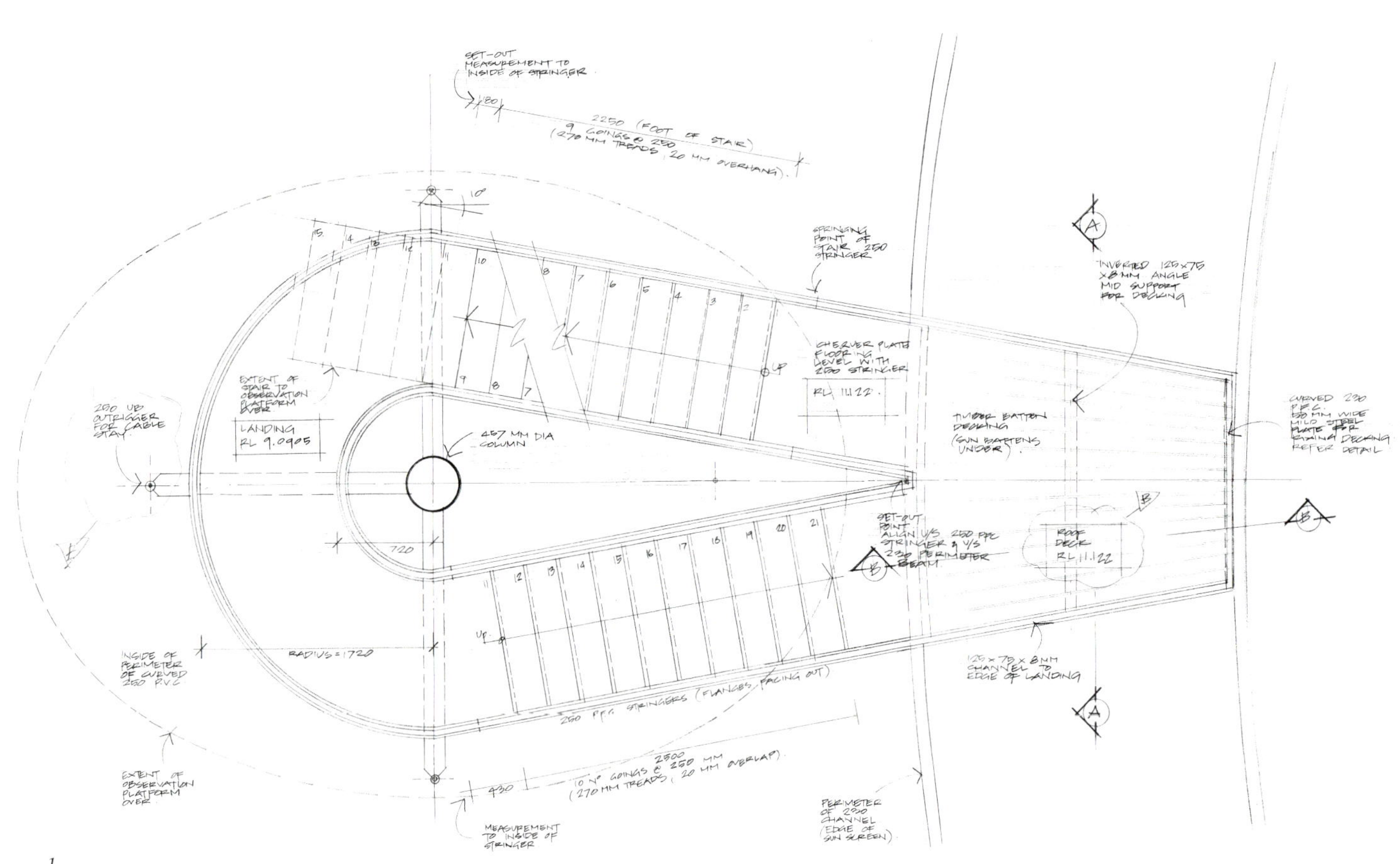

1

2

“景点”是一座二层楼的多功能建筑，它坐落于墨尔本阿伯特公园湖畔。其中一层为咖啡厅、厨房、公用电话间、租船处、服务间和公园管理办公室。二层为一座正式餐厅、厨房、多功能厅、办公室和服务间。一座11m高的瞭望塔也是整个工程的一部分，公众可以登塔瞭望。

建筑设计直接和它所在的突出于湖边的紧凑的基地相呼应，迎湖一面的幕墙立面随基地形状呈平缓的圆弧，使它对水面及远景有一览无遗的宽阔视野。从塔顶及建筑的公共部分可以远眺城市的轮廓线。

从最初的草图开始这座建筑就是十分现代的，玻璃表皮里包裹着简洁的结构。它的设计意图是建筑与它的环境相呼应，在一排船篷的尽头形成一个巨大的惊叹号。塔瞭望用普通钢和不锈钢建成，在群体中是一个关键的组成部分，因为其突出的位置而产生出必需的戏剧性。

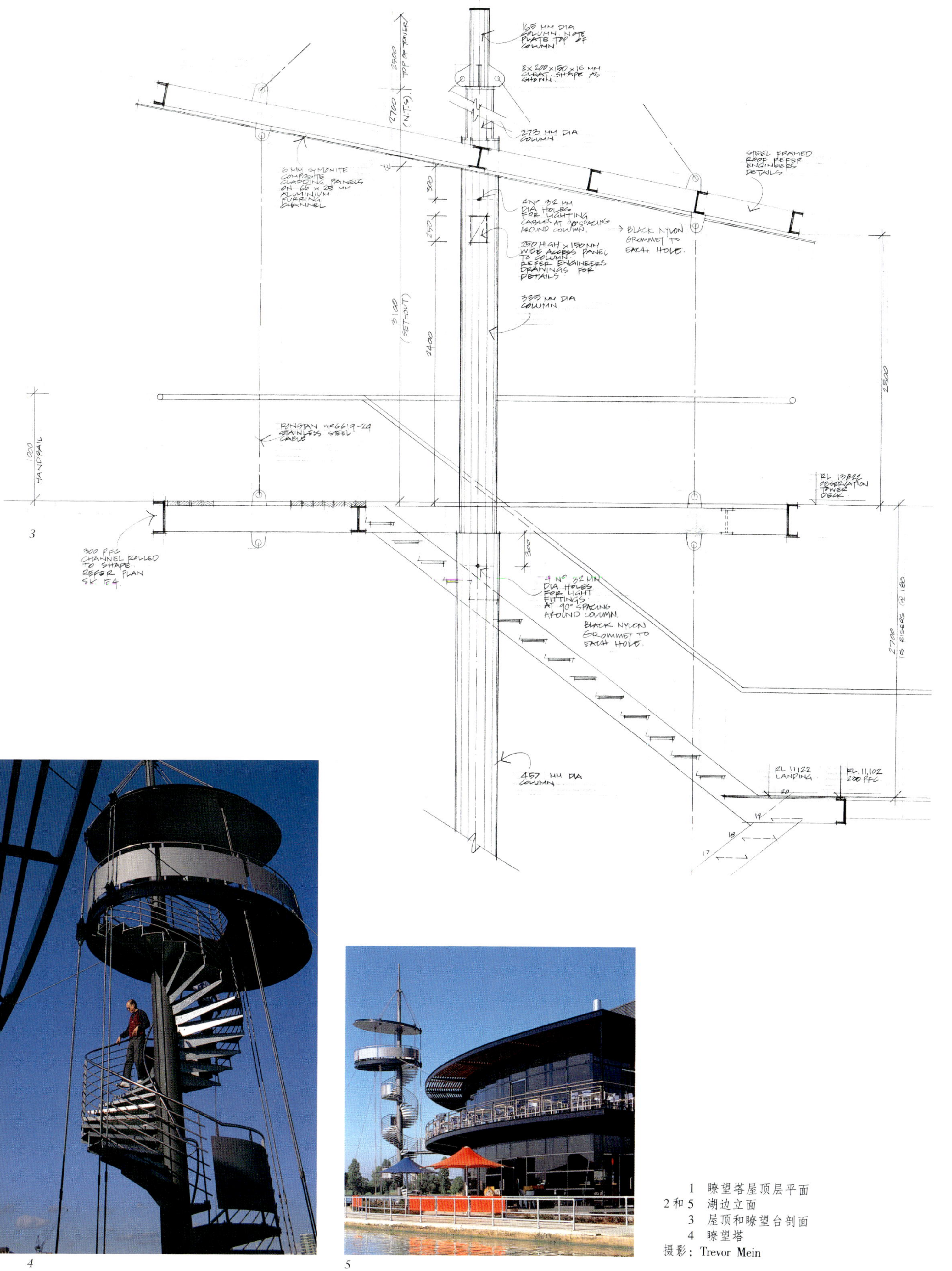

3

4

5

1　瞭望塔屋顶层平面
2和5　湖边立面
3　屋顶和瞭望台剖面
4　瞭望塔
摄影：Trevor Mein

WALL, STAIR AND BANNISTER

SOUTH YARRA, VICTORIA, AUSTRALIA
Maddison Architects Pty Ltd

墙、楼梯和栏杆柱

澳大利亚，维多利亚，南亚拉
麦迪逊建筑师事务所

1

这项工程代表一种位于澳大利亚墨尔本内城区中的典型双户住宅，对麦迪逊建筑师事务所来说是实施他们的构思的机会，即将立面处理成为一个连续的整体，而每户住宅单元有细微差别。

本工程中正立面是一项关键的要素，因为其他几个立面是齐着用地边界建的。研究集中在如何用统一的劈离面砖饰面将建筑结合成一个完整的整体上。

面砖的排列经过仔细地推敲，在正立面上产生色彩和质感的变化。上层立面挑出，窗扇从砖墙中后退，形成室外平台。窗洞口有精致的细部，看起来像从砖墙中切出的一样。

在底层，一排整齐的垂直板条表面里隐藏着车库，并一直延伸至入口，遮掩着室内。

室内的特点是精心制作的构件，楼梯就是一个例子。扶手从石膏板墙中分隔出来，带不锈钢凹槽，从一层往上凹槽间距逐渐加

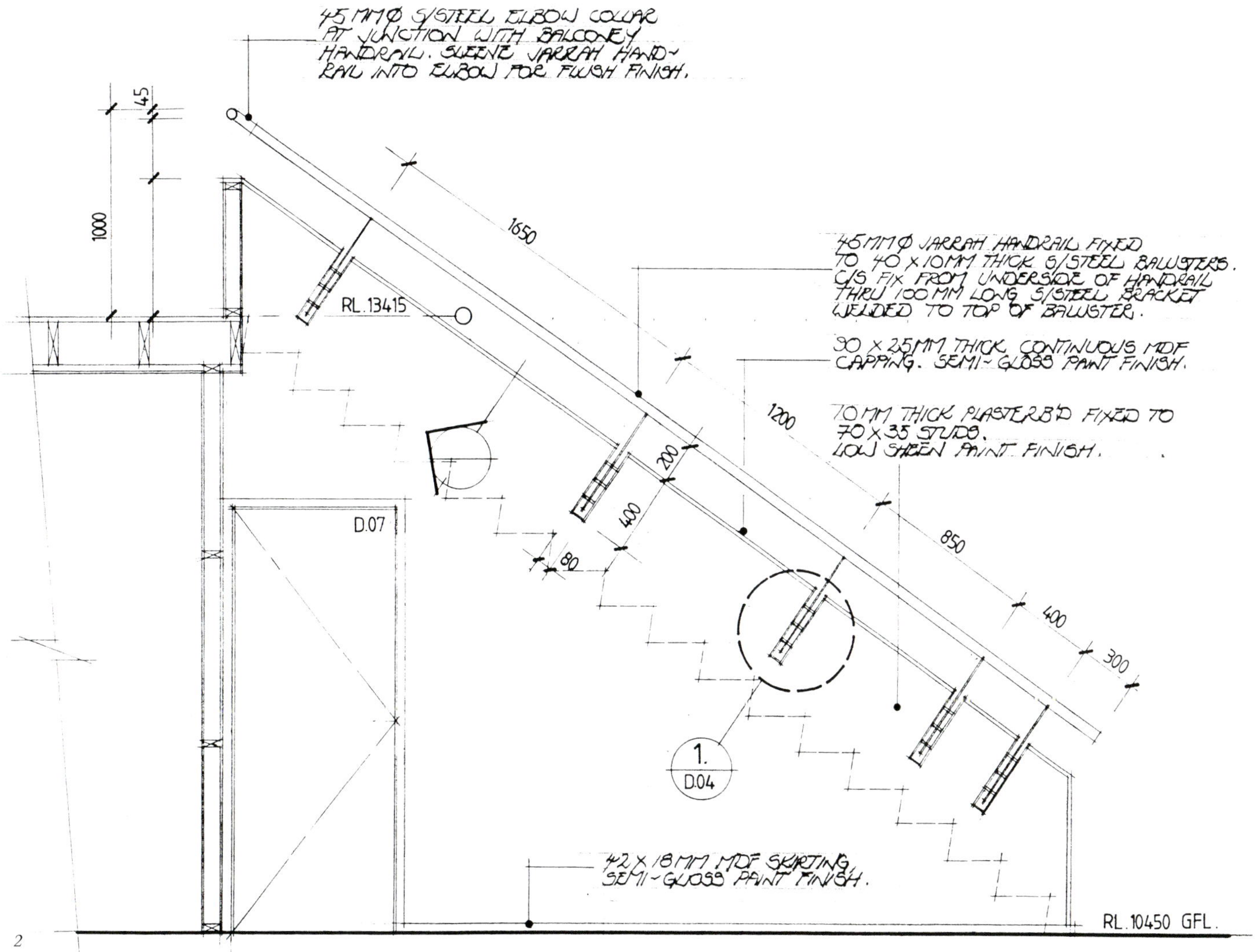

45 MM Ø S/STEEL ELBOW COLLAR AT JUNCTION WITH BALCONEY HANDRAIL. SLEEVE JARRAH HAND-RAIL INTO ELBOW FOR FLUSH FINISH.

45

1000

1650

45 MM Ø JARRAH HANDRAIL FIXED TO 40 X 10 MM THICK S/STEEL BALUSTERS. C/S FIX FROM UNDERSIDE OF HANDRAIL THRU 100 MM LONG S/STEEL BRACKET WELDED TO TOP OF BALUSTER.

RL.13415

90 X 25 MM THICK CONTINUOUS MDF CAPPING. SEMI-GLOSS PAINT FINISH.

1200

70 MM THICK PLASTERB'D FIXED TO 70 X 35 STUDS. LOW SHEEN PAINT FINISH.

200

400

D.07

80

850

400

300

1.
D.04

42 X 18 MM MDF SKIRTING SEMI-GLOSS PAINT FINISH.

RL.10450 GFL.

2

1 正立面
2 楼梯立面
3 楼梯扶手和栏杆立柱

大。本工程的成就来自于两家合为一体的形式，这样克服了基地限制所带来的问题，为两家业主创造了不同的形象。

3

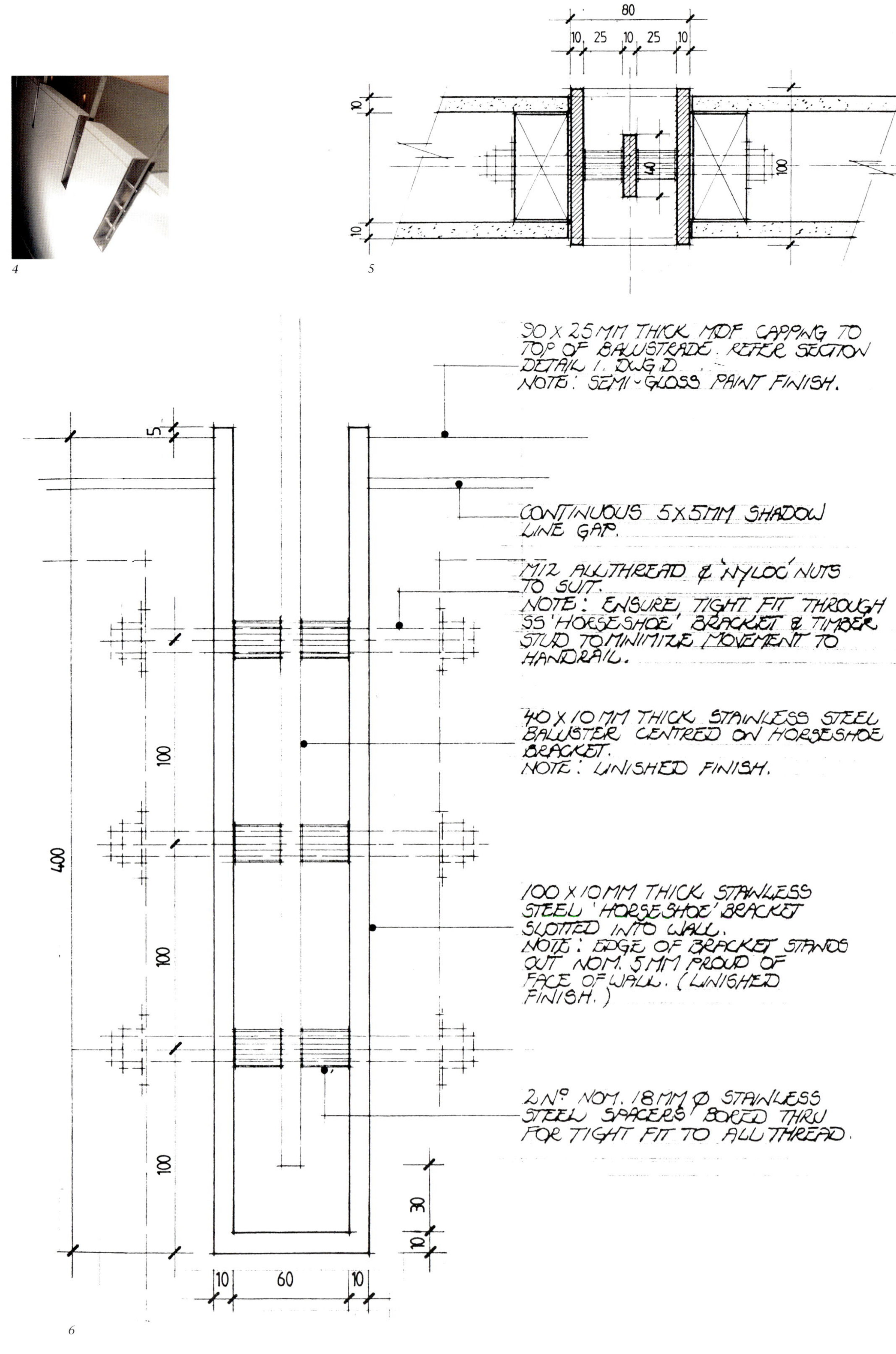
80
10 25 10 25 10
10
40
100
10
90 X 25 MM THICK MDF CAPPING TO TOP OF BALUSTRADE. REFER SECTION DETAIL 1. DWG D
NOTE: SEMI-GLOSS PAINT FINISH.
CONTINUOUS 5 X 5 MM SHADOW LINE GAP.
M12 ALLTHREAD & 'NYLOC' NUTS TO SUIT.
NOTE: ENSURE TIGHT FIT THROUGH SS 'HORSESHOE' BRACKET & TIMBER STUD TO MINIMIZE MOVEMENT TO HANDRAIL.
40 X 10 MM THICK STAINLESS STEEL BALUSTER CENTRED ON HORSESHOE BRACKET.
NOTE: LINISHED FINISH.
100 X 10 MM THICK STAINLESS STEEL 'HORSESHOE' BRACKET SLOTTED INTO WALL.
NOTE: EDGE OF BRACKET STANDS OUT NOM. 5 MM PROUD OF FACE OF WALL. (LINISHED FINISH.)
2 Nº NOM. 18 MM Ø STAINLESS STEEL SPACERS BORED THRU FOR TIGHT FIT TO ALL THREAD.
5
100
100
100
400
30
10
10 60 10

4

5

6

7

4 扶手和栏杆立柱
5 顶部栏杆立柱剖面
6 栏杆立柱
7 正立面局部
8 正面墙身剖面

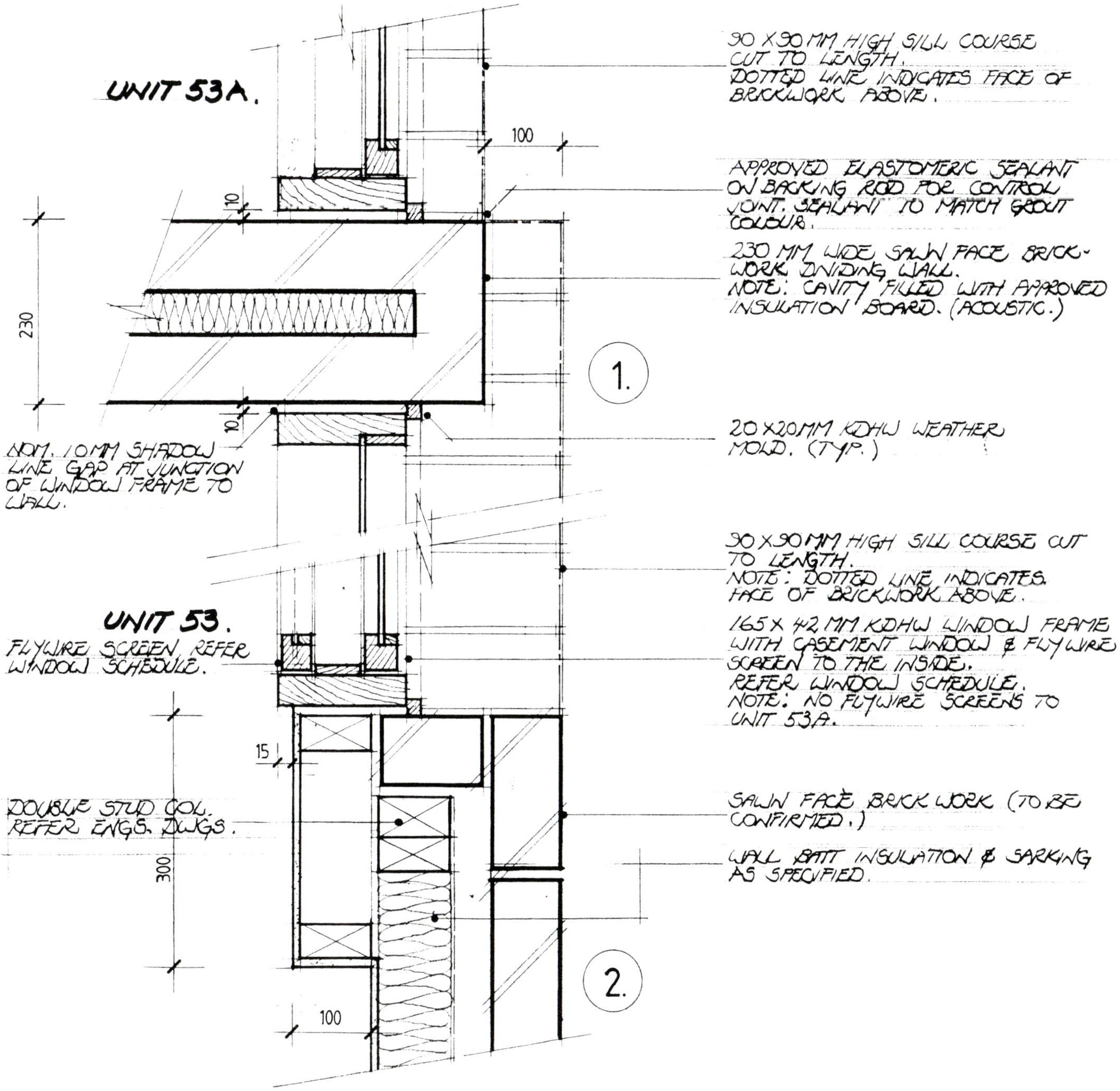

8

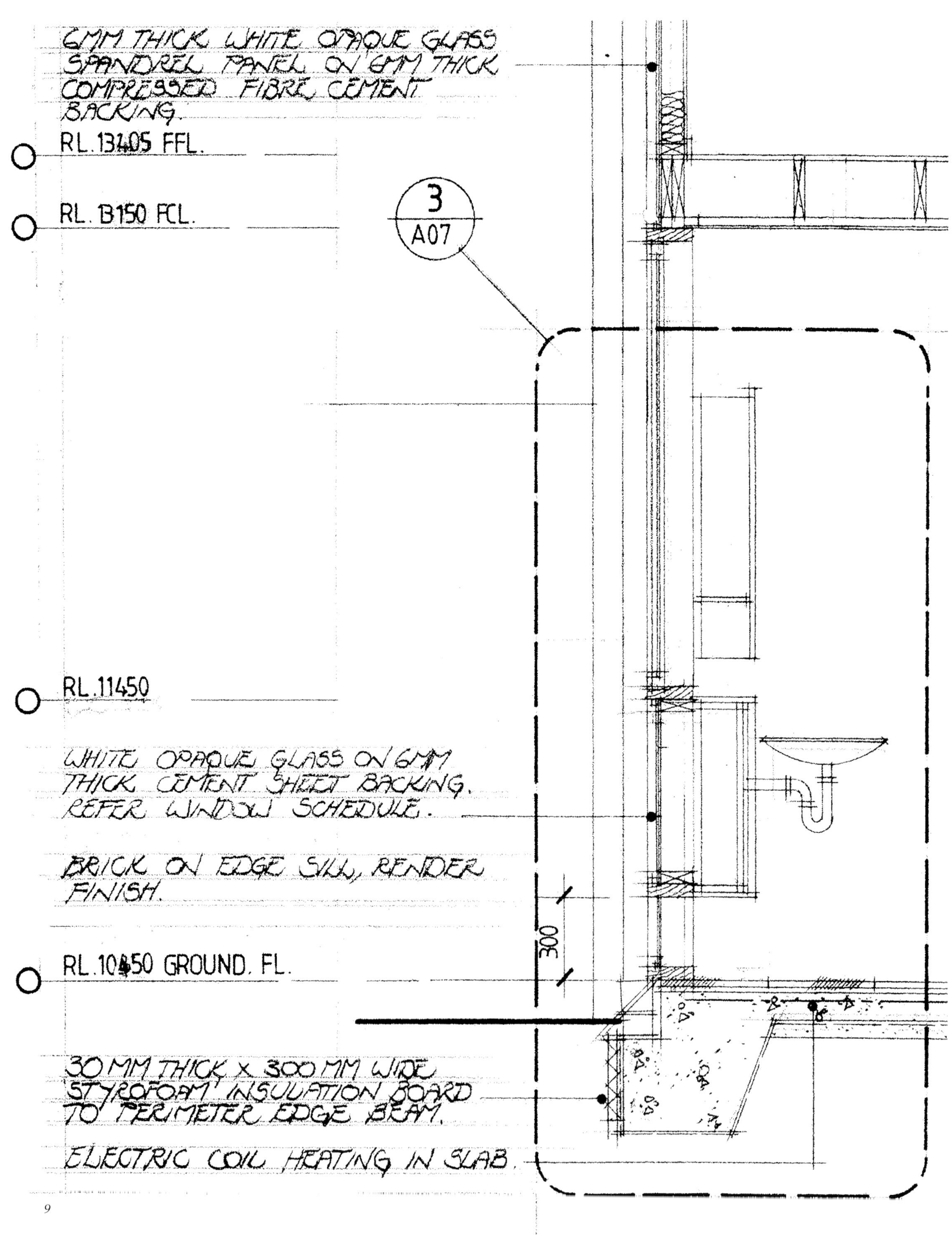
6MM THICK WHITE OPAQUE GLASS SPANDREL PANEL ON 6MM THICK COMPRESSED FIBRE CEMENT BACKING.
RL.13405 FFL.
RL. 13150 FCL.
3
A07
RL.11450
WHITE OPAQUE GLASS ON 6MM THICK CEMENT SHEET BACKING. REFER WINDOW SCHEDULE.
BRICK ON EDGE SILL, RENDER FINISH.
300
RL.10450 GROUND. FL.
30 MM THICK x 300 MM WIDE 'STYROFOAM' INSULATION BOARD TO PERIMETER EDGE BEAM.
ELECTRIC COIL HEATING IN SLAB.

9

9　浴室墙身剖面
10　浴室墙
摄影：Trevor Mein

10

SHADING STRUCTURE

ASEA BROWN BOVERI (ABB), ATHENS, GREECE

Meletitiki – Alexandros N. Tombazis & Associates Architects, Ltd

遮阳结构

希腊，雅典，Asea Brown Boveri（ABB）

梅勒特蒂克·A·托姆巴兹建筑师事务所

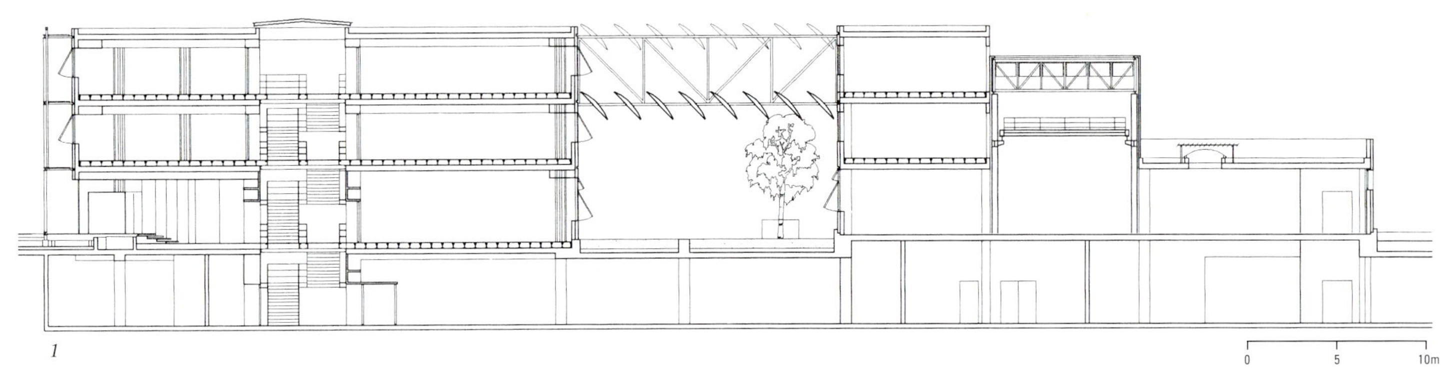

1

2

3

1　横剖面
2　中庭遮阳
3　中庭上的遮阳板
4　支撑遮阳板的工字钢梁框架剖面
摄影：Dimitris Kalapodas

这座 7000m² 的综合体包括两幢建筑。朝向高速公路的一幢建筑中是管理机构，另一幢建筑中是仓库和组装电气部件的大厅。

梯形的办公楼为三层。一层是公共区，上两层为办公室。靠近高速公路一侧做了一层钢框架立面，遮挡住西北立面，赋予建筑独特的外观。一座大型倒影浅水池加强了这种印象。

组装建筑内有三道走廊，中间一道最高，用“锯齿”形屋顶覆盖，这样自然光线可以进入其他两道走廊。两幢建筑之间的空间由金属遮阳结构覆盖，建筑用铝板和玻璃板饰面。所有办公室空间内有吊顶和架空地板。

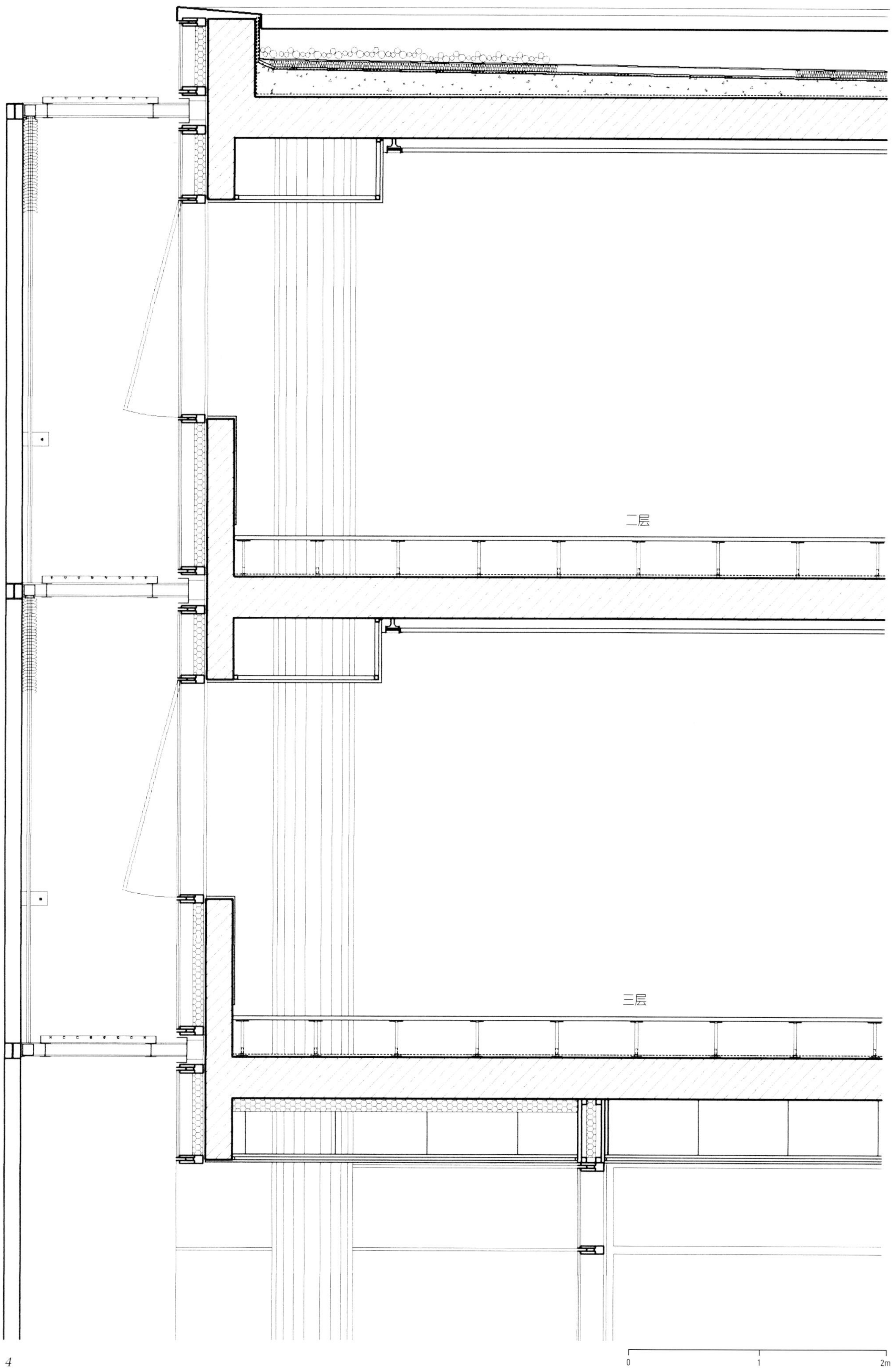

4

SHADING SYSTEM

GREEK REFINERY HEADQUARTERS, ASPROPYRGOS, GREECE

Meletitiki – Alexandros N. Tombazis and Associates Architects, Ltd

遮阳系统

希腊，Aspropyrgos，希腊提炼厂总部

梅勒特蒂克·A·托姆巴兹建筑师事务所有限公司

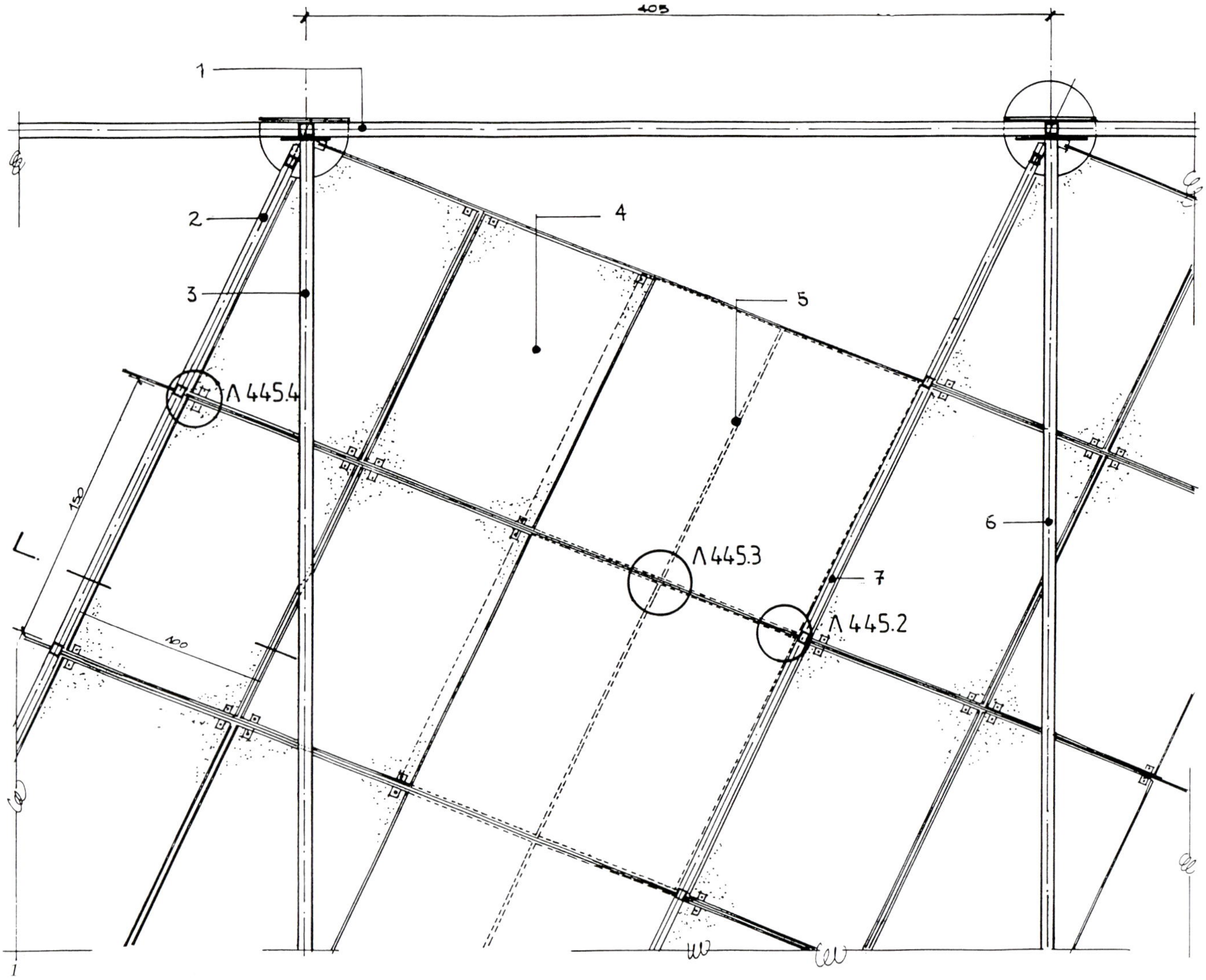

1

2

由片状遮阳板组成的遮阳设施覆盖在办公楼和组装车间之间的中庭上空，遮阳板沿西北轴线布置，由 14m 长的金属框架梁支撑，横跨两幢建筑之间，梁的间距为 8m。

遮阳板用穿孔金属板制成，弯在弓形框架上，穿过 8m 长管子的轴线安装在中间。沿建筑的西北立面产生了第二层立面。工字钢梁组成的框架支撑着遮阳设施和一条用来清洁和维护立面的钢格栅走道。

遮阳系统包括可收起来的铝合金百叶卷帘，由建筑中央控制系统控制。遮阳板由穿插孔金属板组成，用由金属杆和框架梁组成的“网格”中的拉索悬挂。百叶用内面带丝纹印刷的夹层玻璃板制成，提供了高达 70% 的遮阳系数。

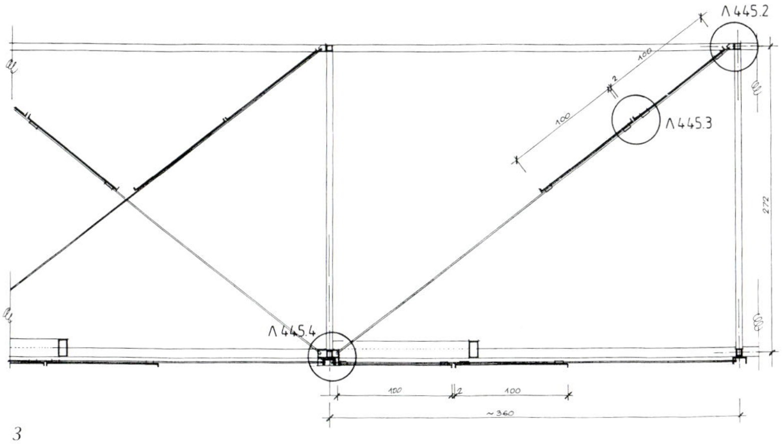

3

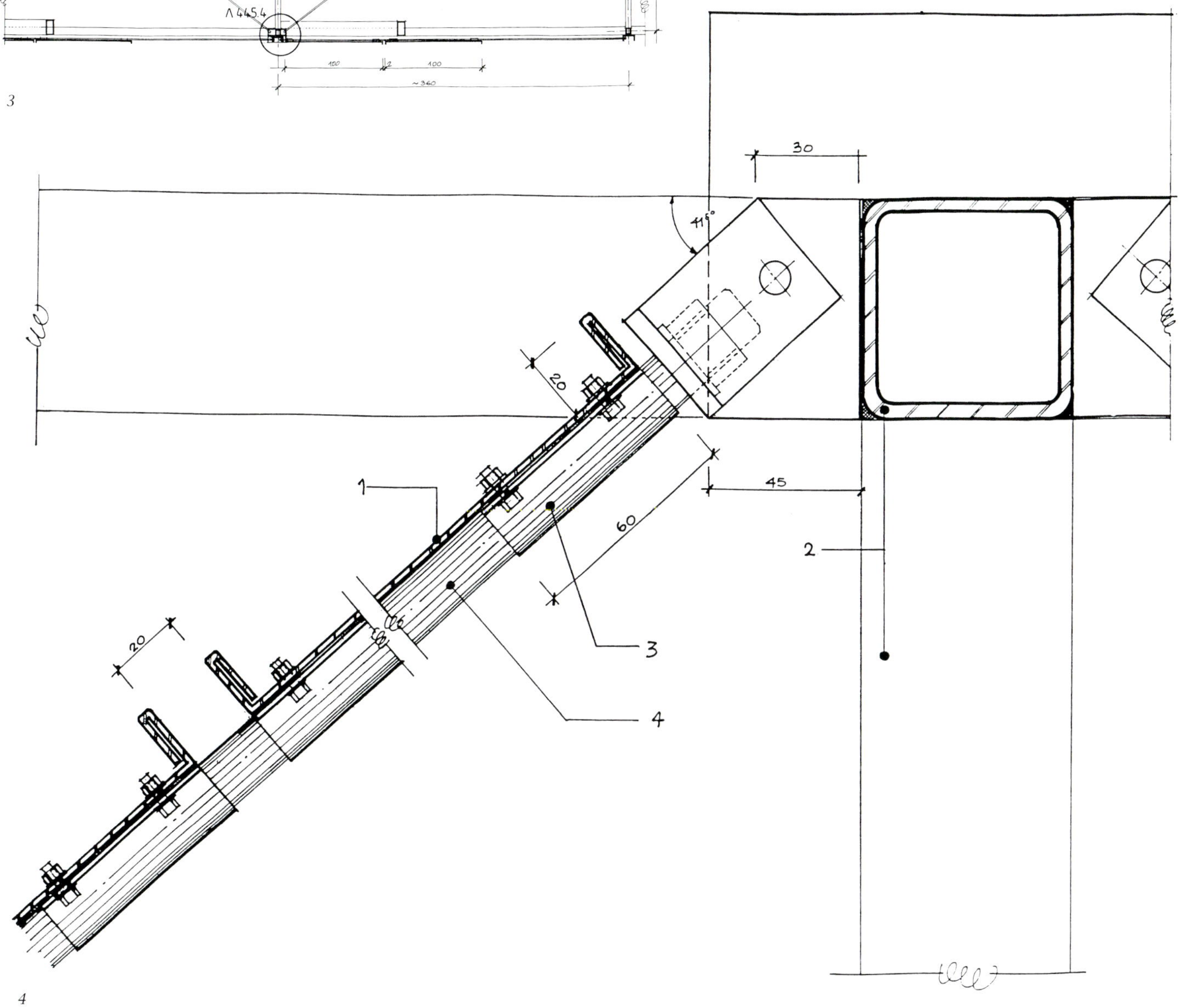

4

5

6

1　金属框架平面
2、5和6　遮阳板、金属杆与框架梁组成网格
3　遮阳板平面
4　节点详图

摄影：Nikos Danielidis

VERTICAL GLASS PANELS

AVAX S.A. HEADQUARTERS, ATHENS, GREECE

Meletitiki – Alexandros N. Tombazis & Associates Architects, Ltd

垂直玻璃板

希腊，雅典，AVAX　S.A. 总部

梅勒特蒂克·A·托姆巴兹建筑师事务所有限公司

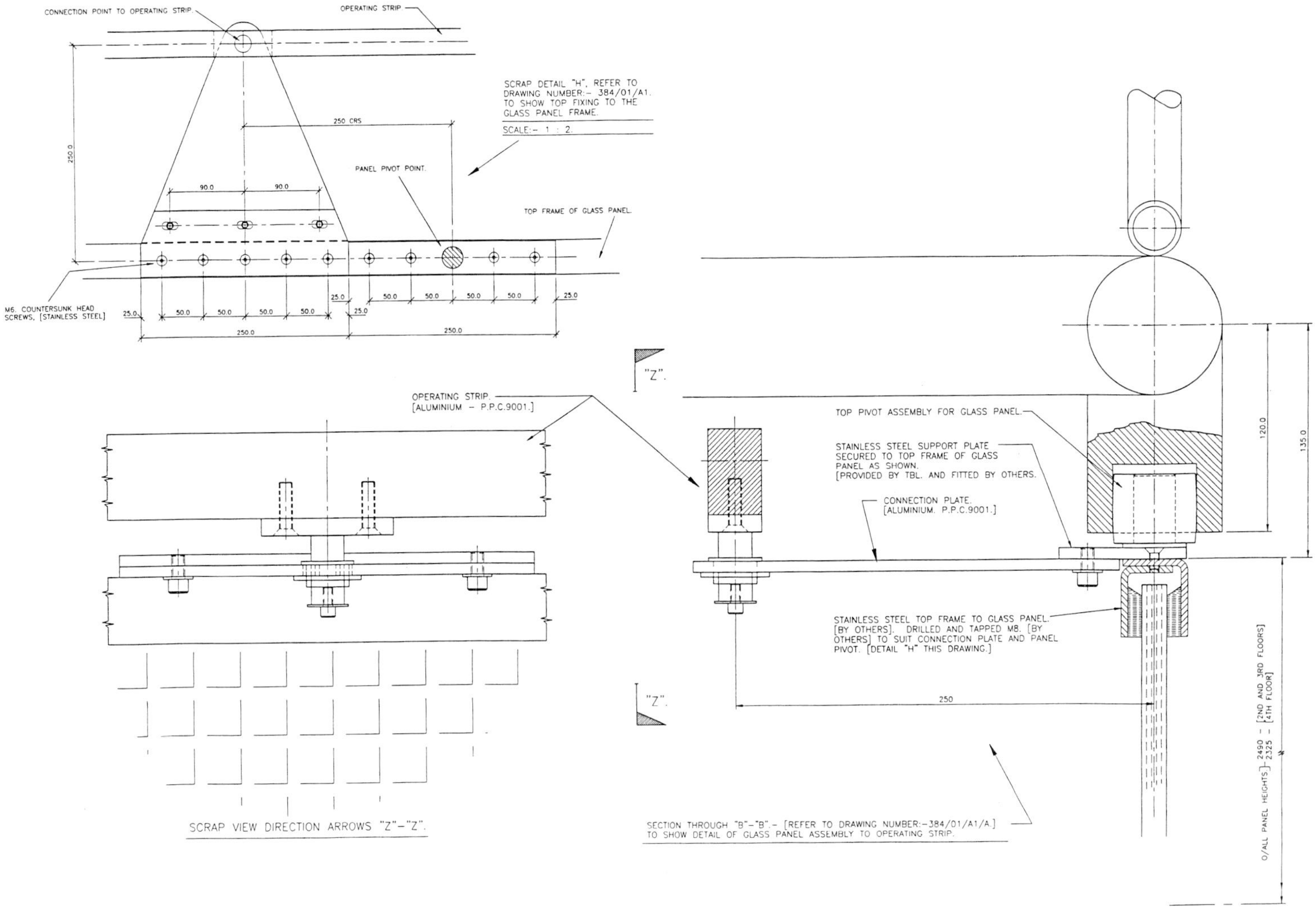

1

1　活动玻璃板详图
2　遮阳玻璃板位于关闭位置
3　遮阳玻璃板位于开启位置
4　玻璃板开启45°位置的平面
摄影：Nikos Danielidis

这座建筑是一家大承包公司‘AVAX’S.A. 的总部，它位于希腊雅典市中心，Lycabettus 山东面山坡上。它包括三层地下室，地上六层，总建筑面积 3050m²。设计的主要目标是应用生物气候学的特征来减少能源消耗，创造一个舒适的环境。

结构框架由钢筋混凝土密肋楼板和剪力墙与带架空楼板的钢结构一起组成。主立面上有垂直的玻璃板。设计中结合了生物气候学的特征，包括特殊的垂直玻璃遮阳百页遮挡着东立面，遮阳为夹层玻璃板，内表面有丝纹印刷（遮阳系数 70%）。百页随太阳的移动可以绕垂直轴转动。

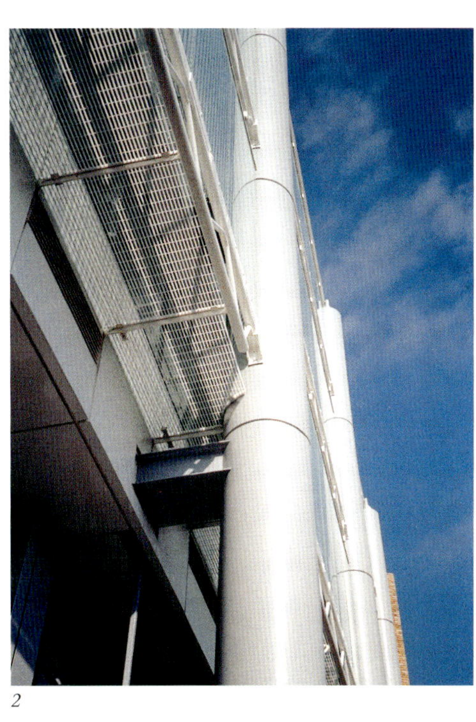

2

3

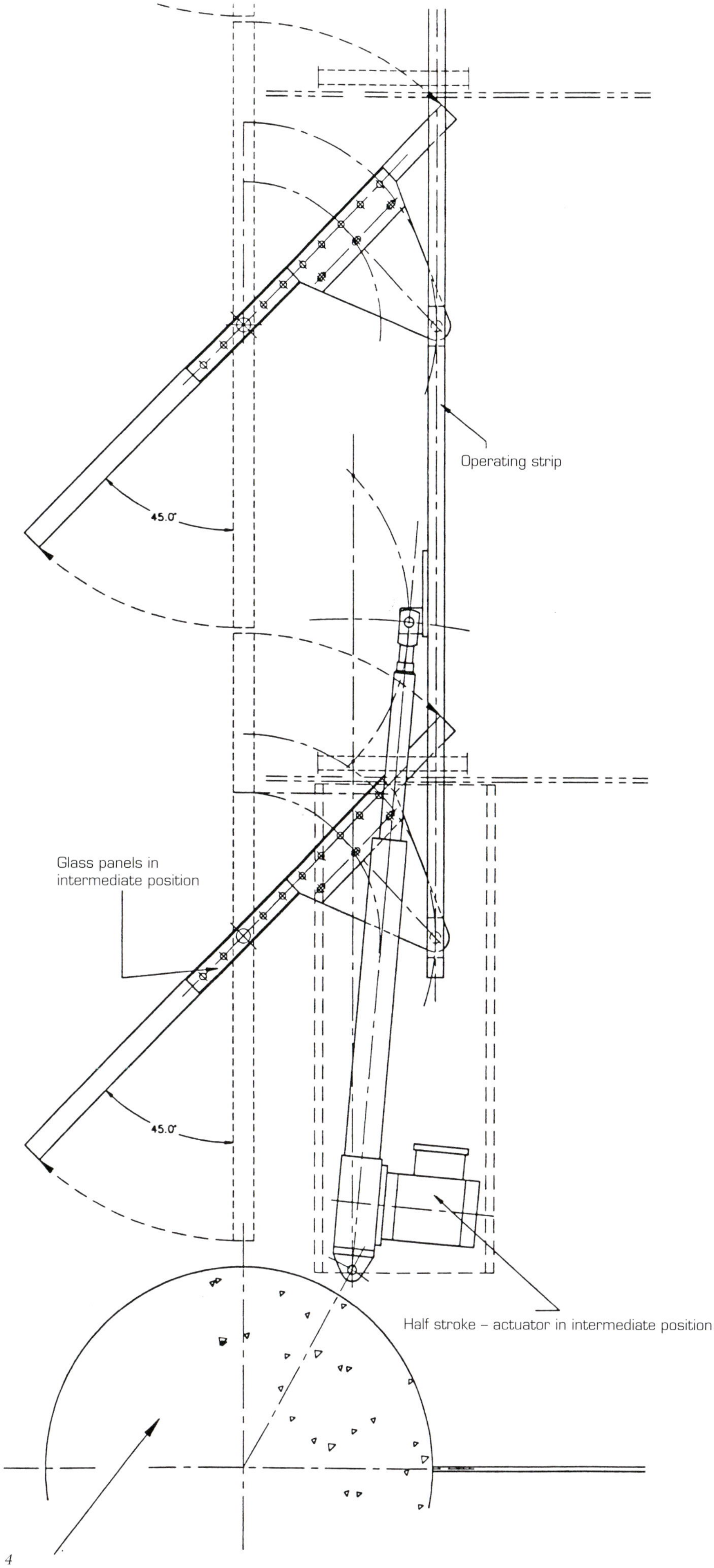

Operating strip

45.0°

Glass panels in intermediate position

45.0°

Half stroke – actuator in intermediate position

4

LABORATORY WORKSPACE

THE WHITNEY PAVILION, WEILL MEDICAL COLLEGE, CORNELL UNIVERSITY, NEW YORK, NEW YORK, USA
Mitchell/Giurgola Architects, LLP

实验室工作区

美国，纽约州，纽约，康耐尔大学，威尔医学院，惠特尼馆
米切尔/朱尔戈拉建筑师事务所

1

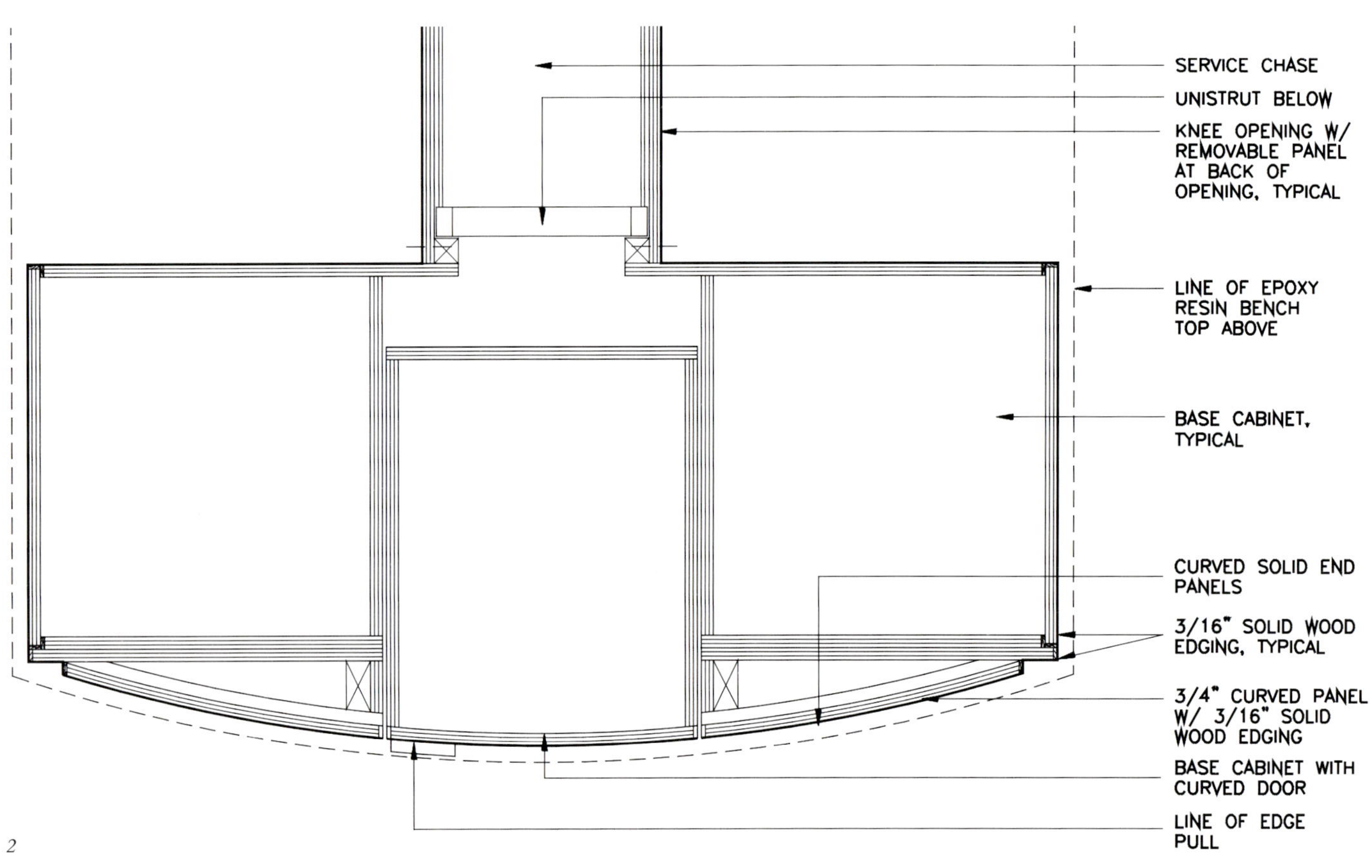

2

1 开敞实验室
2 实验室平面详图
3 实验室工作平台
4 实验室工作平台立面
摄影：Jeff Goldberg/Esto

惠特尼馆是一座4645m²，1930年代建的病人护理综合楼，最近被重新设计改建成新的研究实验室，供研究遗传医学、结构生物学和神经科学用。

7层实验室设计成同样的基本布局：一条有公用支持功能的管道位于中间，两个开敞实验区的周边是主要交通通道。

通过周边布置来充分利用自然光线，实验室空间是开敞和连续的。在这些大面积开敞空间中，供个人研究者使用的工作台区能很容易地调整而对整体的影响最小。每个工作台的抽屉和接口的配置能根据需要调整，而整体形状是不变的，带一个弧形的边柜，并提供了额外的桌面空间。

一个新的活泼的楼梯作为垂直交通将各实验室层联系在一起。通过使用半透明的防火玻璃墙，将楼梯间的景观引入了实验室内。而实验室的优美环境通过枫木扶手、石材和自然光线的使用，也延伸进楼梯间中。

3

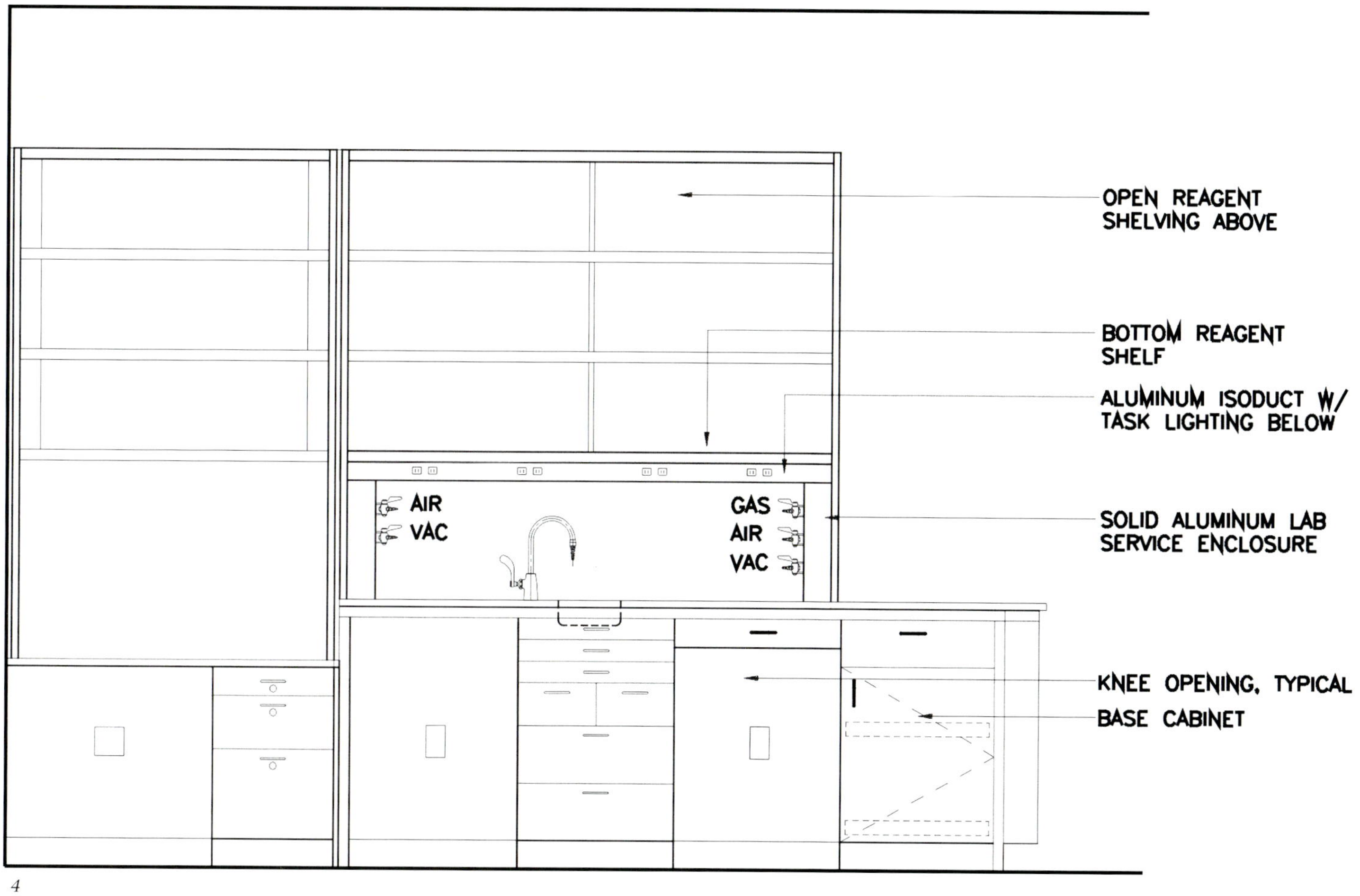

AIR
VAC

GAS
AIR
VAC

OPEN REAGENT SHELVING ABOVE

BOTTOM REAGENT SHELF

ALUMINUM ISODUCT W/ TASK LIGHTING BELOW

SOLID ALUMINUM LAB SERVICE ENCLOSURE

KNEE OPENING, TYPICAL

BASE CABINET

4

ROOF

SONY CENTER, BERLIN, GERMANY
Murphy/Jahn Inc Architects

屋 顶

德国，柏林，索尼中心
墨菲/扬建筑师事务所

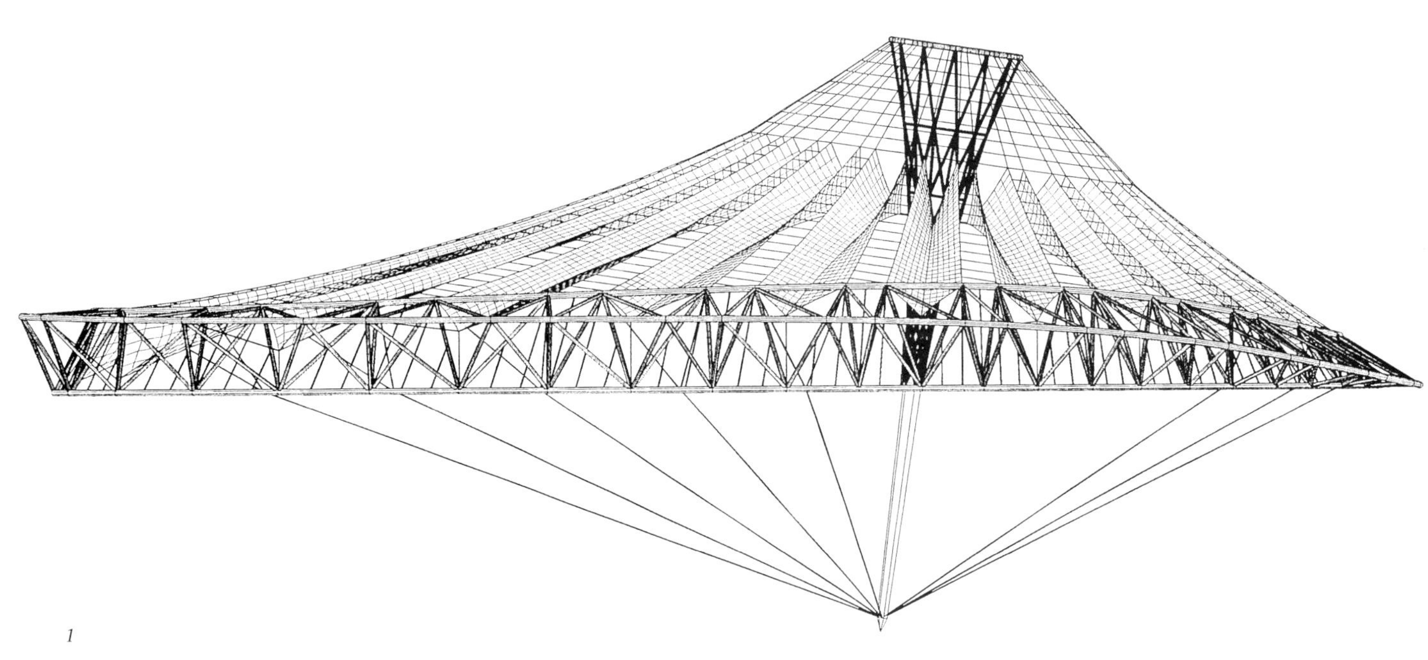

1

柏林索尼中心的屋顶是一个椭圆形结构，它的构件提供了保护和遮阳。它大量展示了最新工艺水平的索膜技术和玻璃技术。屋顶的三分之一是玻璃，保证了视线能看到室外，用生态的和经济的构造形成期望的对比和有趣的光线。结果是使用拉索增强的玻璃纤维膜以保证透明、轻质、耐用和经济。

屋顶是张拉在内受拉环和外受压环之间的膜结构，并且通过倾斜的中间主立柱形成突起的轮廓。两组拉索系统互相拉紧，使表面绷紧以保持形状并承受荷载。上拉索作为主拉索用来承受重力，主要是雪荷载，而下拉索抵抗由于风力而对轻质结构形成的向上升力。

屋面上有大面积的玻璃，需要控制位移以保证这种易碎材料的安全，这是设计中要考虑的主要问题。此外，在细部设计中要做到让玻璃块作为独立的活动框架单元，能产生相对较大的移动。这通过在非密封的顶盖中可能的搭接处理来做到这点。

2

3

1 屋顶结构立面
2 屋顶和幕墙室外夜景
3 屋顶和商店立面内景

由于外观比较平缓，主拉索产生很大的拉力，并由环梁来平衡。钢环梁支撑在邻近建筑 12m 间距的柱子上。中间主立柱底部由 16 根倾斜的拉索依次支撑，它们的水平和垂直桁架锚固在邻近建筑上，以减小对环梁的弯曲。

4和5　屋顶内景
6　屋顶详图
摄影：Henkelmann(2、3)，Sony/P.Adenis(4、5)

4

5

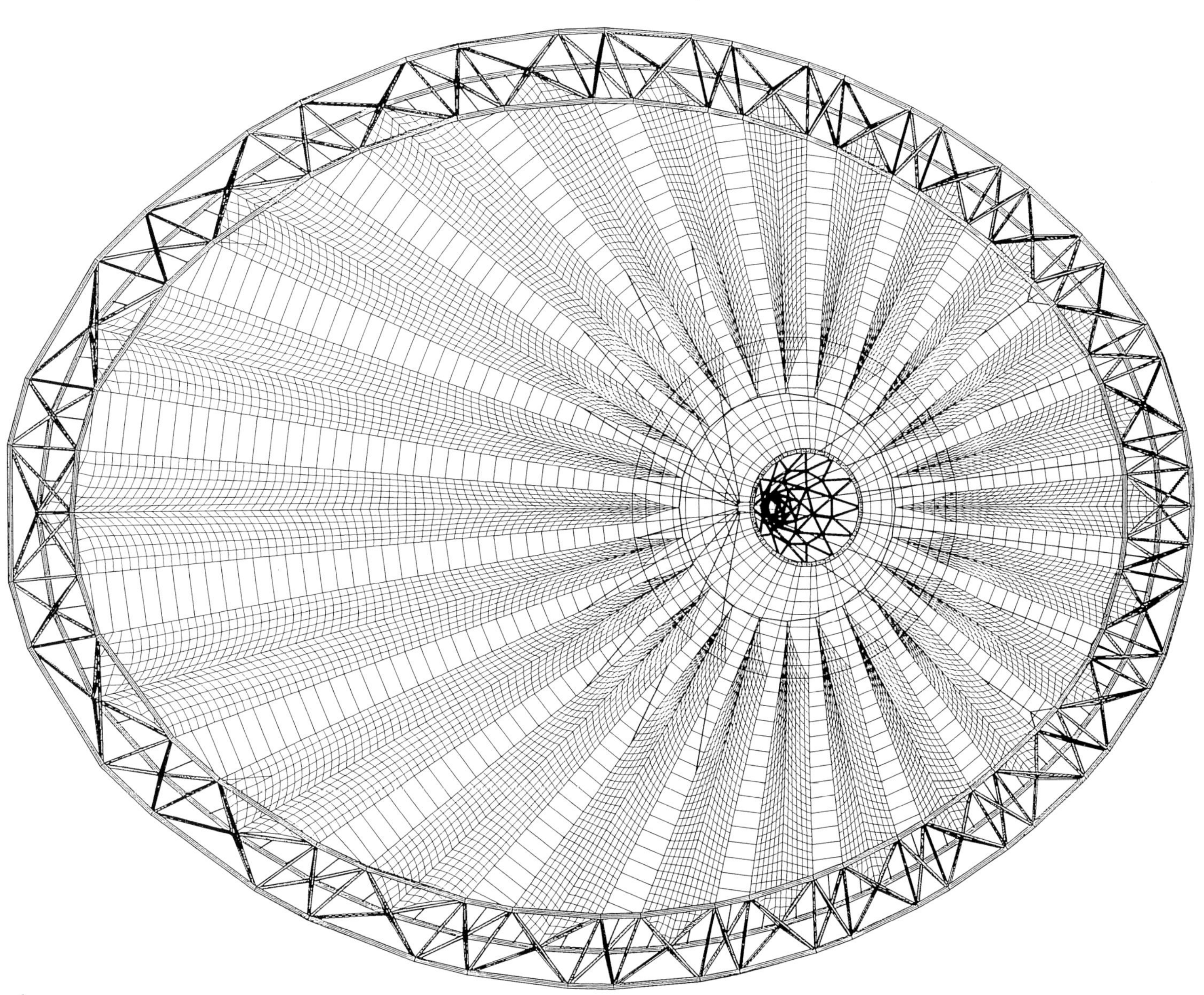

6

HOTEL WITH TRADITIONAL DETAILS

SHERATON SUZHOU HOTEL, SUZHOU, PEOPLES REPUBLIC OF CHINA
P&T Group

有传统细部的宾馆

中华人民共和国，苏州，苏州喜来登酒店
巴马丹拿集团

1

1 从庭院看接待厅
2 接待厅暴露的屋顶结构
3 接待厅顶棚平面
4 通往接待厅的坡道
5 通往接待厅坡道立面

宾馆坐落在苏州旧城的中心，设计要完善邻近的历史古迹，如有1800年历史的苏州古城墙遗址和建于公元247年的“瑞光塔”。

这座五星级的宾馆有400间客房和相应的设施，建筑布局独特。客房沿一条人工运河和几个庭院布置，庭院按传统的方式布置景观。

所有公共和后勤设施位于一个被赋予新意的城墙建筑内，通过坡道可到达其顶部，上面有中国传统的苏式亭阁，其中的功能有主门厅、餐厅和商务中心。宾馆用当地材料，当地花岗石和屋面瓦装修，除了它的传统布局外，在文化上也与环境相适宜。

2

3

4

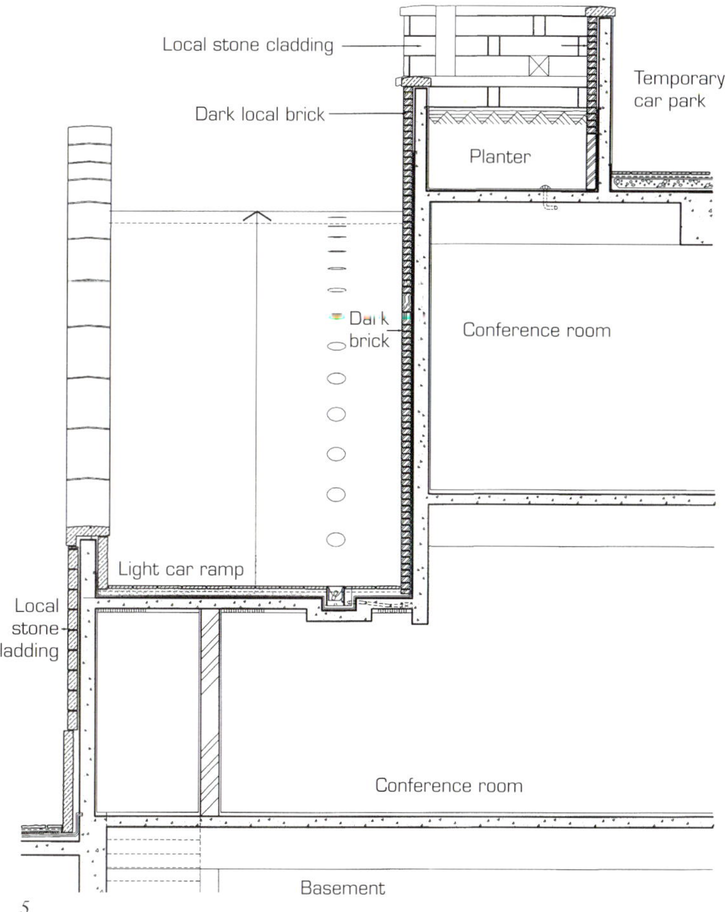
Local stone cladding
Dark local brick
Temporary car park
Planter
Dark brick
Conference room
Light car ramp
Local stone cladding
Conference room
Basement
5

6

7

8

6 八角形的接待厅坐落在被赋予新意的城墙建筑上
7 阳台立面
8 典型客房阳台
9 客房阳台剖面详图

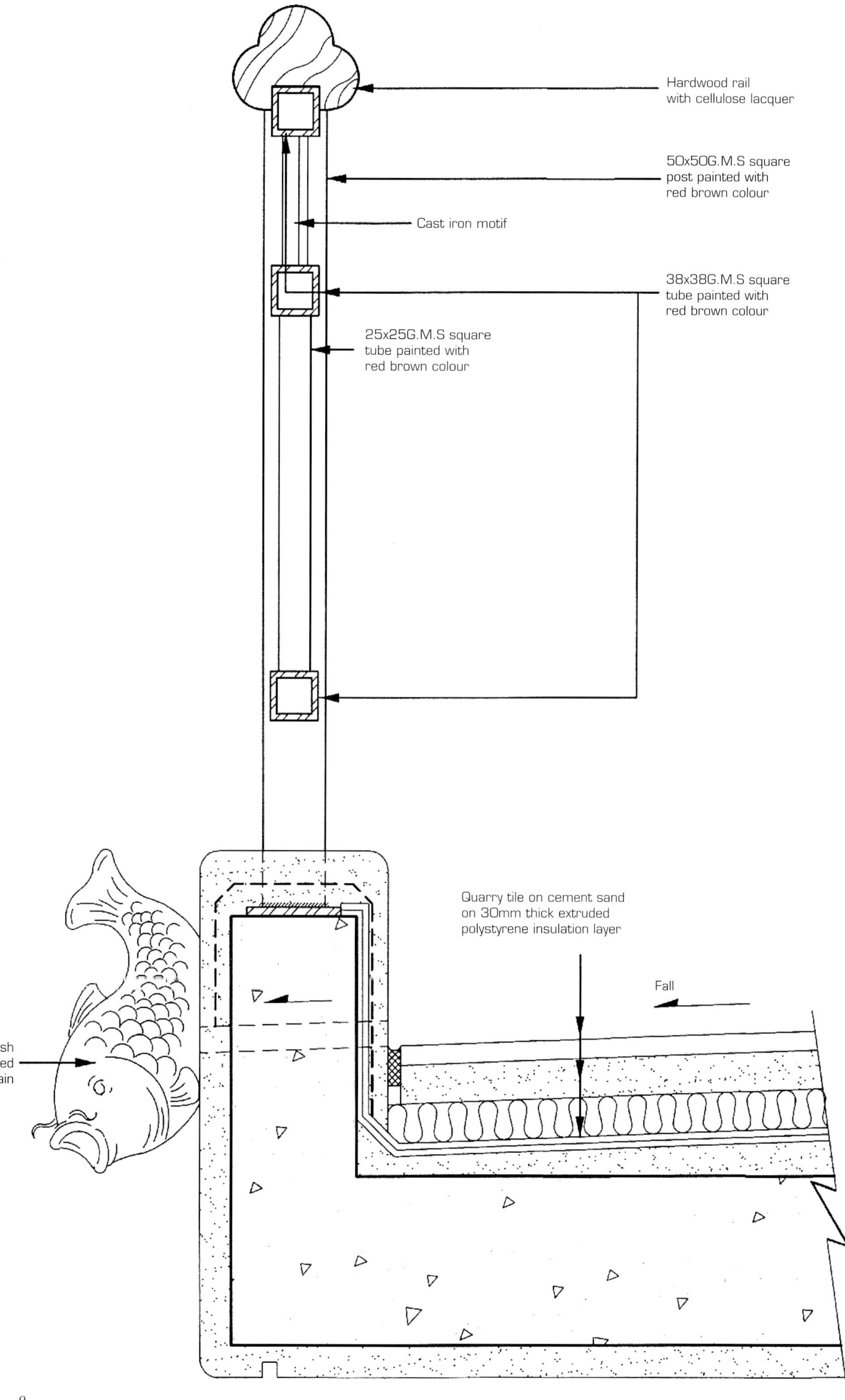
Hardwood rail
with cellulose lacquer
50x50G.M.S square
post painted with
red brown colour
Cast iron motif
38x38G.M.S square
tube painted with
red brown colour
25x25G.M.S square
tube painted with
red brown colour
Quarry tile on cement sand
on 30mm thick extruded
polystyrene insulation layer
Fall
Fish
aped
drain

9

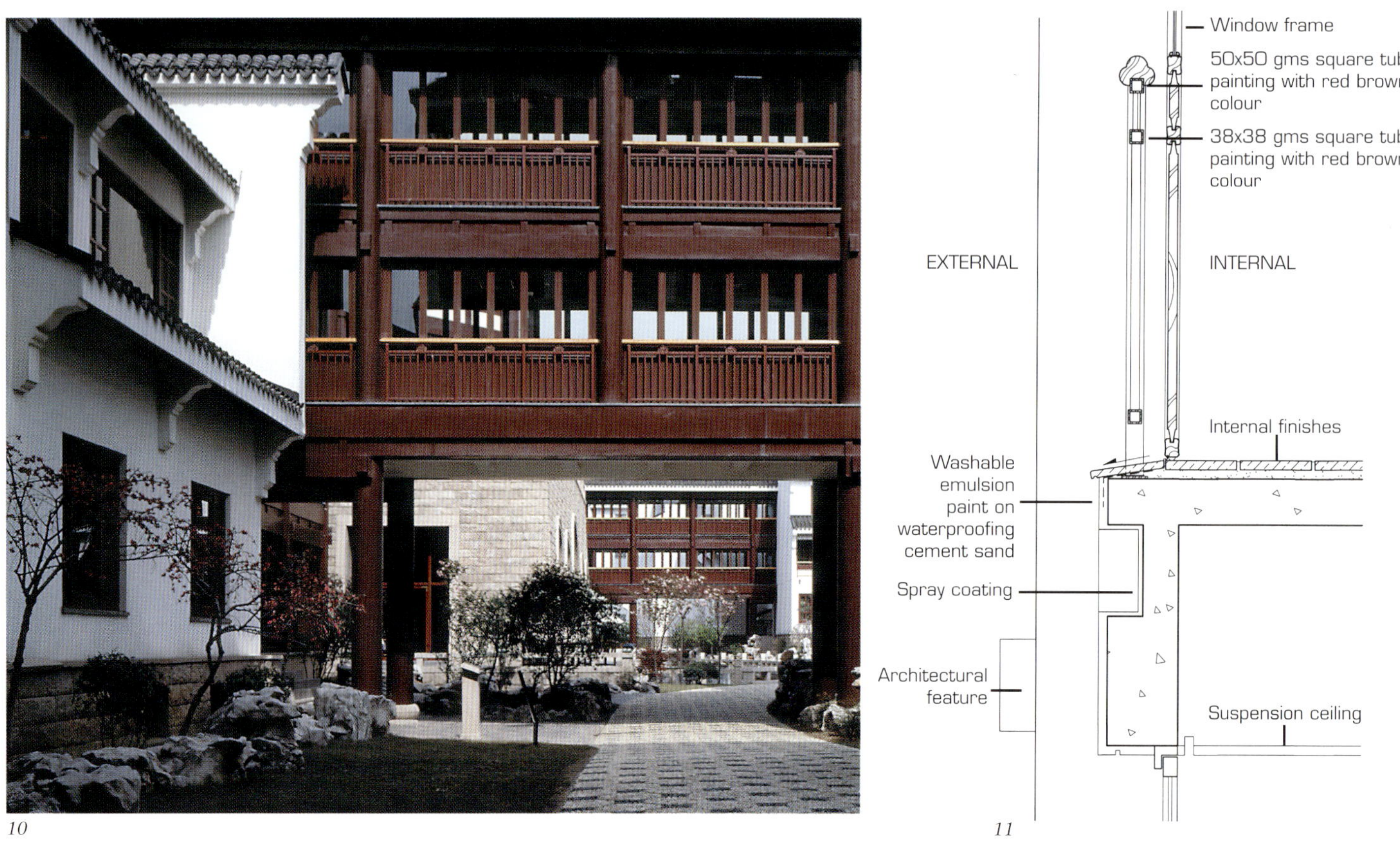

10

11

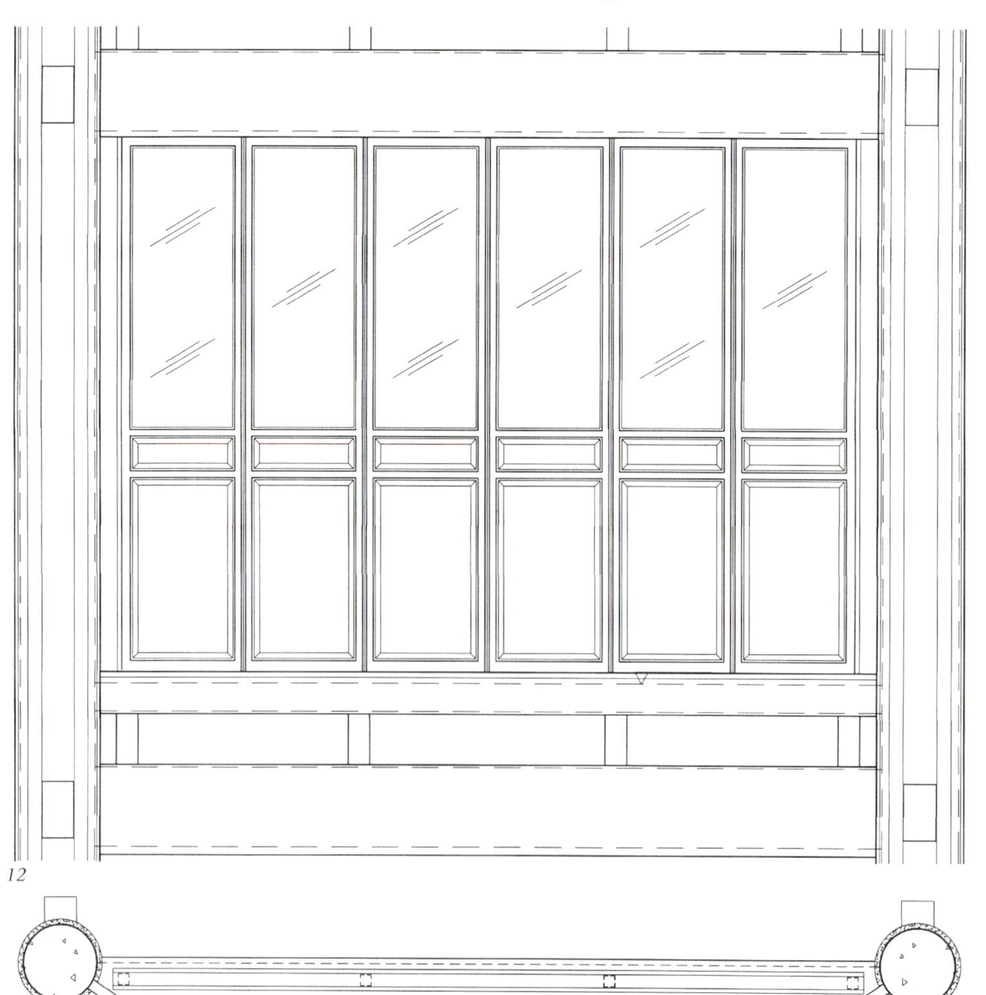

12

13

10 走廊上木窗板
11 走廊上木窗板剖面
12 走廊上木窗板立面
13 走廊上木窗板平面
14 拱形门洞立面
15 拱形门洞剖面
16 室内和室外游泳池间的拱形门洞让人想起传统的水城门
摄影：Kerum Ip

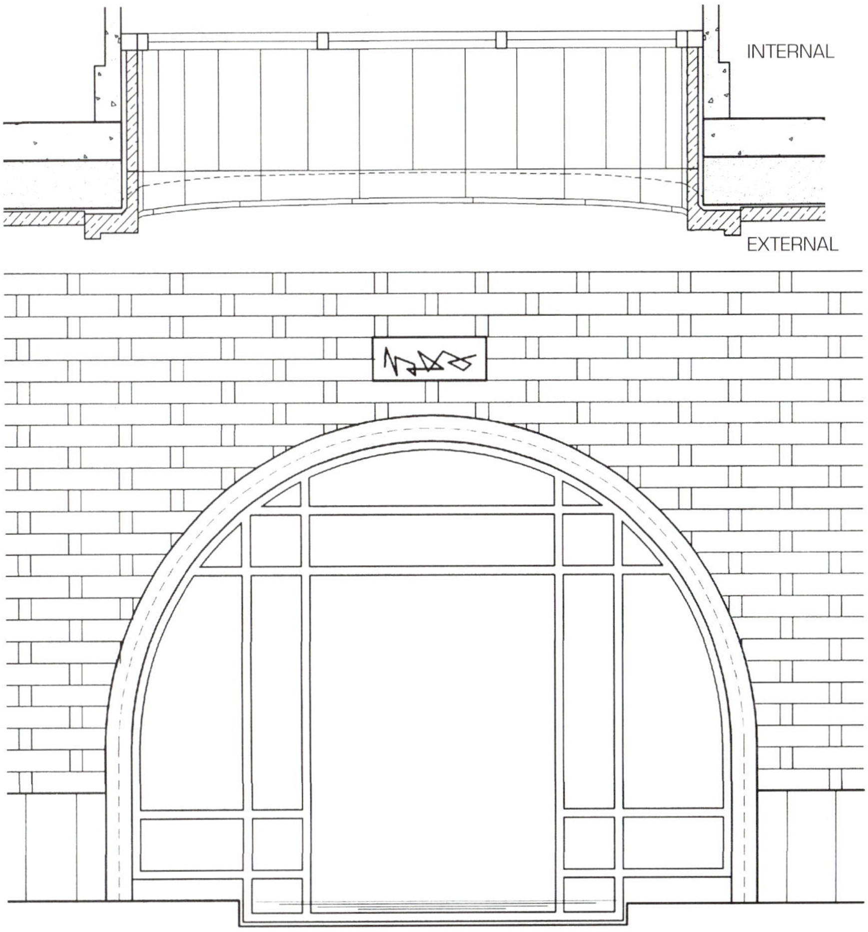

INTERNAL

EXTERNAL

14

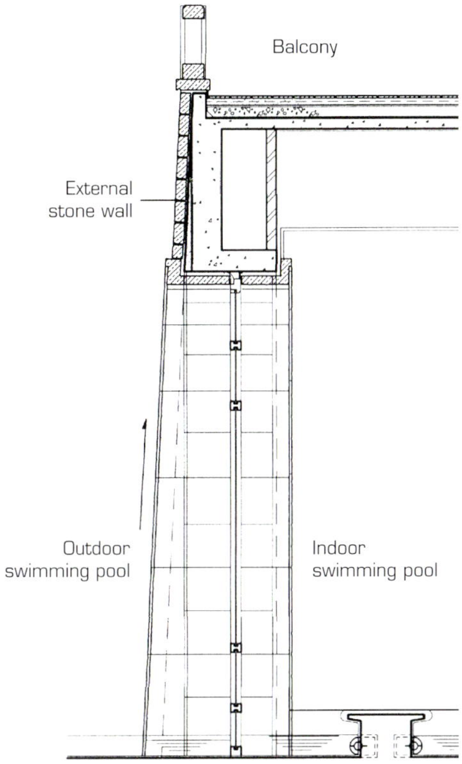

Balcony

External stone wall

Outdoor swimming pool

Indoor swimming pool

15

16

CEILINGS, WALLS AND SUNSHADES

BIBLIOTÈQUE NATIONALE DE FRANCE, PARIS, FRANCE
Dominique Perrault Architecte

吊顶、墙和遮阳

法国，巴黎，法国国家图书馆
多米尼克·佩罗建筑师事务所

1

1 幕墙外观
对面页：
从塔楼中间看过去

法国国家图书馆满足了许多的标准，使它成为一幢伟大的建筑。它不仅是一幢建筑，而且被描绘成一个场所，它既是巴黎的一个广场，也是法国的国家图书馆，它是一个象征性的场所，一个有魅力的场所，一个城市的场所。

它建于巴黎东端赛纳河岸边一片工业废弃用地上，它体量巨大但不张扬。巨大的建筑向法国的历史建议将注意力集中在非物质性和谦逊方面。方案的概念来自于这种背景。

设计中的四座转角塔楼模仿四本打开的书，互相面对，界定出一个象征性的场所。这个方案是一件艺术品，是一种最低纲领派的布置，其中有“少就是多”的感情。塔楼有两层围护和遮阳，增加了反射并扩大了阴影。

一束精致的光线穿过玻璃塔的室内向上，到达四个塔的顶点，像四座灯塔一样闪着光。这种明亮的光线散落在广场上，而塔楼倒映在赛纳河的水面上。

T2
→

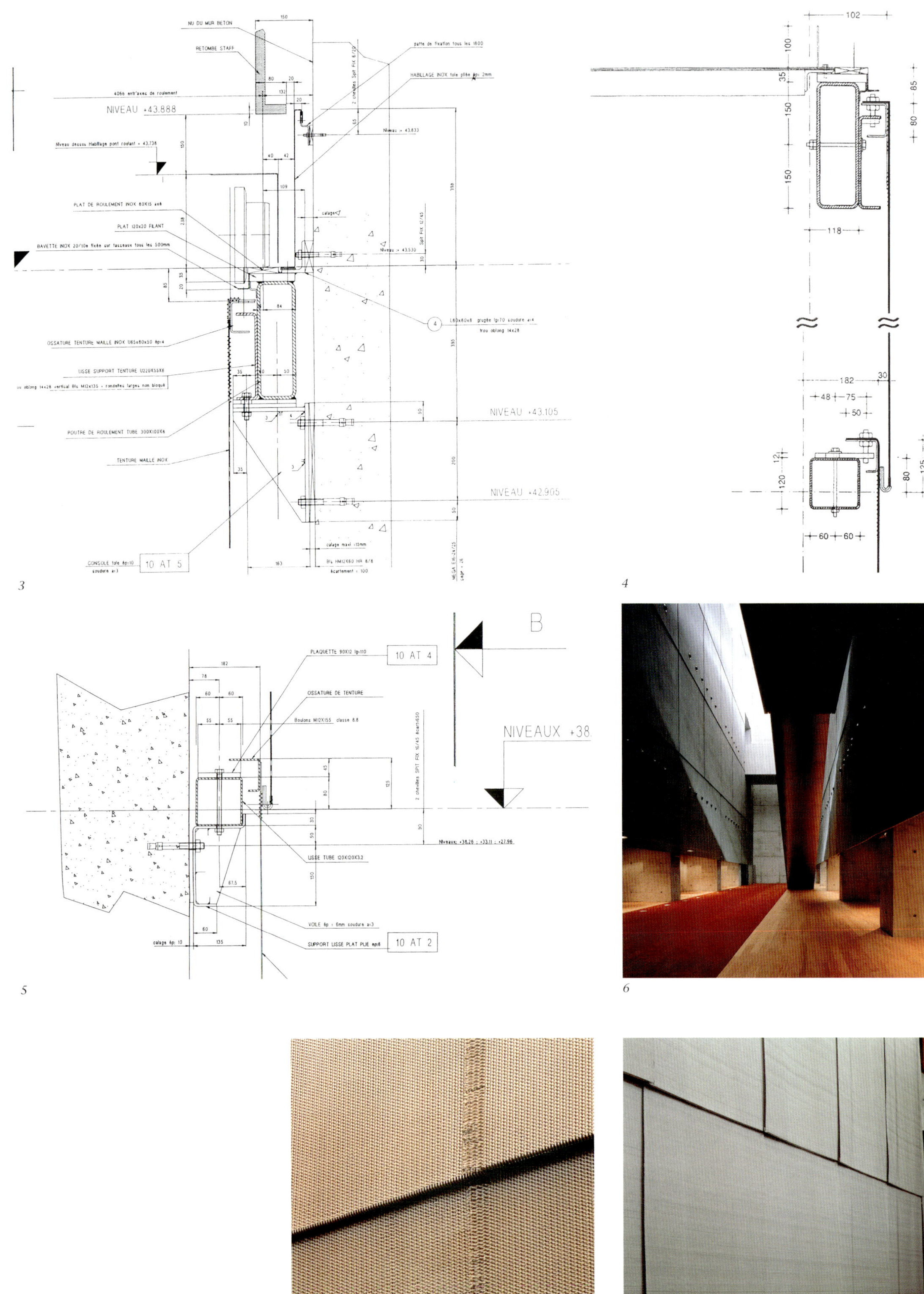
NIVEAU +43.888
NIVEAU +43.105
NIVEAU +42.905
10 AT 5
NIVEAUX +38.
10 AT 4
10 AT 2
B

3

4

5

6

7

8

3和4 塔楼下覆盖墙面的金属网搭接处剖面详图
5 遮阳详图
6、7和8 垂直悬挂的金属网
9 吊顶详图
10 吊杆详图
11、12和13 研究阅览室吊顶

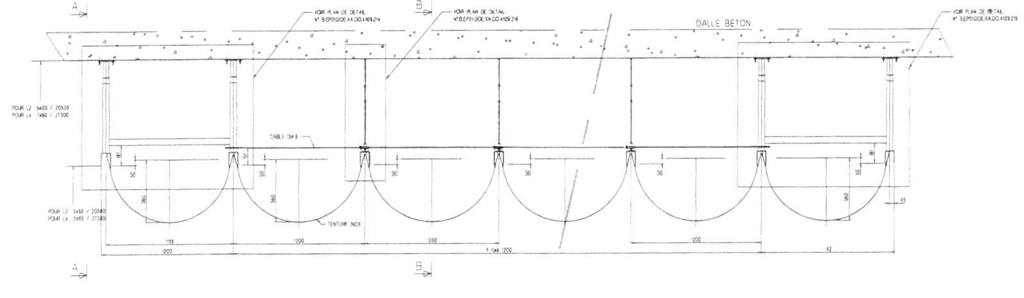

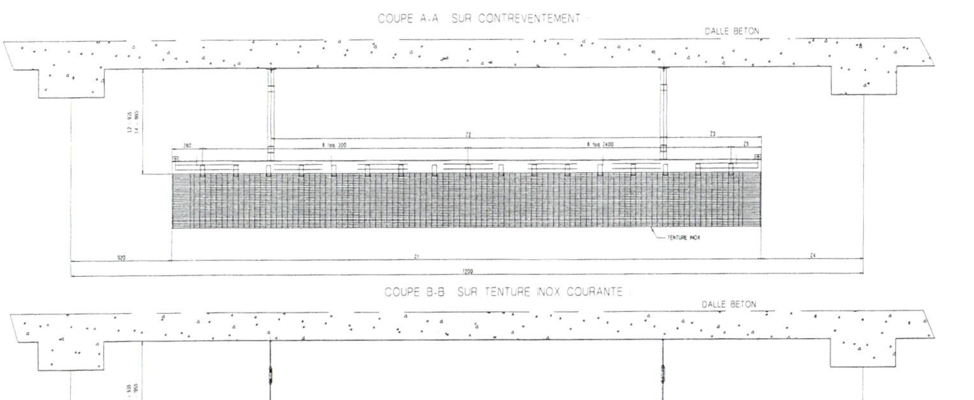

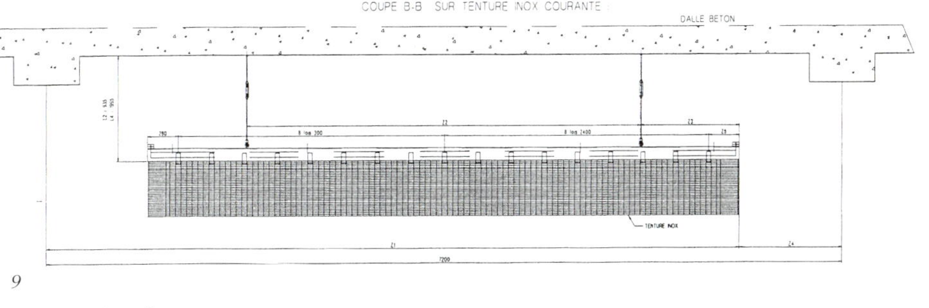

9

11

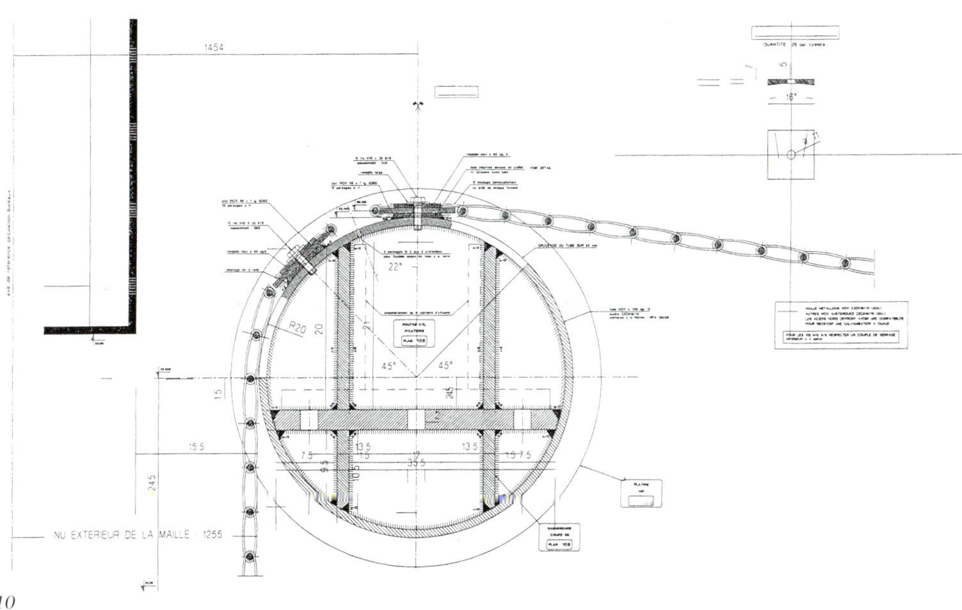

10

12

研究阅览室入口大厅裸露的混凝土墙上覆盖着建筑的线网。600个不锈钢网覆盖着整个30m高的房间，它们模仿传统的巴黎哥白林双面挂毯。

不锈钢丝网挂着像“飘动的布”，在吊顶上呈曲线形垂挂下来。基层有一个H形框固定在吊顶上，由悬挂网挂着钢丝网板。

平坦的、伸展的、片状的板形成了图书馆内其他房间的吊顶。为了这个目的，线网的径向钢丝沿边缘压成环形。一根不锈钢制的圆杆穿着这些圆环，所谓的夹臂和吊顶的基层固定，夹住圆杆，保持线网伸展和定位准确。

13

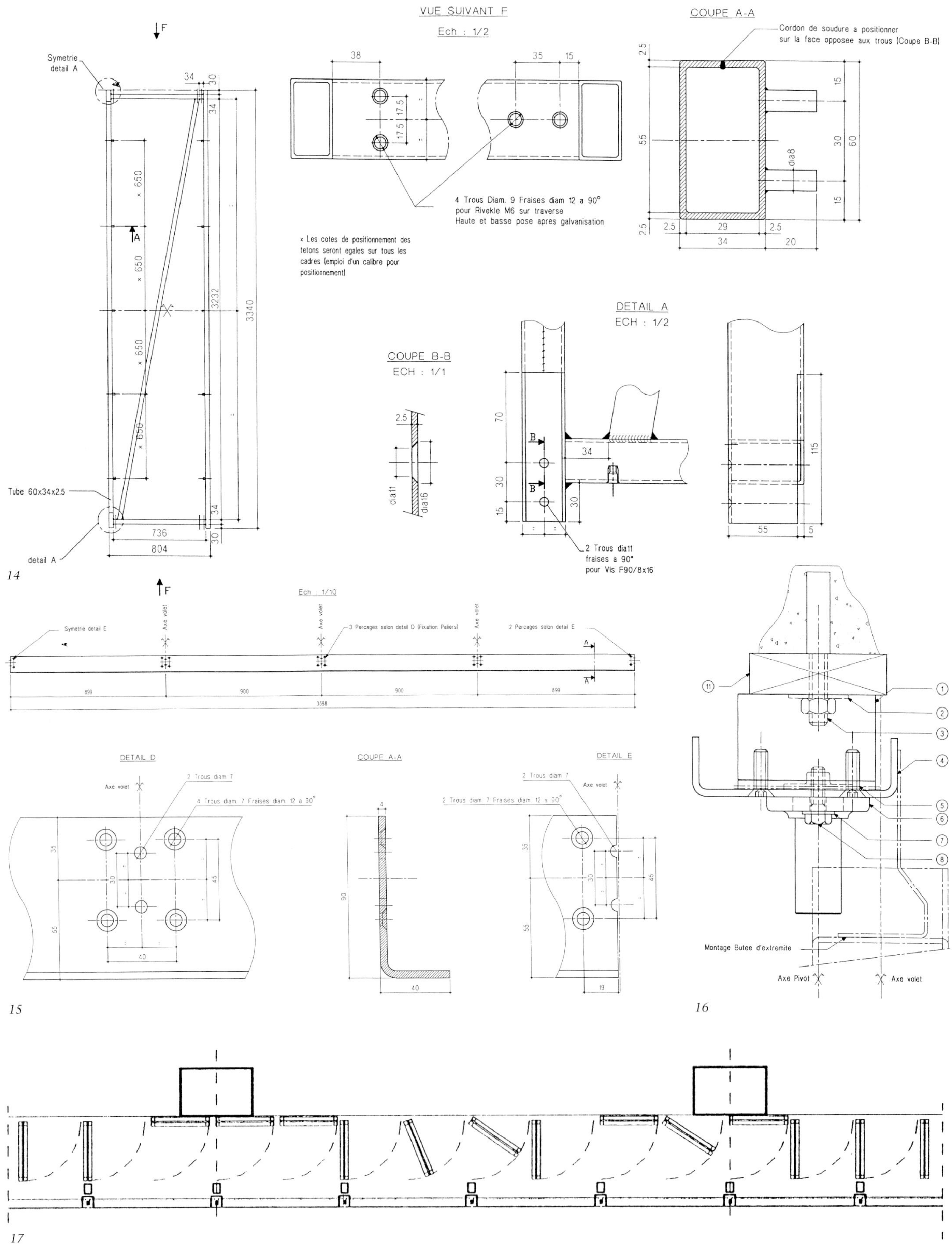

VUE SUIVANT F
Ech : 1/2
COUPE A-A
Cordon de soudure a positionner sur la face opposee aux trous (Coupe B-B)
Symetrie detail A
4 Trous Diam. 9 Fraises diam 12 a 90° pour Rivekle M6 sur traverse Haute et basse pose apres galvanisation
x Les cotes de positionnement des tetons seront egales sur tous les cadres (emploi d'un calibre pour positionnement)
DETAIL A
ECH : 1/2
COUPE B-B
ECH : 1/1
Tube 60x34x2.5
detail A
2 Trous dia11 fraises a 90° pour Vis F90/8x16
Ech : 1/10
Symetrie detail E
Axe volet
3 Percages selon detail D (Fixation Paliers)
2 Percages selon detail E
DETAIL D
COUPE A-A
DETAIL E
2 Trous diam 7
4 Trous diam. 7 Fraises diam. 12 a 90°
2 Trous diam. 7 Fraises diam. 12 a 90°
Montage Butee d'extremite
Axe Pivot
Axe volet

14

15

16

17

18

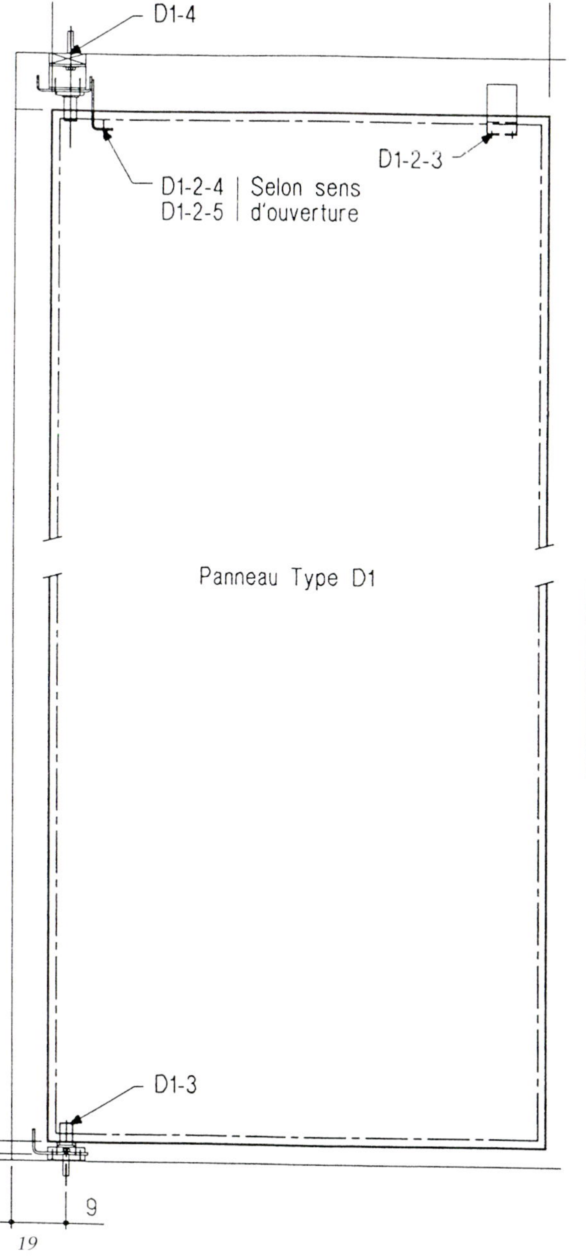

19

20

14、16和19　遮阳详图
15　和墙固定详图
17　遮阳板平面
18和20　幕墙外观
摄影：Georges Fessy, Michel Denance, ADAGP

FACADE

APLIX FACTORY, NANTES METROPOLITAN AREA, FRANCE
Dominique Perrault Architecte

立 面

法国，南特大城市区，Aplix 工厂
多米尼克·佩罗建筑师事务所

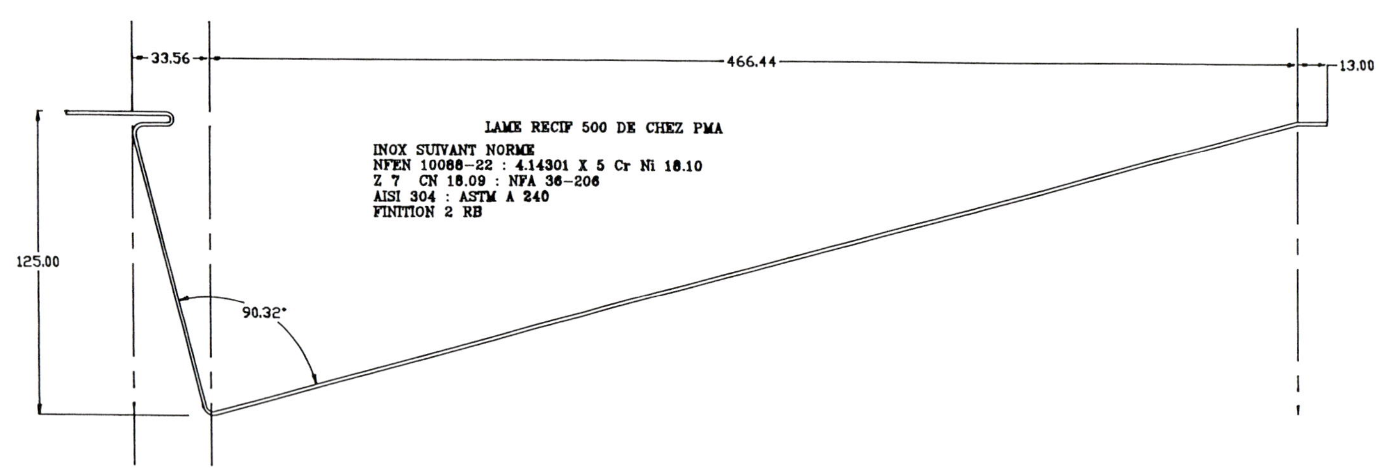

1

2

3

1 由多米尼克·佩罗设计的立面组件详图
2、3、4和6 立面外观
5 角部水平剖面
7 垂直剖面
摄影：ADAGP 和 Georges Fessy

这座工厂是用来进行无污染生产的，它的建设为当地的劳动力市场提供了就业机会，并给本地区带来一定活力。设计意图是要提供良好的工作条件和保证将来扩建的灵活组合。

方正的基地上被分成 20m × 20m 的网格，形成地面的方格网。工厂由几个并列的 20m × 20m 的体块组成，每个 7.7m 高。

主立面朝向主要道路。无窗的立面表达了一种建筑方案的内向性和生产活动的保密性。

建筑与主路平行，建筑主体是连续的，内部空间是贯通的。它允许叉车在其中通行，以及从原材料到成品的整个流程在其中交叉。内部有 3 个 20m × 40m 花园，其中种有高大的褐色树干、墨绿树叶的松树，在建设工作结束时它们将会长到 12m 高左右。

建筑的饰面是轻微抛光的金属板，它倒映着周围环境并与之交融。设计还可以扩建，增加车间和停车面积。增加另外的方形单元就可使扩建成为可能，而扩建特别对正立面来说，产生视觉上的不规则。到目前为止还没有扩建的打算。

4

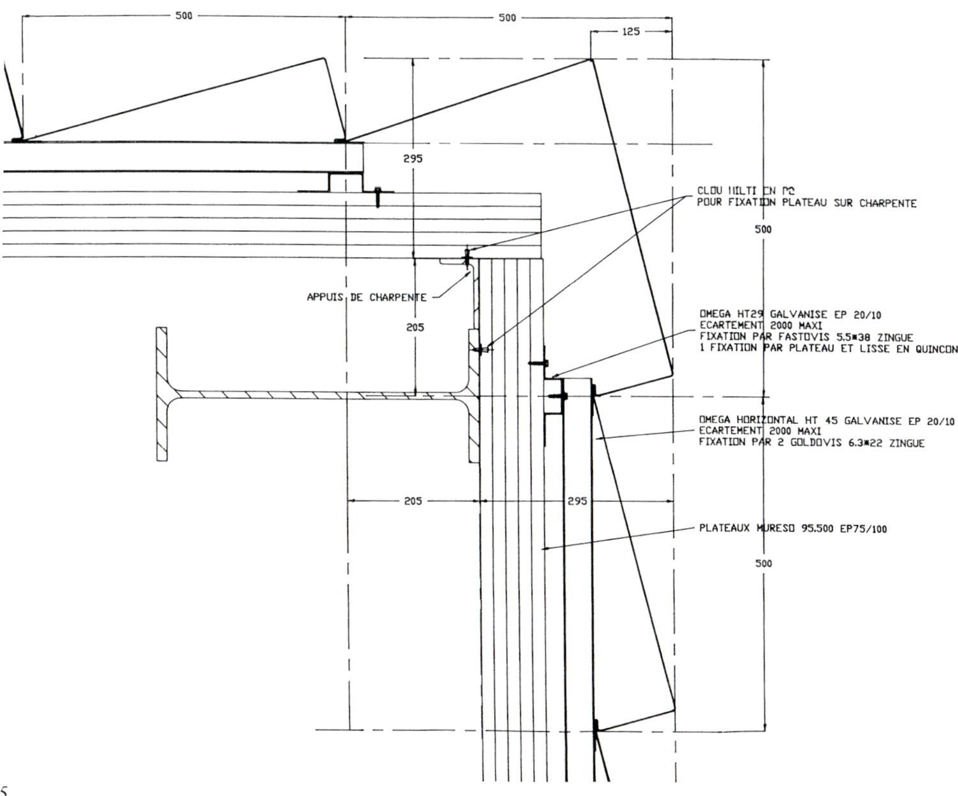

500
500
125
295
CLOU HILTI EN P2
POUR FIXATION PLATEAU SUR CHARPENTE
500
APPUIS DE CHARPENTE
205
OMEGA HT29 GALVANISE EP 20/10
ECARTEMENT 2000 MAXI
FIXATION PAR FASTOVIS 5.5*38 ZINGUE
1 FIXATION PAR PLATEAU ET LISSE EN QUINCONCE
OMEGA HORIZONTAL HT 45 GALVANISE EP 20/10
ECARTEMENT 2000 MAXI
FIXATION PAR 2 GOLDOVIS 6.3*22 ZINGUE
205
295
PLATEAUX MURESO 95.500 EP75/100
500

5

6

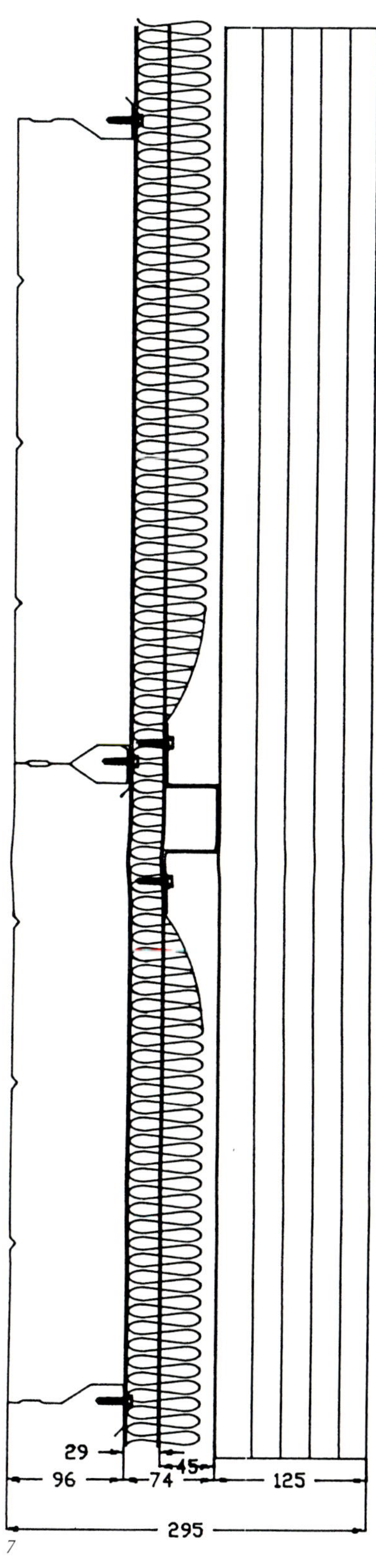

29
45
96
74
125
295

7

GLAZED ROOF

HELSINKI RAILWAY STATION, HELSINKI, FINLAND

Esa Piironen Architects

玻璃顶

芬兰，赫尔辛基，赫尔辛基火车站

埃萨·皮罗宁建筑师事务所

1

2

1 端站部台无玻璃的顶盖
2 端站部台区剖面
3 横剖面
4 屋顶与玻璃墙连接详图
5 开始于站台端部的站台高顶盖
摄影：Jussi Tiainen

赫尔辛基火车站的建设完成于1919年，是由伊利·沙里宁设计的，在站台上没有屋顶。给站台加顶盖的第一阶段建设工作完成于赫尔辛基建城450周年纪念日，是为满足预计会大量到来的游客的需要而建的。

站台屋顶的尺寸根据原有车站建筑，其中在南边靠近车站大厅的主站台区上有一个16m×69m的端部站台顶盖。端部站台屋顶的北墙建在站台屋顶的最低点。横跨4至11站台的高顶盖长165m，用来服务大部分长途火车和一些通勤火车的旅客。相当一部分通勤旅客由约65m长带较低顶盖的1至4站台服务。

站台高顶盖的钢结构和钢拉杆用表面油漆的钢材建成。设计中运用钢化玻璃覆盖在大部分站台和轨道上。照明和公共广播系统的线路安装在顶盖的实体部分。站台高顶盖的柱子安装在铁轨之间原有的钢管桩基础上。东西两侧顶盖支撑在车站建筑的外墙上。

本工程的第二阶段预计于2001年中完工。

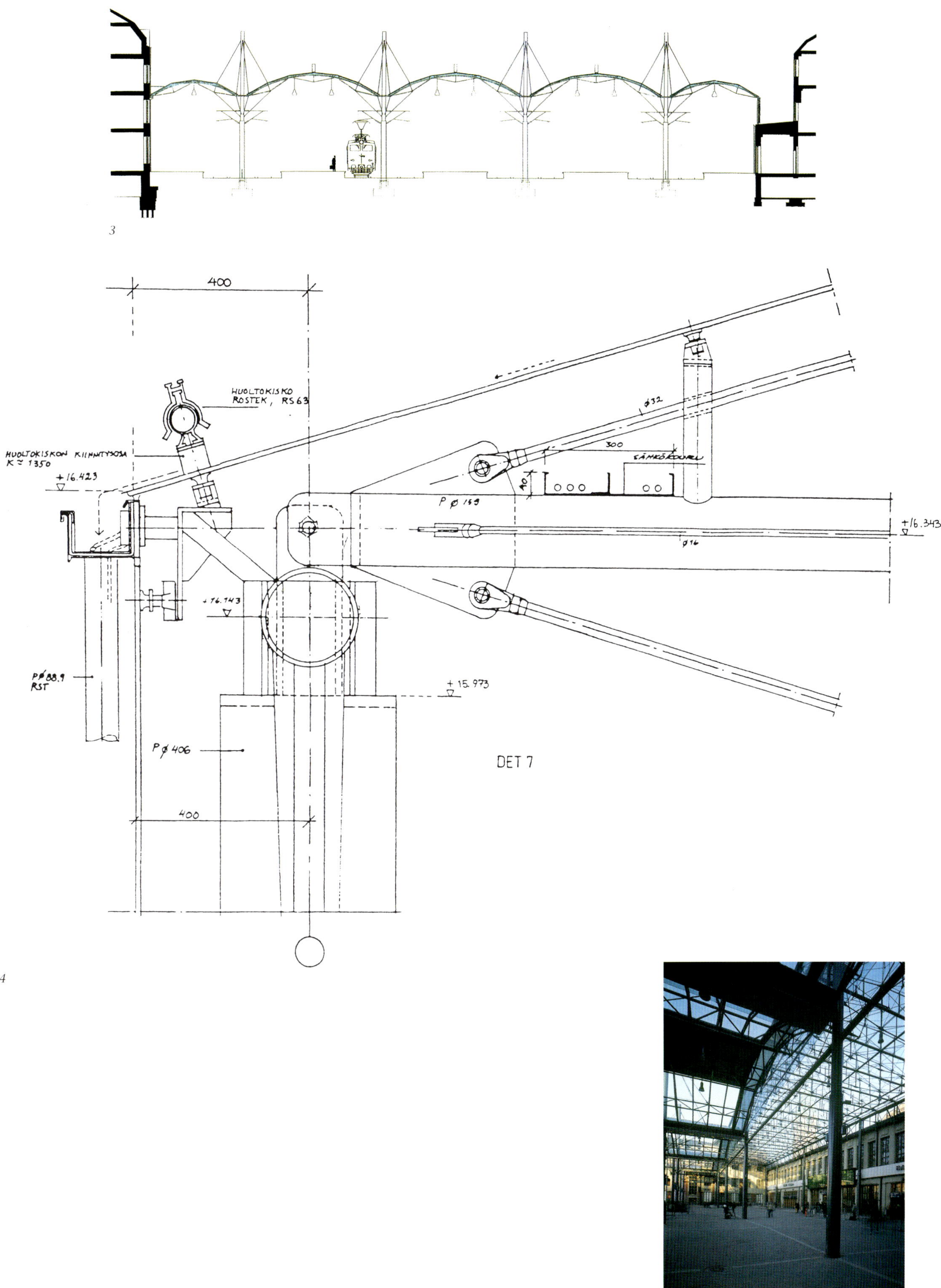
400
HUOLTOKISKO
ROSTEK, RS63
HUOLTOKISKON KIINNITYSOSA
K ≈ 1350
+16.423
ø32
300
P ø 159
+16.343
ø16
+16.143
PØ88.9
RST
+15.973
P ø 406
DET 7
400

3

4

5

CANOPY, CURTAINWALL AND WAVE

EMMIS COMMUNICATIONS WORLD HEADQUARTERS, INDIANAPOLIS, INDIANA, USA
RATIO Architects, Inc.

雨篷、幕墙和波形

美国，印第安纳州，印第安纳波利斯，EMMIS 通讯公司世界总部
拉蒂奥建筑师事务所

1

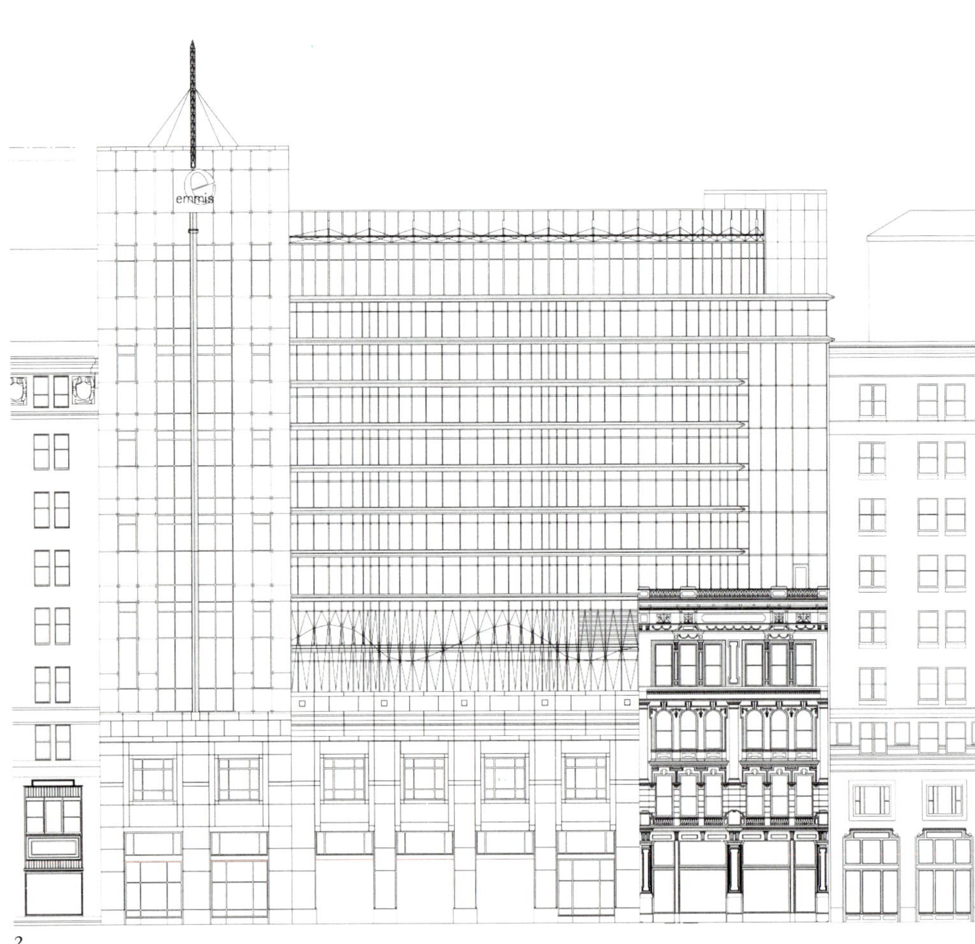

2

1 从东北方看建筑
2 建筑立面
3 七层装饰雨篷平面和立面
4 七层装饰雨篷剖面
5 七层装饰雨篷

EMMIS 通讯公司新建的 13192m² 的 7 层总部大楼，位于美国印第安纳波利斯市的中心，纪念碑环岛的西南角。设计的灵感来自于公司标志，一个斜放的“e”字突出于一个正方形的外边，代表了公司的口号“跳出框框思考”，调频和调幅无线电波图案代表了通讯。

立面上最有特色的可能是现代玻璃幕墙。7 层楼立面从纪念碑环岛建筑红线后退，形成了一个前院，并显示对有历史意义的“杂志”立面的尊重。无线电波和通讯的主题在幕墙上得到抽象的表现。垂直窗棂的间距是渐变的，代表调频无线电波的图案。特制的金属构架让人想起调幅无线电波变化高度的图案。第 7 层后退，形成屋顶平台，上面有半透明夹层玻璃雨篷，形成了一个高技派建筑的檐口。

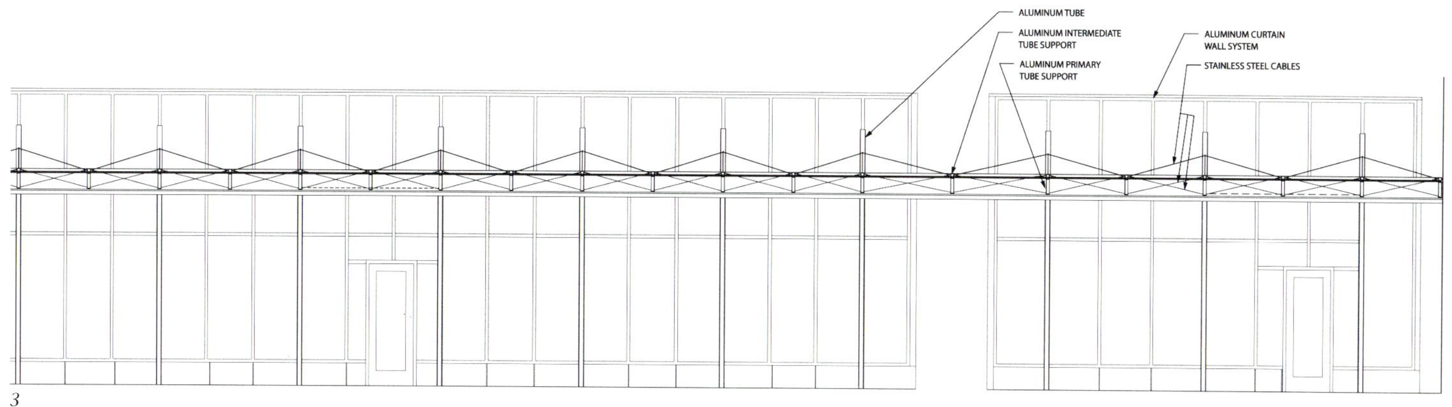
ALUMINUM TUBE
ALUMINUM INTERMEDIATE TUBE SUPPORT
ALUMINUM PRIMARY TUBE SUPPORT
ALUMINUM CURTAIN WALL SYSTEM
STAINLESS STEEL CABLES
3

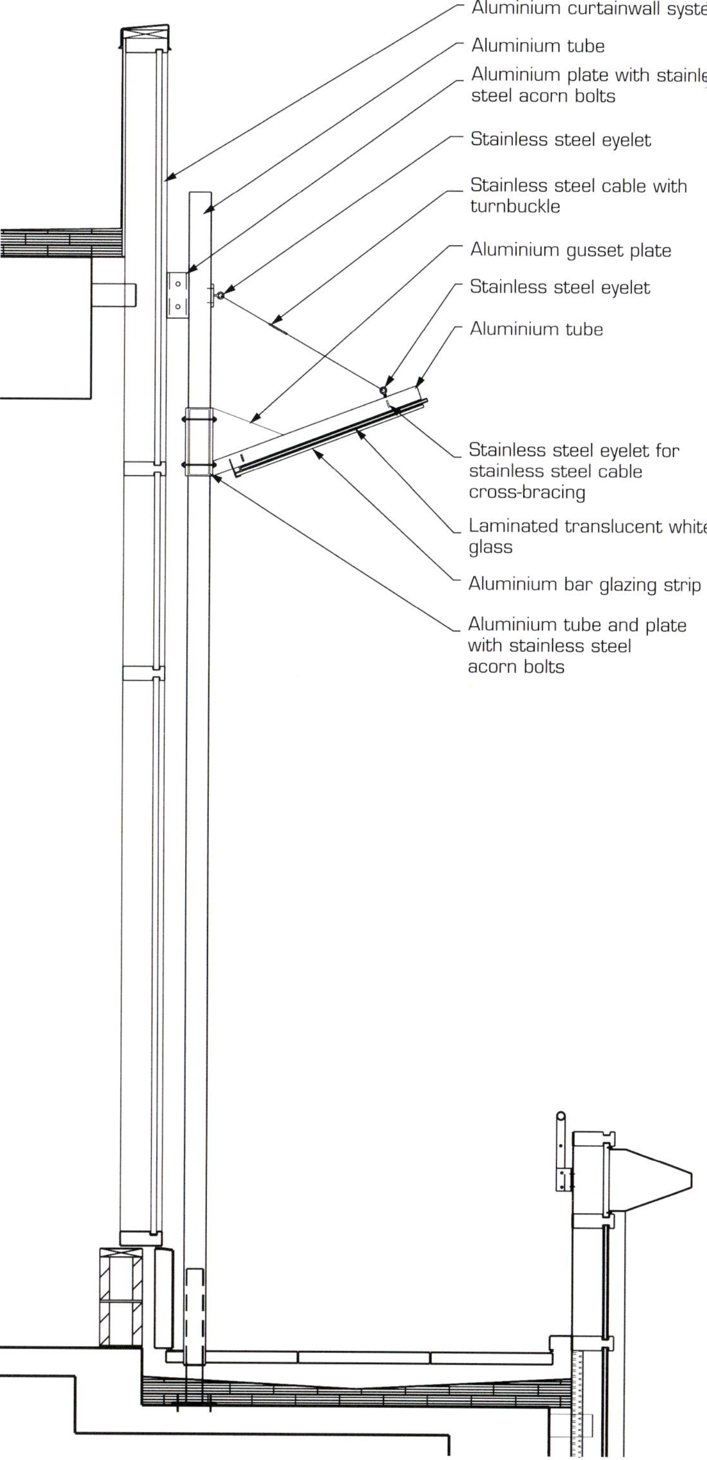
Aluminium curtainwall system
Aluminium tube
Aluminium plate with stainless steel acorn bolts
Stainless steel eyelet
Stainless steel cable with turnbuckle
Aluminium gusset plate
Stainless steel eyelet
Aluminium tube
Stainless steel eyelet for stainless steel cable cross-bracing
Laminated translucent white glass
Aluminium bar glazing strip
Aluminium tube and plate with stainless steel acorn bolts
4

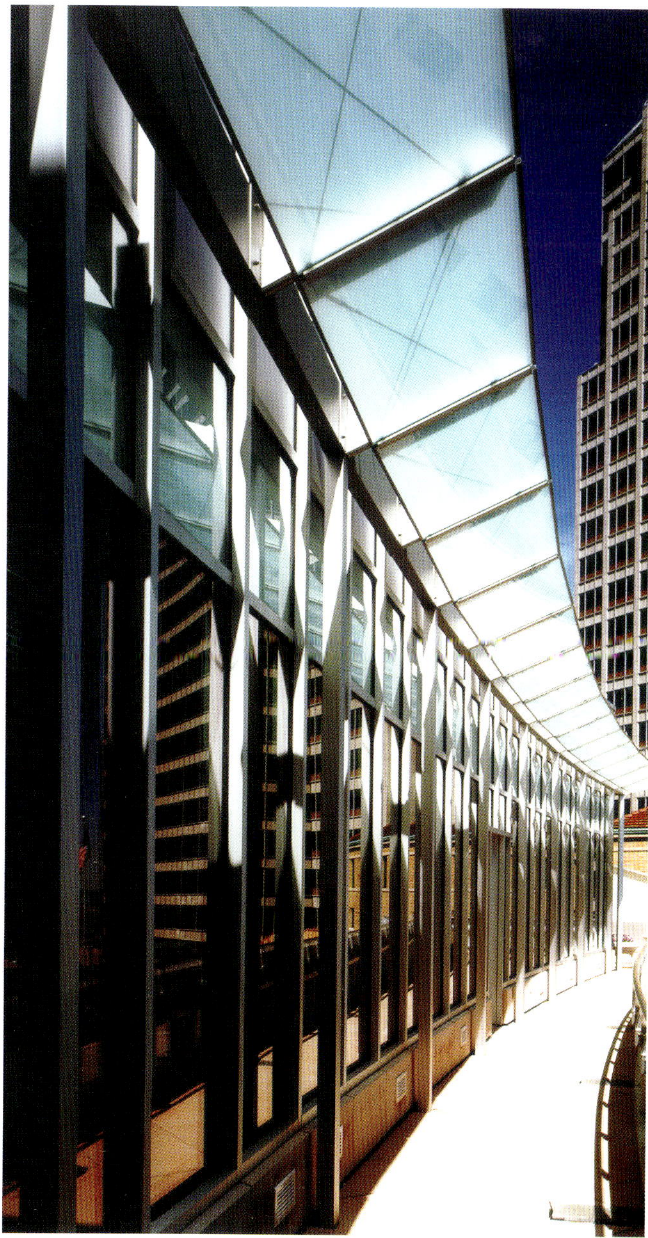
5

6

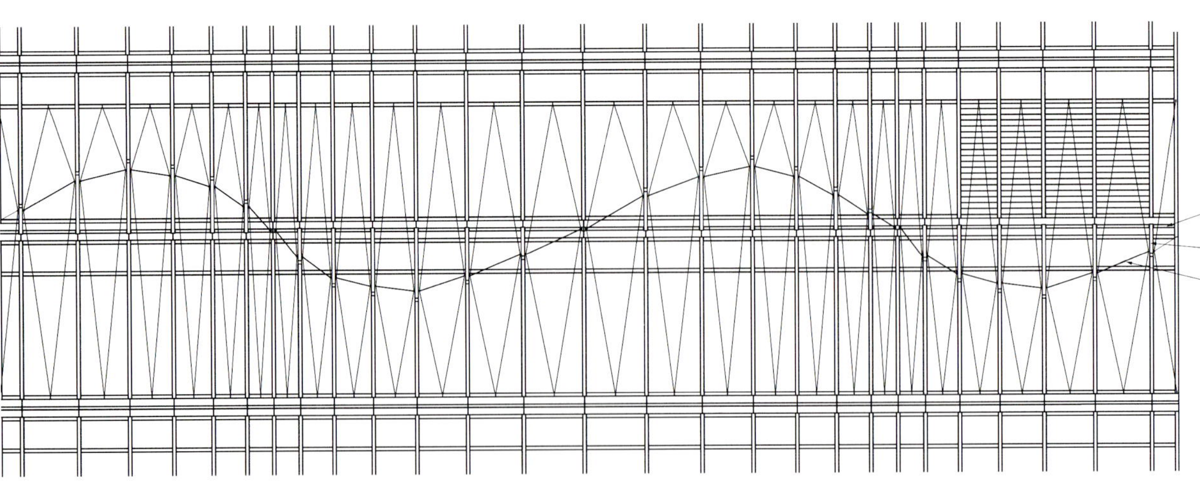

Aluminium curtainwall system
Aluminium tube with capped ends
Stainless steel cable with turnbuckle, centred

7

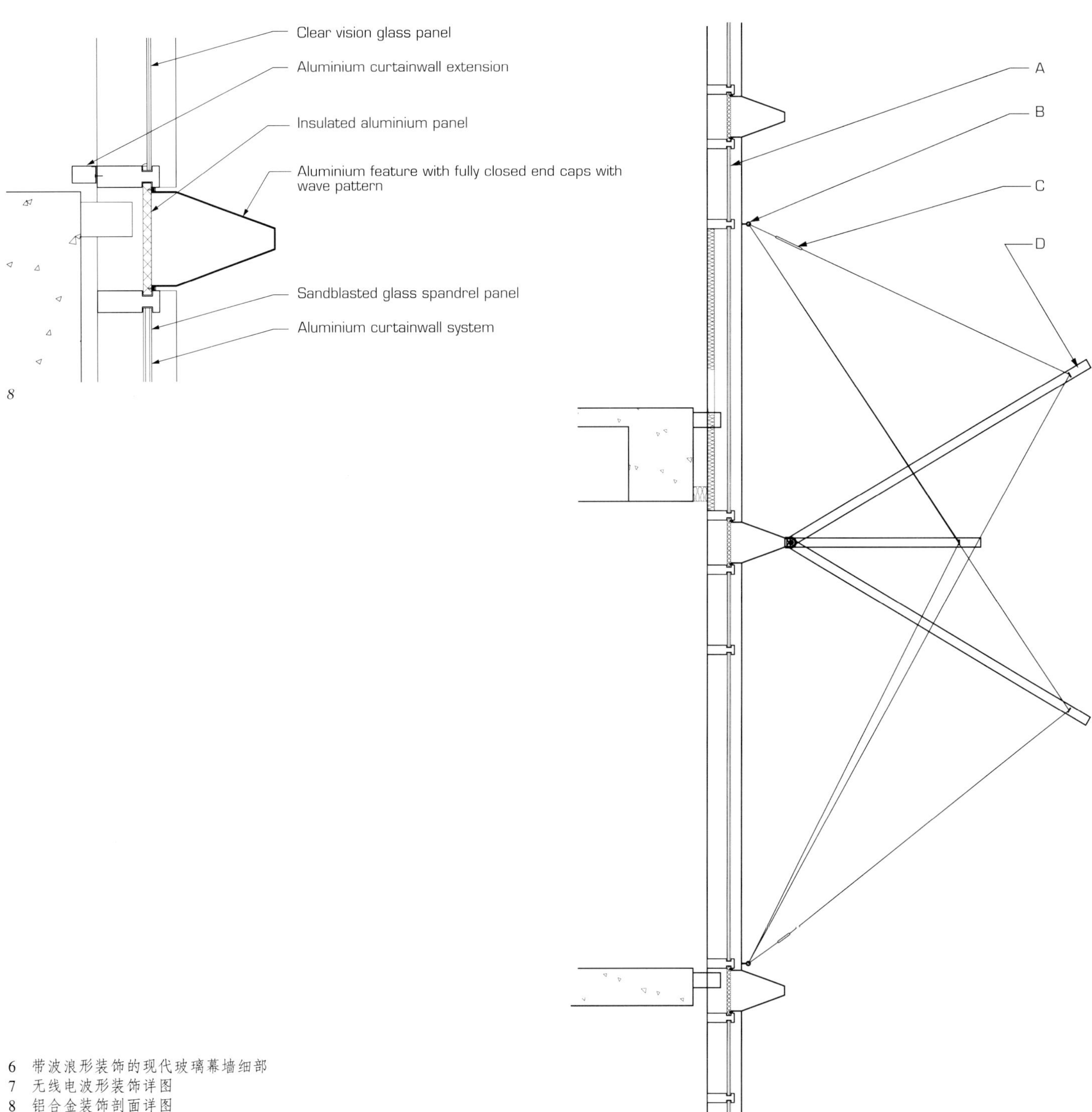

8

9

6　带波浪形装饰的现代玻璃幕墙细部
7　无线电波形装饰详图
8　铝合金装饰剖面详图
9　铝合金装饰性无线电波剖面图
摄影：Jon Miller(1)，Hedrich Blessing(2)，Mardan Photography/Dan Francis(6)

A　铝合金幕墙系统
B　位于两垂直窗框间水平窗框上中点的不锈钢环
C　中间带花篮螺丝的不锈钢索
D　带端头盖的铝合金管

FACADE AND WALKWAY

WISHARD MEMORIAL HOSPITAL PARKING FACILITY, INDIANAPOLIS, INDIANA, USA
RATIO Architects, Inc.

立面和人行道

美国，印第安纳州，印第安纳波利斯，WISHARD 纪念医院停车场
拉蒂奥建筑师事务所

1

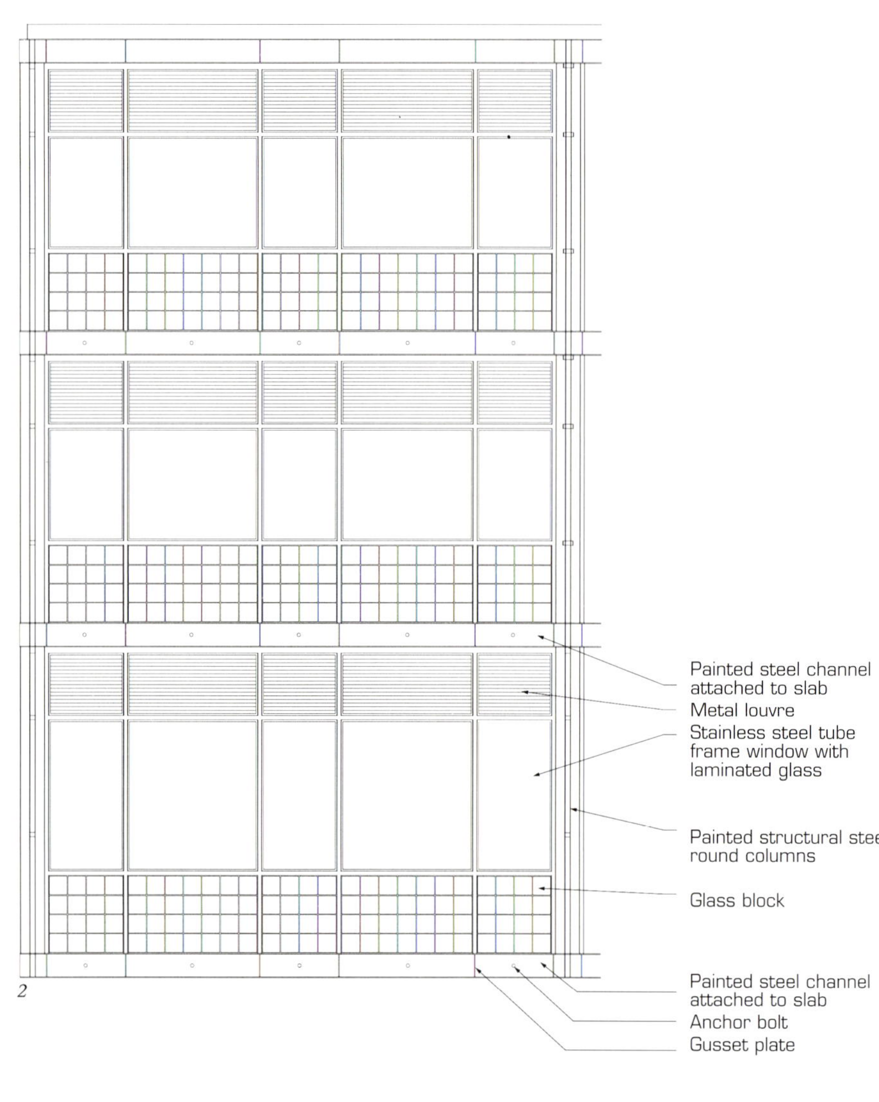

2

这座能停 1200 辆车的六层停车楼是 WISHARD 纪念医院建筑群新总体规划中的第一幢建筑，新的总体规划给这组建筑群一个新的形象。业主最初要求停车楼用砖墙立面，要看上去不像停车场。停车楼在尺度上和形式上与相邻的都是红砖墙带石灰石细部四层高的老医院楼、公寓楼、及现代的大学校园相呼应。

停车场的设计带有方窗洞，看起来像一座实验建筑。在靠近转角地方的垂直开口，汽车入口，屋顶灯柱和窗口处油漆金属栏杆细部，使它表现得像一座停车场。

北立面是主入口，面对医院的主入口。北面悬挑的封闭立面是根据一些要求，包括符合停车空间的规定和供残疾人通行的走道而产生的。

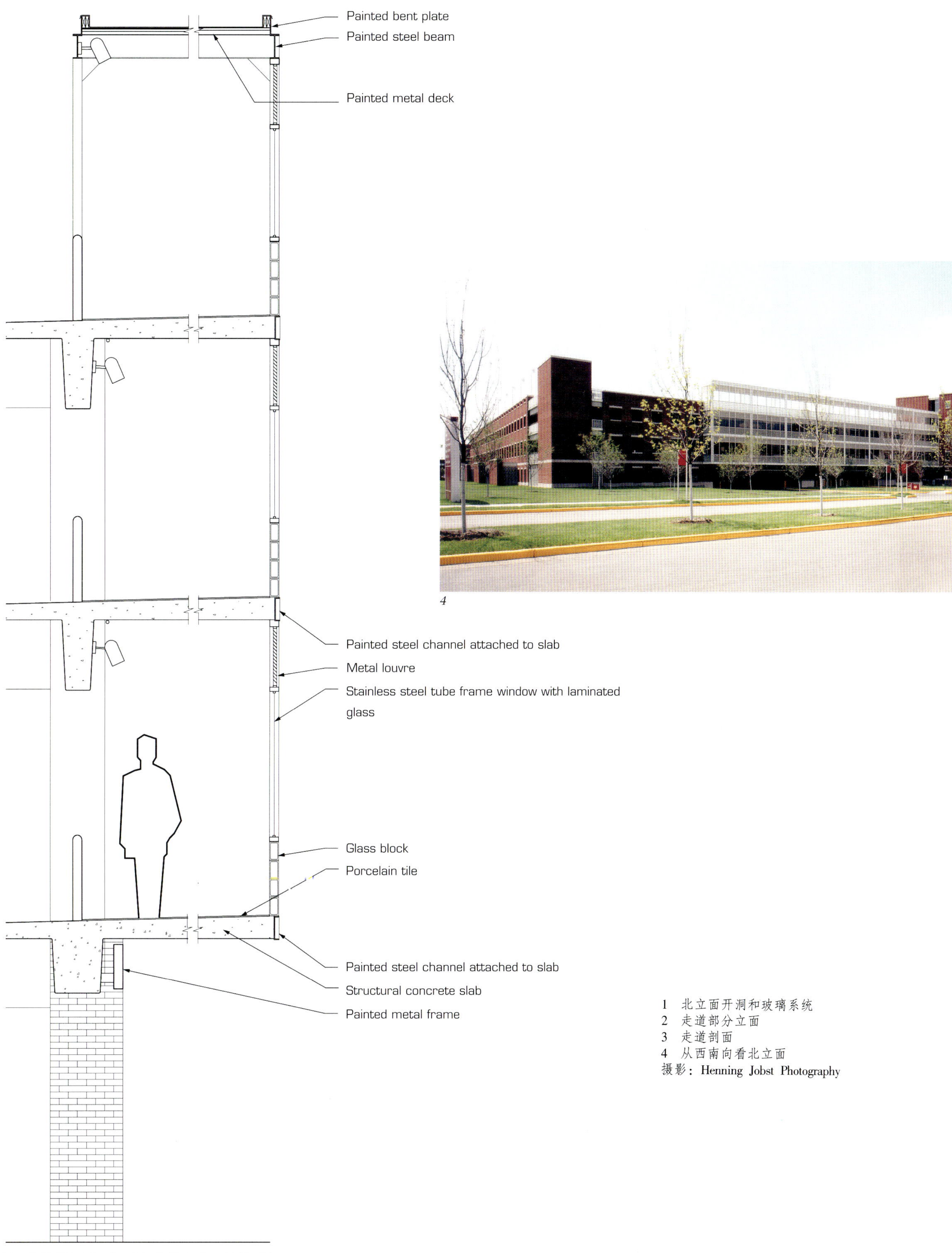

3

4

1 北立面开洞和玻璃系统
2 走道部分立面
3 走道剖面
4 从西南向看北立面
摄影：Henning Jobst Photography

ROOF AND TRUSSES

VIRGINIA HOUSE, MONTROSE, VIRGINIA, USA
Rose Architecture

屋顶和屋架

美国，弗吉尼亚州，蒙特罗斯，弗吉尼亚住宅
罗斯建筑事务所

1

2

1 越过湖面看工作室，显示秋天的色彩
2 工作室侧面
3 侧立面
4 轴测图

这座休闲度假别墅和艺术工作室俯瞰着湖面，是对一个特定的基地和业主的个性的表现。这座建筑很像传统的别墅类型，它的意义是建立在一种与空间、自然和时间的理想化和叙述性的关系上的。

有着茂密树林的小山俯瞰着湖面，那里是水鸟的天堂。这座建筑是为一位水彩画家设计的，水边的风景沿着轴线展开，色彩、浮现、时间的绘画隐喻成为它的特点。为了表达绘画过程中水的必要性和表现湖面，工作室是一件隐喻的容器，在它里面所装的内容是光线。

娱乐和展示区，入口画廊和绘画工作室这些主要空间从上到下依次按直线形布置，以适应狭窄的基地。

无论通过侧面进入建筑，还是沿中间进入建筑，最终合并成一道中轴线到达尽头，这种从入口到一览无余的景观的过渡，强调了这种秩序。基地和建筑以相同的步伐，从上面下到工作室，一层层同时展现在人们面前，就如远处湖里波浪一阵阵拍打着岸边。

建设一个砖石围护结构的策略，相当于

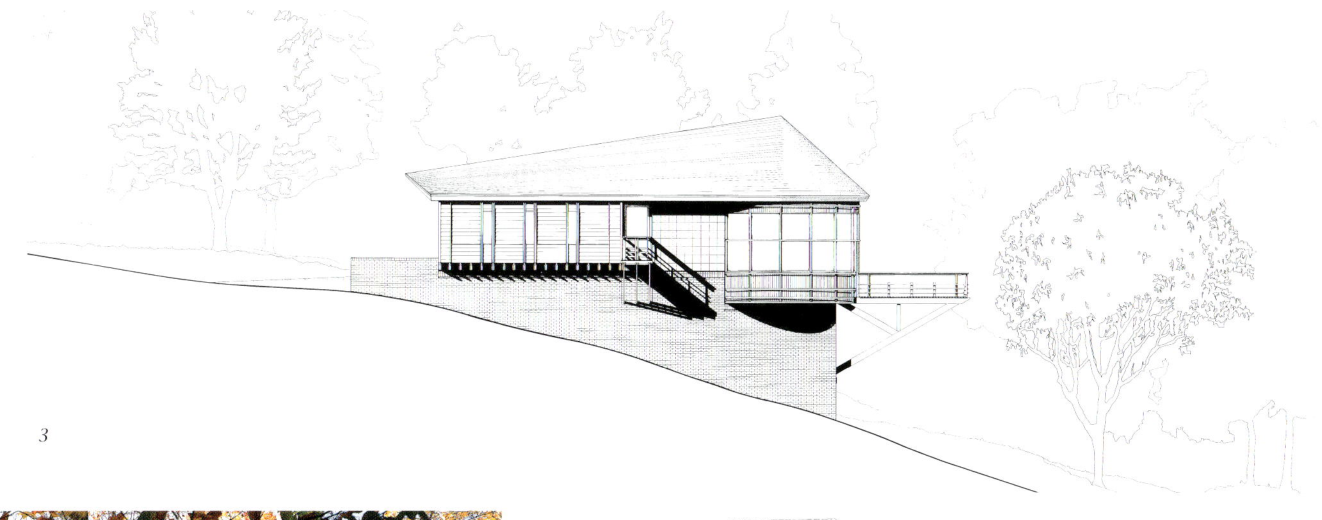

3

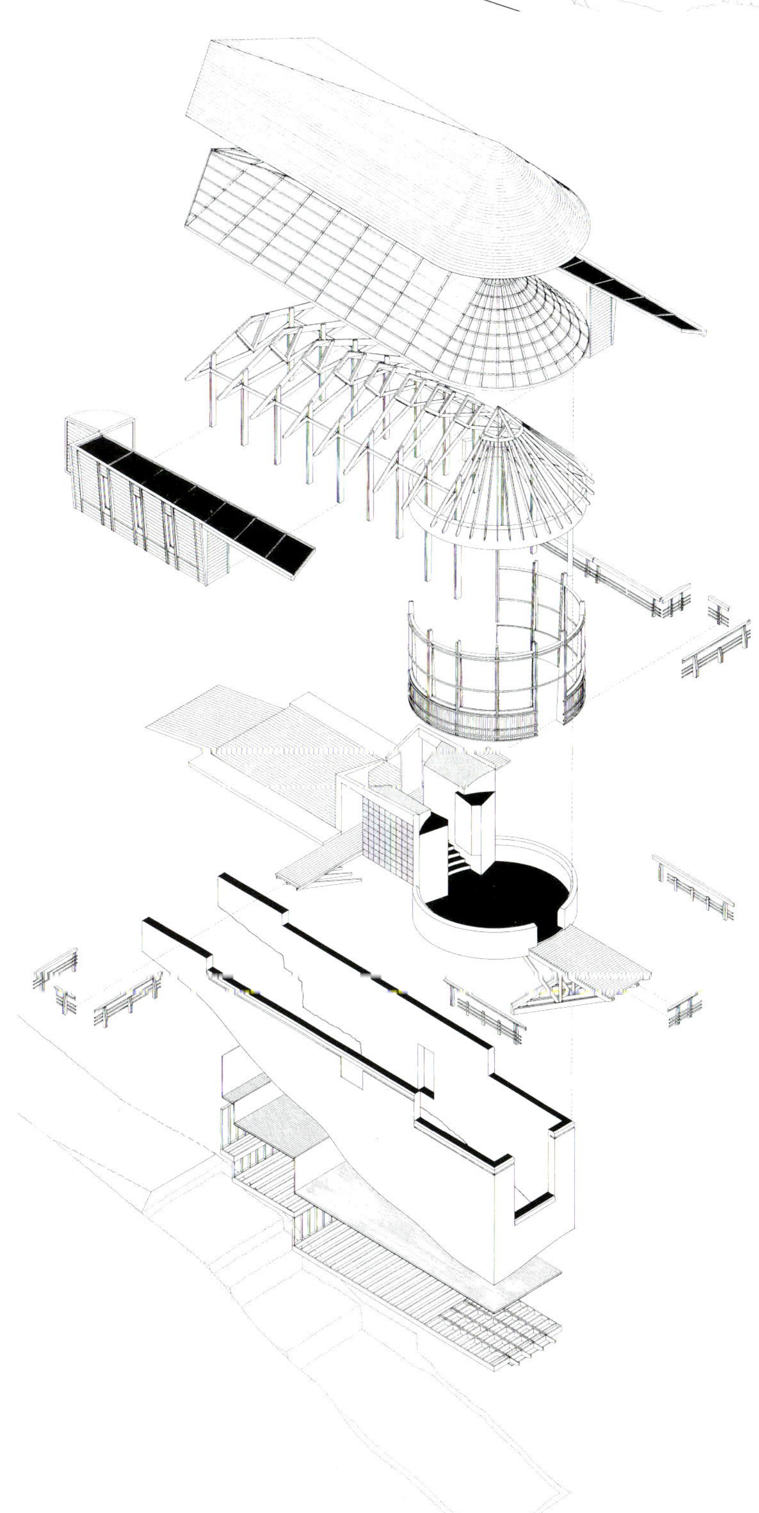

4

提供了一个工作平台，在它上面制作和表现了处于同一片整体屋顶下的一系列围合空间，并且强调了结构屋架系统。

这种在一个基座上组合建筑的系统，调整了地形的坡度，做出了一个进入建筑的汽车坡道，可以运输艺术品，基座还支撑着挑向周围树冠的阳台。半圆形工作室空间的曲线墙上的木框架和抛物面体屋顶上的饰面材料形成了一种建筑形式上的灵活性，而砖石的支撑墙形成了视觉上的重量感。

5 立面
6 轴测图
对面页：夜景

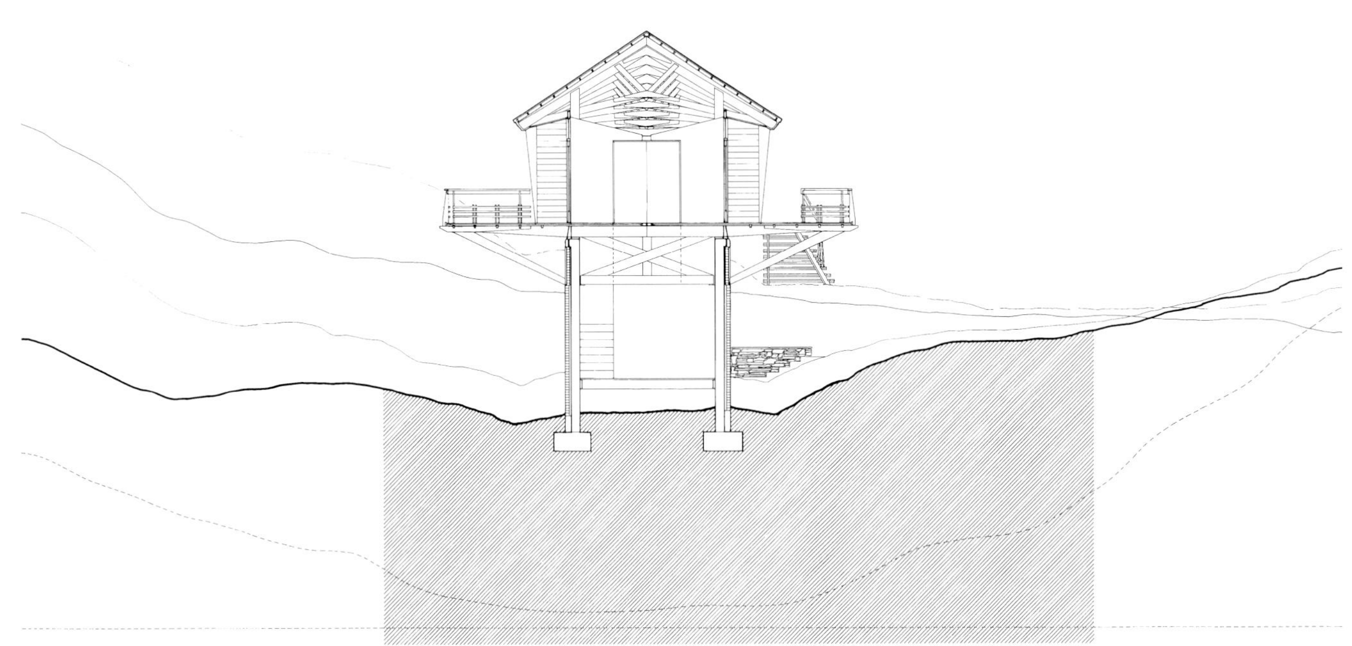

5

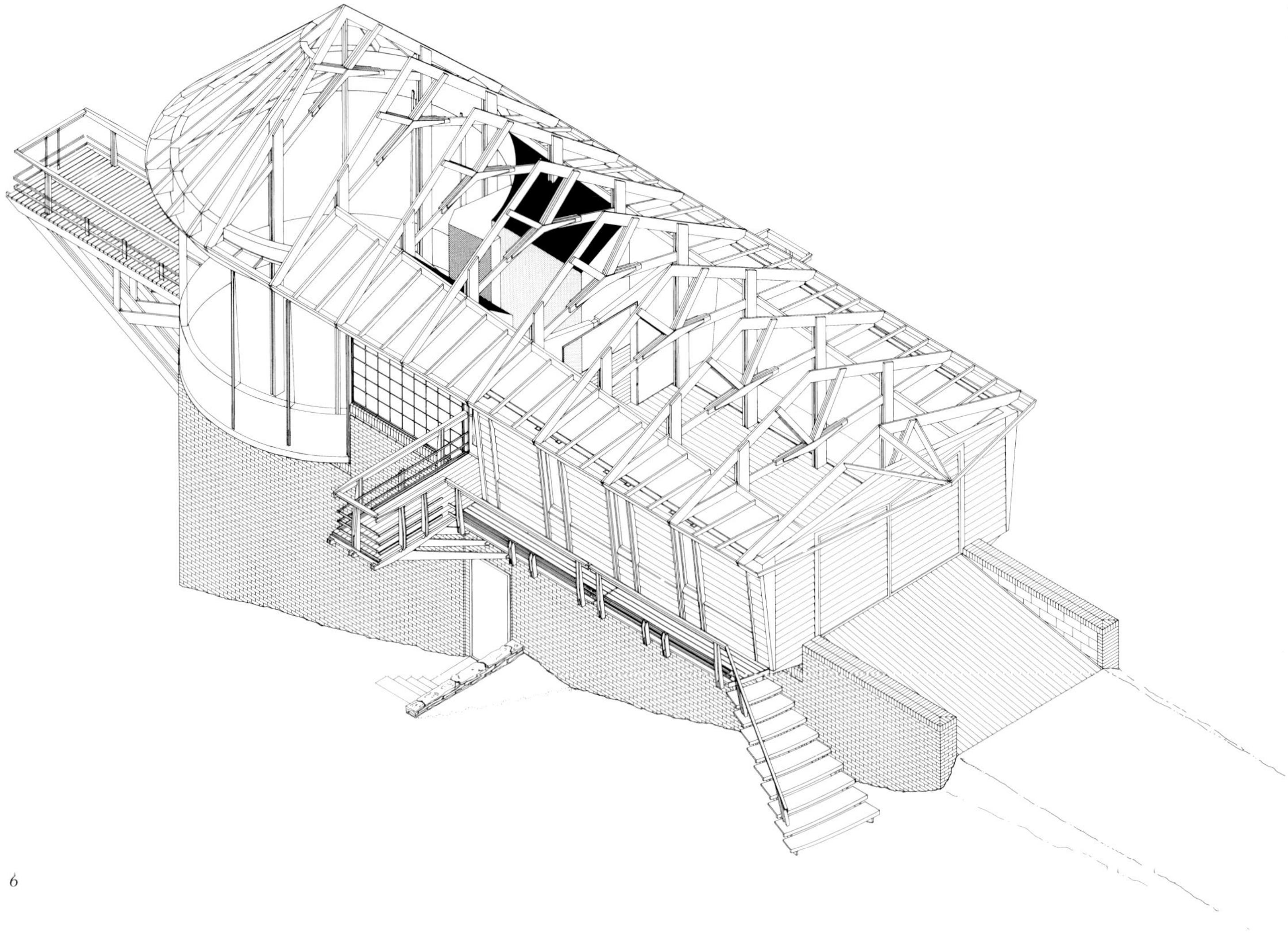

6

8　两侧阳台之间的景观
9　从阳台看房间内景
10和11　屋顶草图
12　内景表示屋架结构
摄影：Prakash Patel

8

9

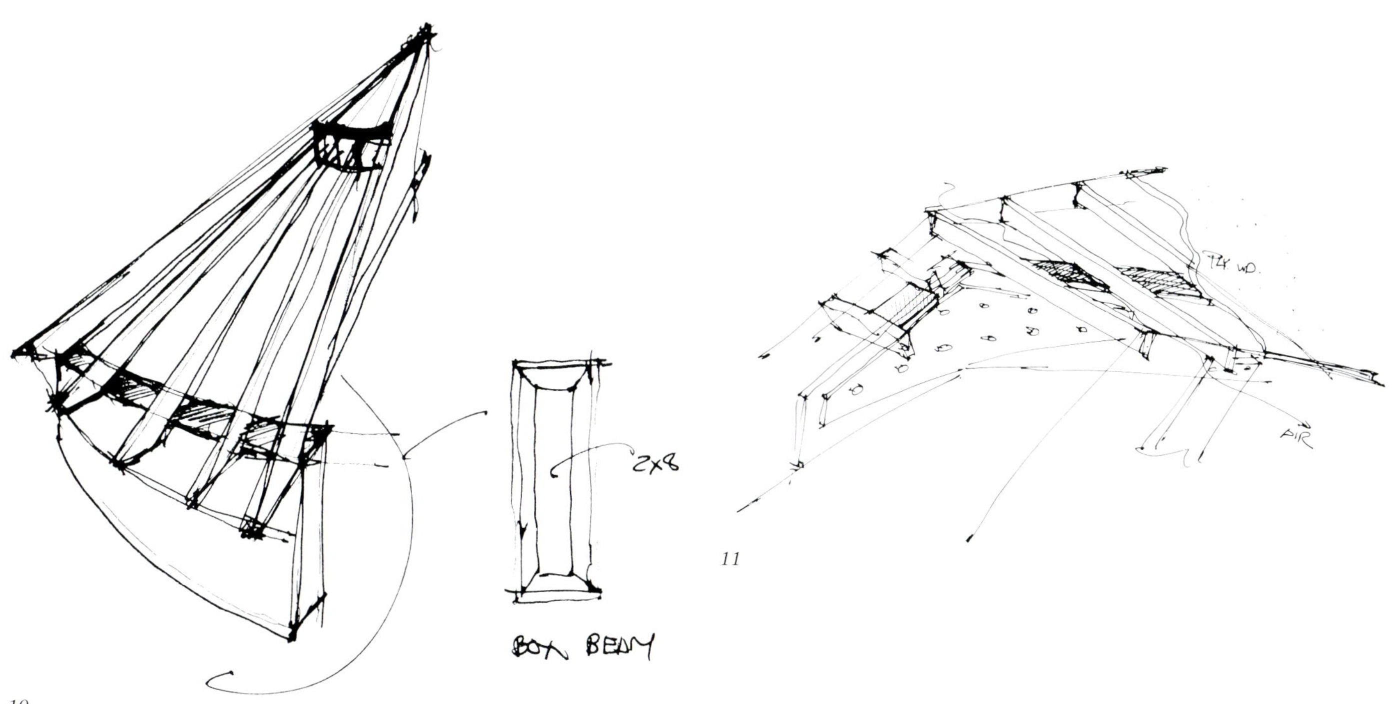

10

11

12

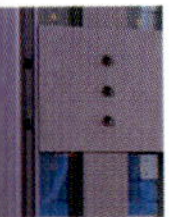

WALL SYSTEM

ATTIK, SAN FRANCISCO, CALIFORNIA, USA
Rose Architecture

墙体系统

美国，加利福尼亚，旧金山，ATTIK
罗斯建筑事务所

1

1 工作区
2 墙体系统立面
3 墙体系统

这个由透明和不透明的墙组成的室内景观是在现有的370m²上层空间内，位于旧金山市中心。建筑原来是19世纪晚期的工业厂房，有镀锌的窗户和裸露的砖墙，新的室内是为一个广告公司设计的。

部门之间的隔墙被设计为一条透明的带子，围合着不同的房间，当它穿过原来的办公区时，形成了酒吧和接待区，会议和工作区，并有相应的家具。

墙体构件为阳极氧化铝合金管和角铝，将一系列有不同色彩和透明度的固定百页式丙烯酸塑料板固定，这些构件由建筑师制作和安装。

为反映业主想要一种能反映和突出一系列光线的工作环境的要求，这种布局呈现出人在这空间中活动时产生的投影，和能穿过整个空间的视线。在这套系统中有一些开口部分，板用铰链固定，能像门或活动门板一样开启。

4.6m高的铝合金垂直支撑构件调节了开敞空间的尺度，而它上面固定的有节奏的连接构件在人能触及的尺度上强调了材料的

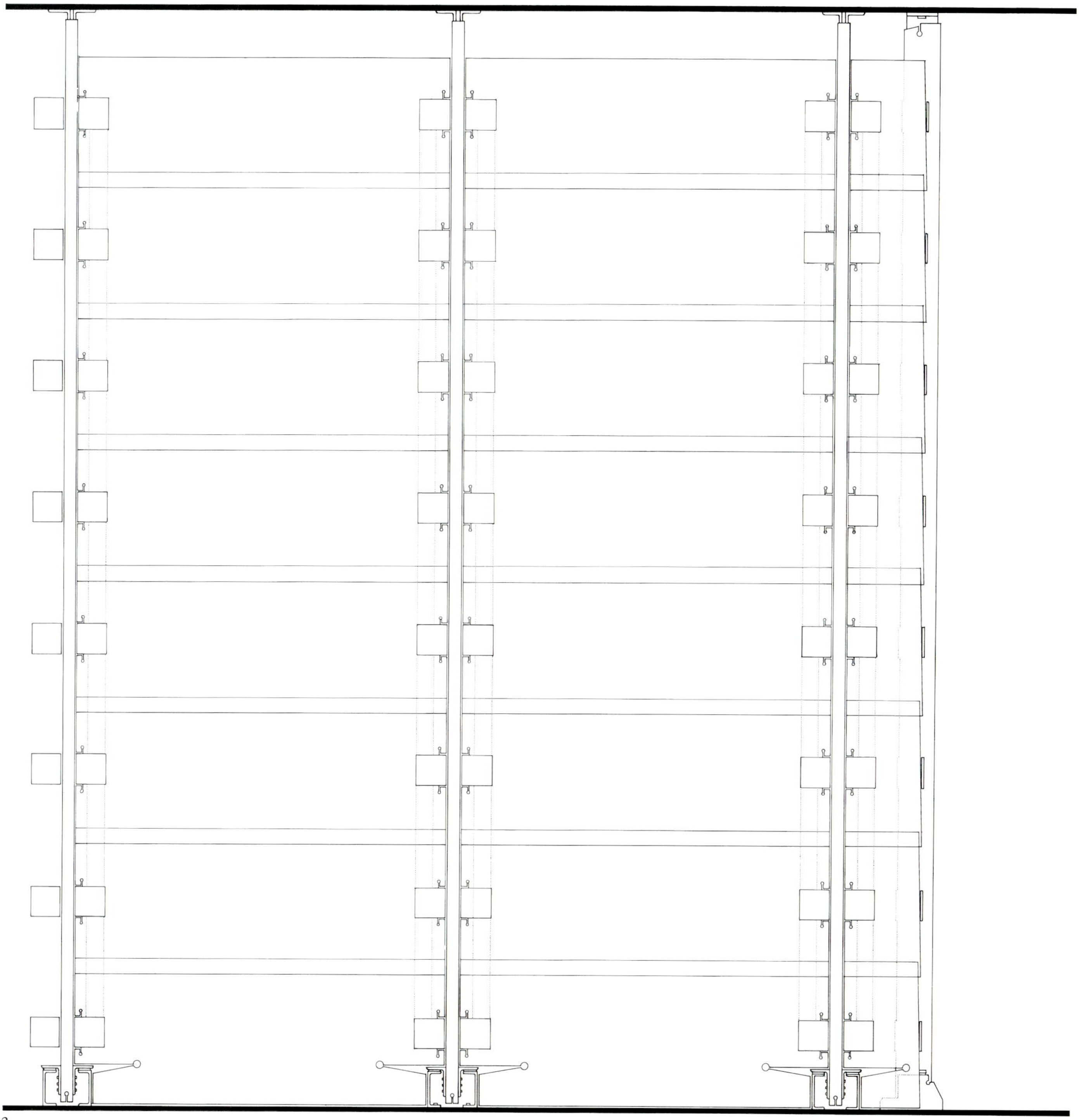

2

细致变化。

所有拼装构件用冲压铝材制作，用螺栓连接成一个整体，通过切口和钻孔的表现来反映它们的生产过程。

家具是作为墙体系统的补充而设计的，用焊接钢材制成，酒吧凳是金属夹层胶合板和金属乙烯贴面做的。

材料搭配的精巧使空间内的地面，墙面和顶棚延伸到前景以外，达到一种多种含义的感觉。

3

4

5

4和7　工作区
5　铝合金垂直支撑
6　墙体系统立面详图

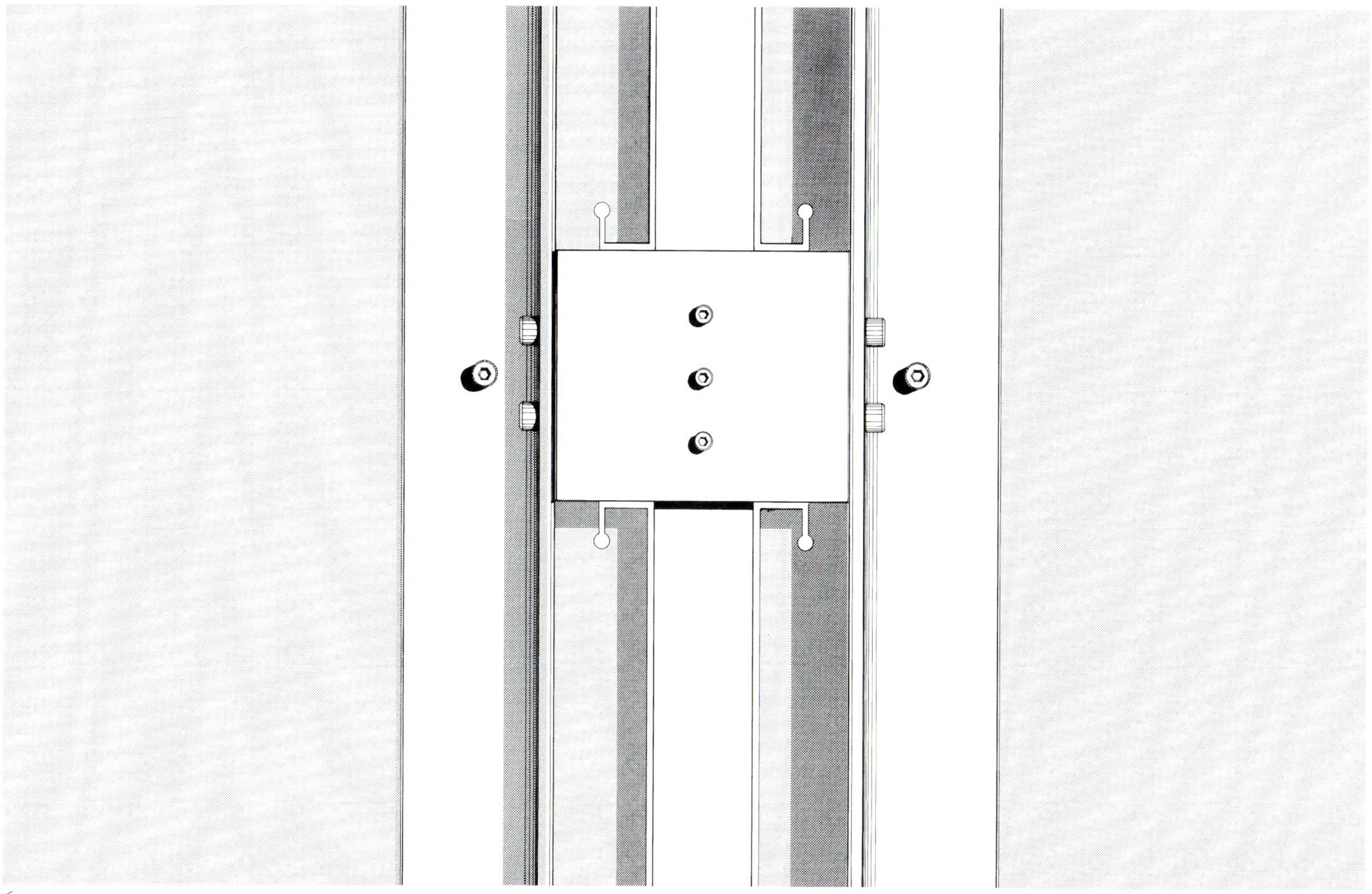

6

7

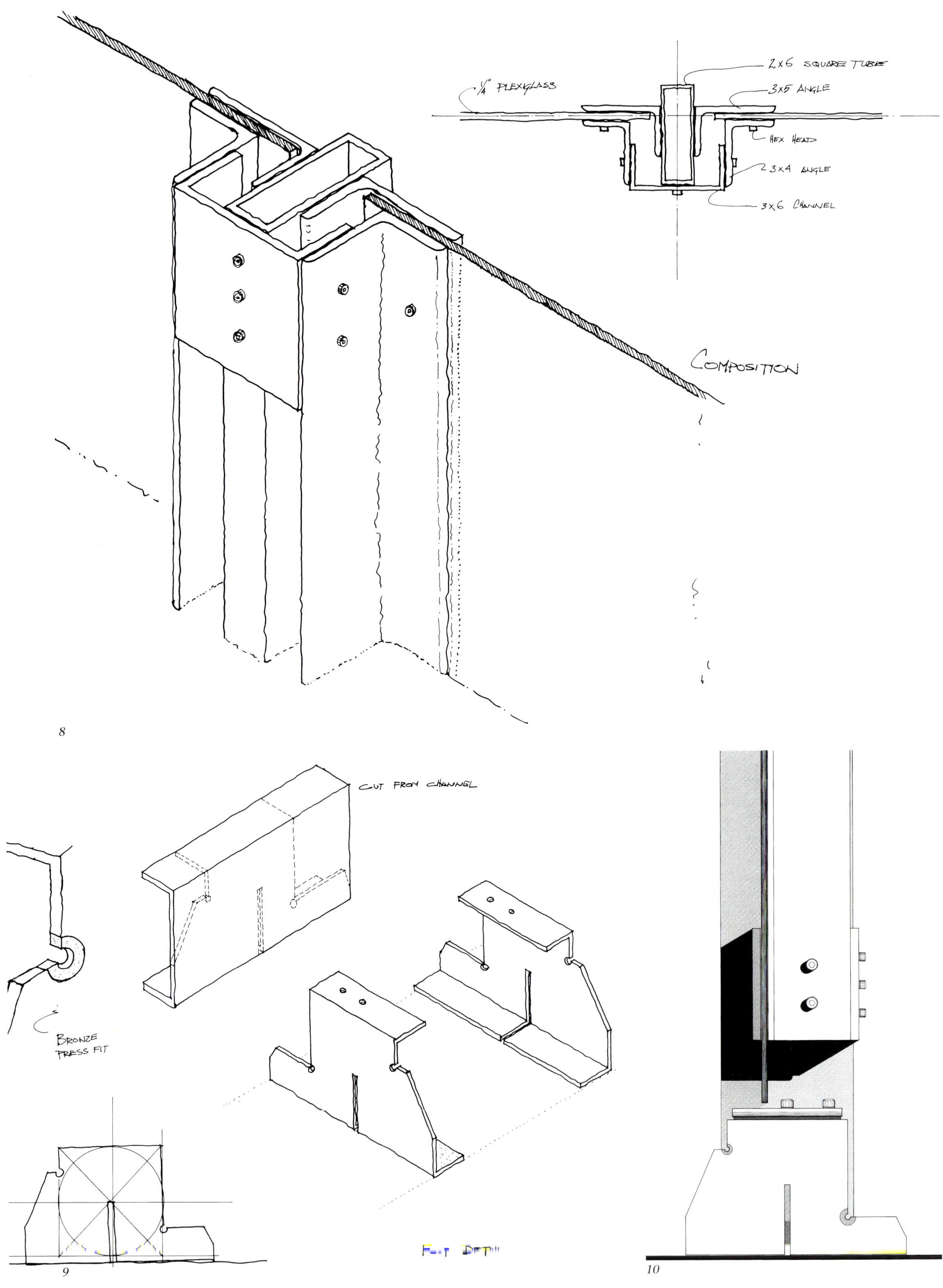
2x6 SQUARE TUBE
1/4" PLEXIGLASS
3x5 ANGLE
HEX HEAD
3x4 ANGLE
3x6 CHANNEL
COMPOSITION
CUT FROM CHANNEL
BRONZE
PRESS FIT

8

9

10

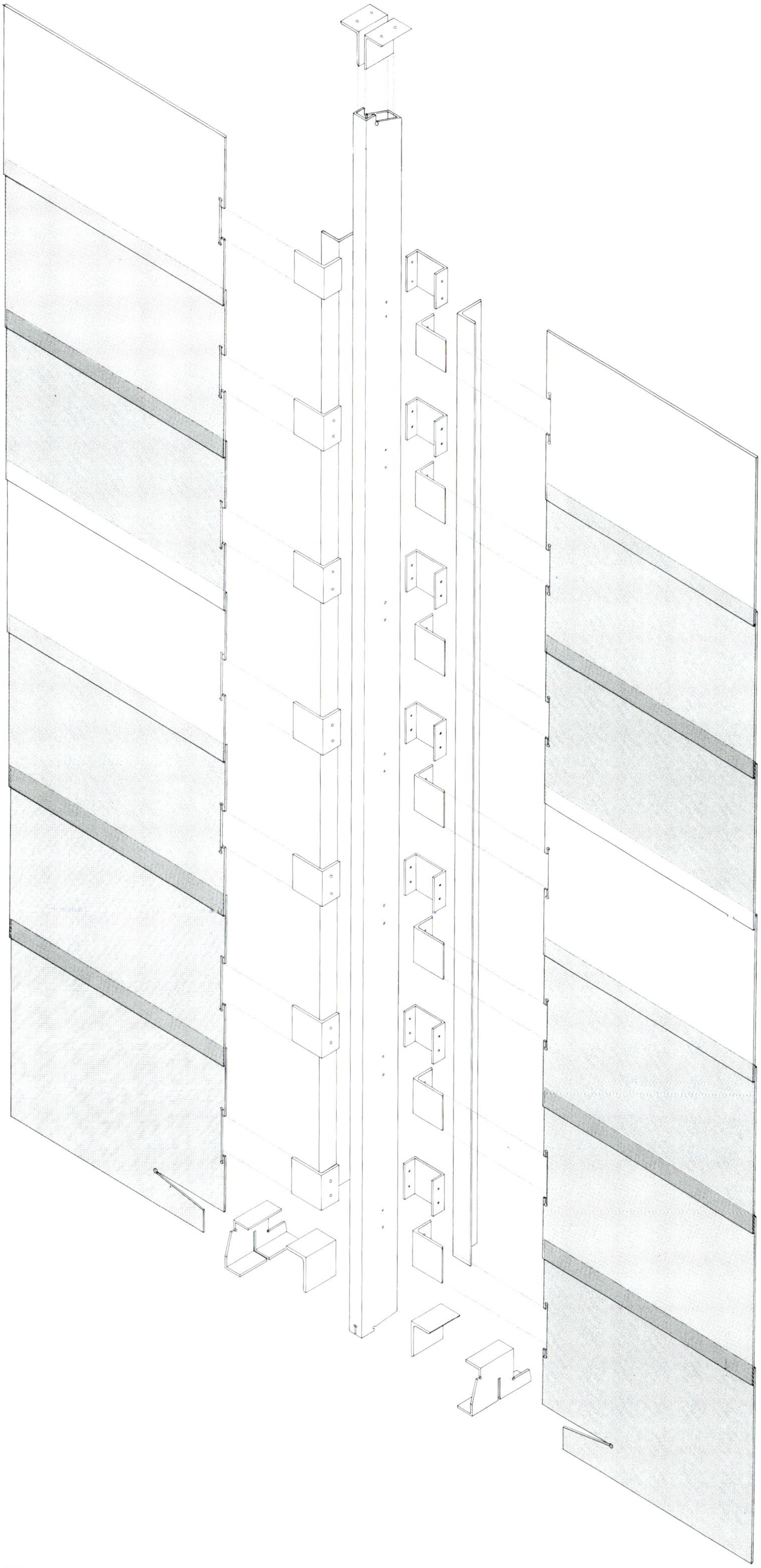

8　墙体系统拼装分析草图
9　系统部件设计研究草图
10　与地板连接立面详图
11　墙体系统分解轴测图
12和13　墙体系统
摄影：Richard Barnes

11

12

13

LOUVRES

EUROPEAN HEADQUARTERS OF LEVI STRAUSS, BRUSSELS, BELGIUM

Samyn and Partners

百　页

比利时，布鲁塞尔，利维·斯特劳斯欧洲总部

萨米恩与合伙人事务所

1

本工程位于沿布鲁塞尔至卢森堡铁路线的一片开发区内，靠近两座大学校园。

它分为两部分截然不同的体块，一个位于后面的长方形体块和一个随道路的曲线形体块。

两个体块连接处是两个垂直交通核，内有电梯、楼梯和设备管井。电梯直接面对庭院，立面由玻璃百叶组成，预制的混凝土楼梯和平台内能享受到透过百页进来的自然光线。

1　庭院仰视
2　百页详图
3和4　庭院百页立面
摄影：Serge Brison，（1，3）；Ch Bastin 和 J.Evrard，（4）

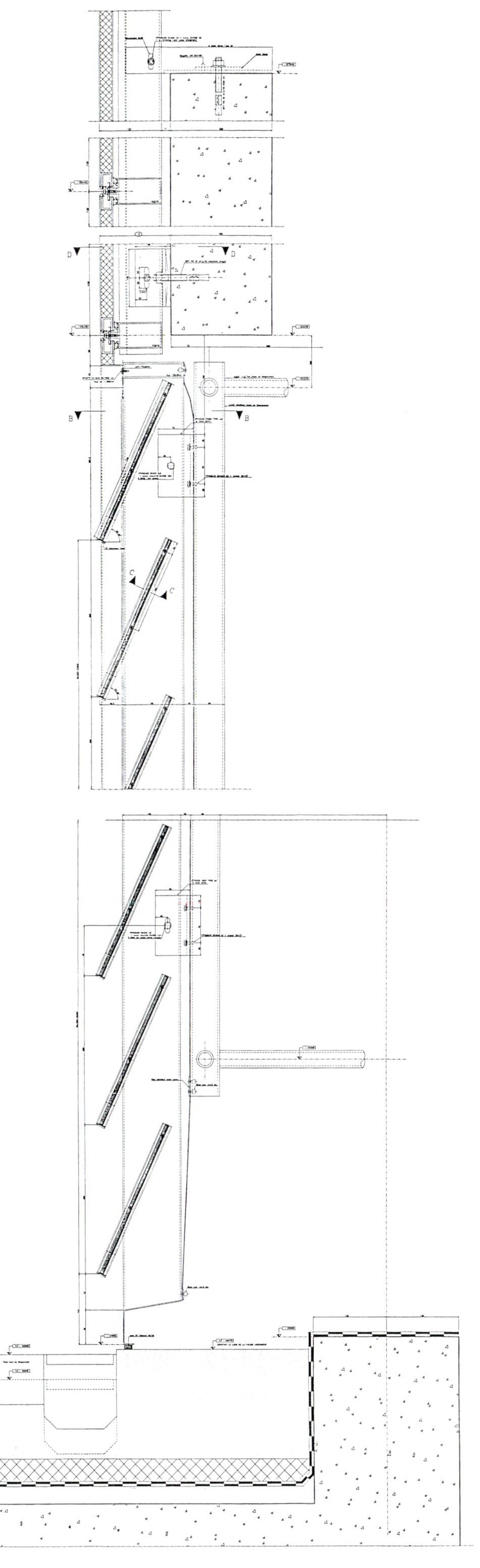

2

3

4

ARCED WALL

GROUND ZERO POST PRODUCTION, MARINA DEL REY, CALIFORNIA, USA
Shubin + Donaldson Architects

圆弧墙

美国，加利福尼亚，Marina Del Rey ，GROUND ZERO 后期制作公司
舒宾和唐纳森建筑师事务所

1

2

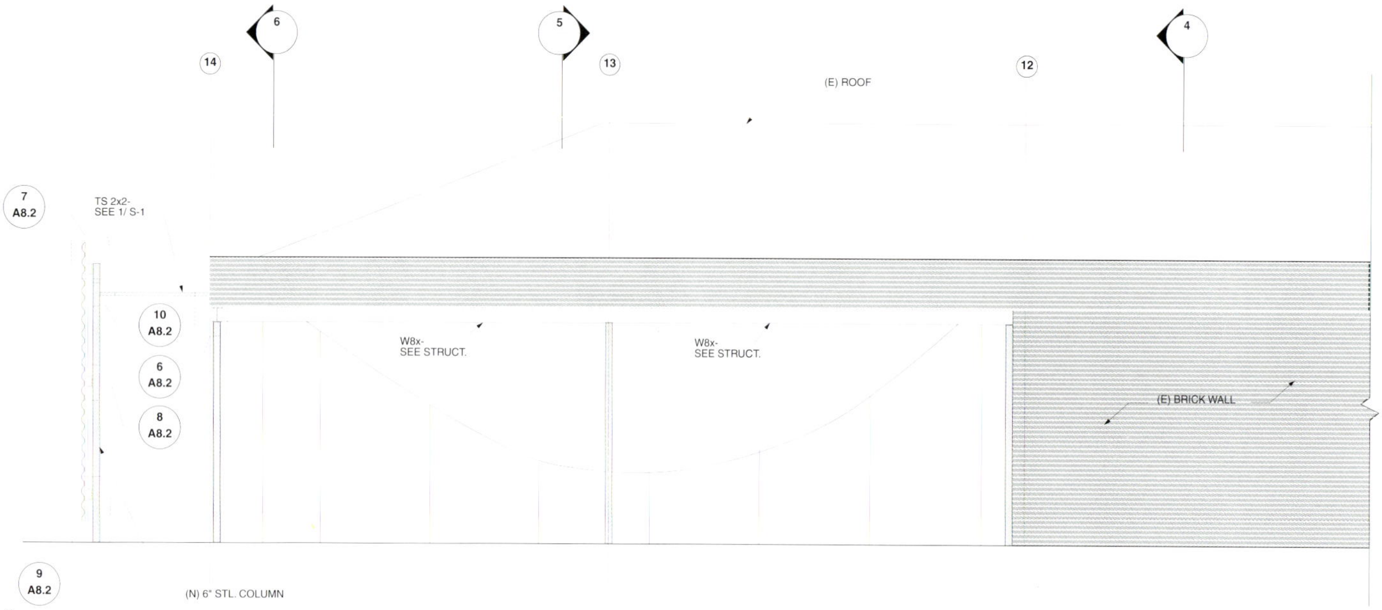

3

这个后期制作机构位于靠近他们广告公司总部的一座旧轻工业仓库内。业主要求开敞式的平面布置，有 6 个编辑组、接待区、厨房和集会空间。

一片弧形的延伸到室外的墙限定出主会议室，并形成了入口门厅。

两座建筑由一条小路隔开，但是在细部设计上联系在一起，例如在新办公室中运用了预制的桁架以形成概念上的连贯性。一个有节奏性重复的密排的金属桁架形成了有动感的主要交通流线，贯穿整座建筑。

基本的开敞平面工作空间与延续的铝板贴面弧形墙交叉，这扇墙弯进并贯穿整个平面。这些大胆的建筑表达形成了一系列具有抽象和动感形式的空间，它们被用作会议室、编辑组、展示柜、厨房和走道。

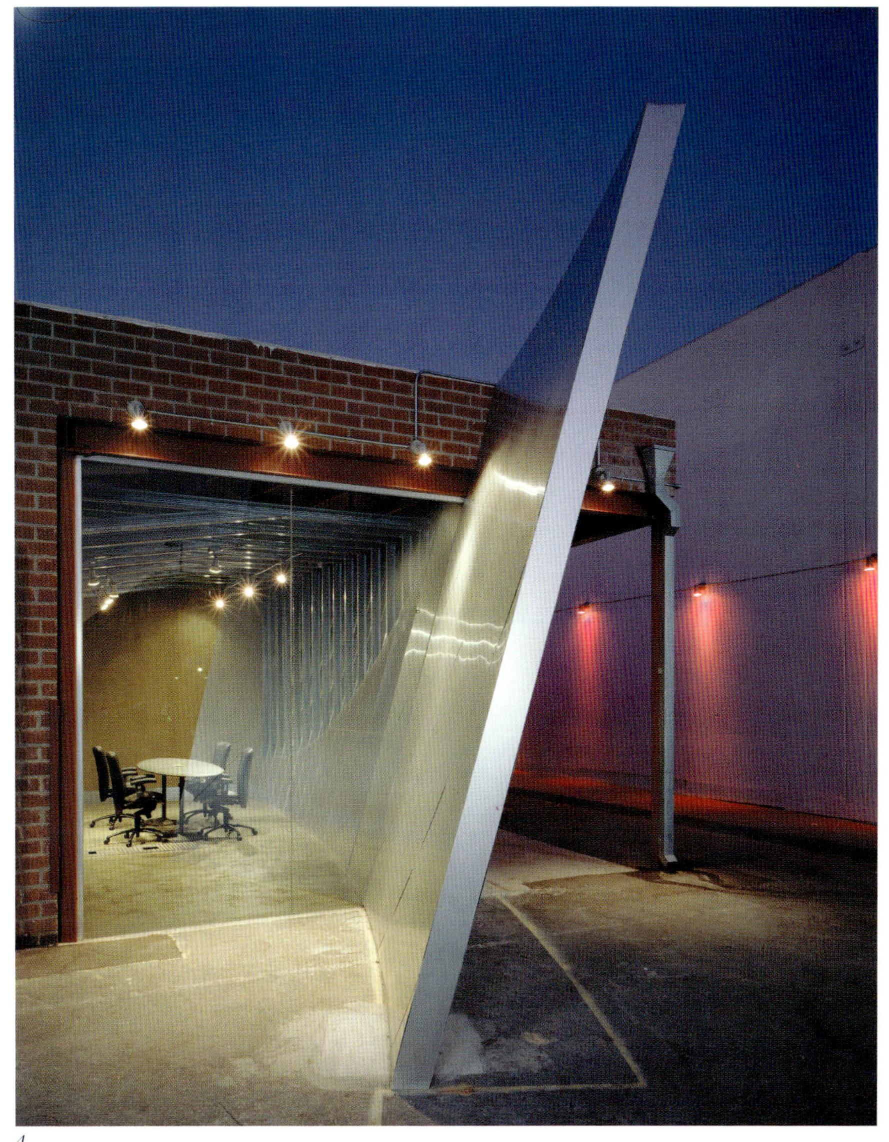

1

1　圆弧墙从主会议室穿过玻璃延伸至室外
2　贯穿工作空间的铝合金贴面弧形墙和入口外景
3　室外立面
4　铝合金贴面弧形墙从室外穿进室内，分隔了左侧的会议室和右侧的入口
5　平面
摄影：Tom Bonner

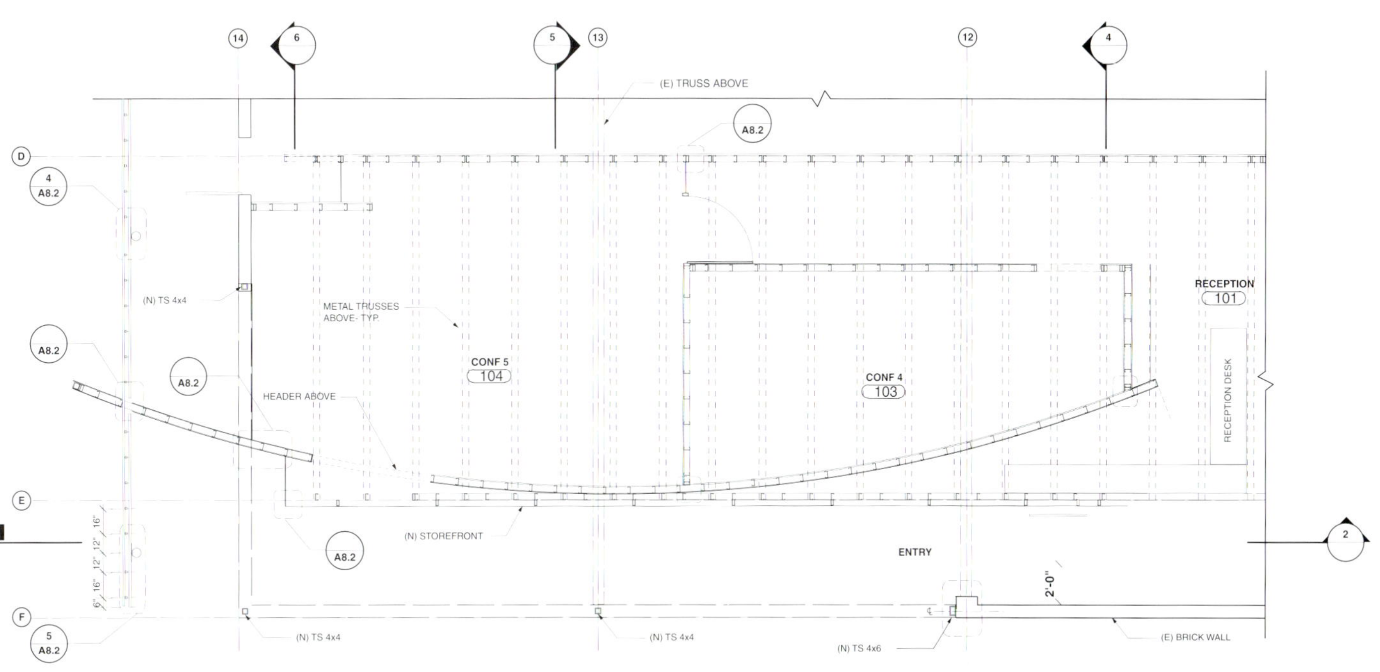

5

INFORMATIONAL TRACT

FUEL DESIGN & PRODUCTION, SANTA MONICA, CALIFORNIA, USA

Shubin + Donaldson Architects

信息通道

美国，加利福尼亚，圣莫尼卡，FUEL 设计与制作公司

舒宾和唐纳森建筑师事务所

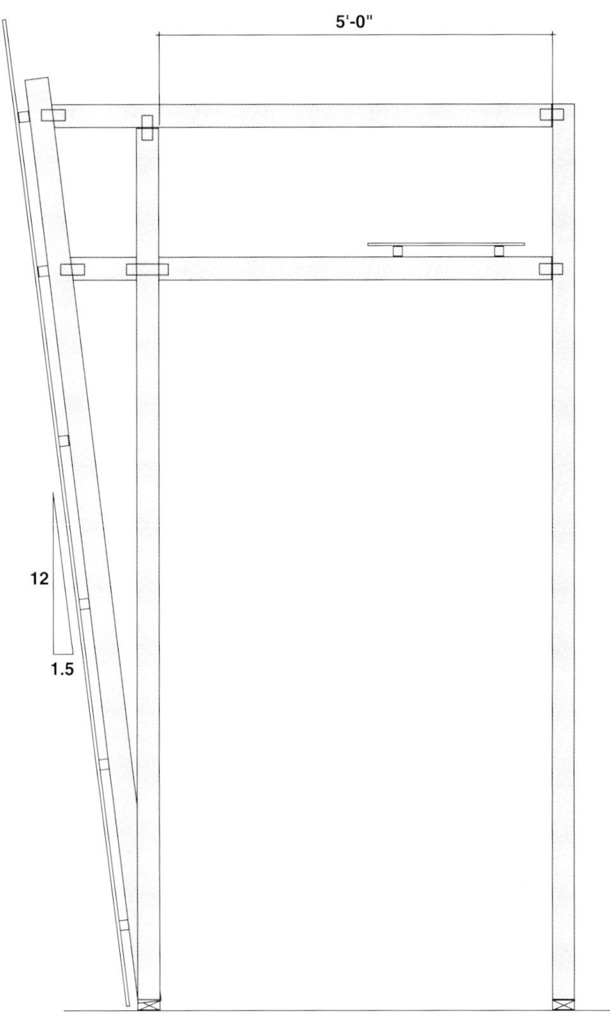

1

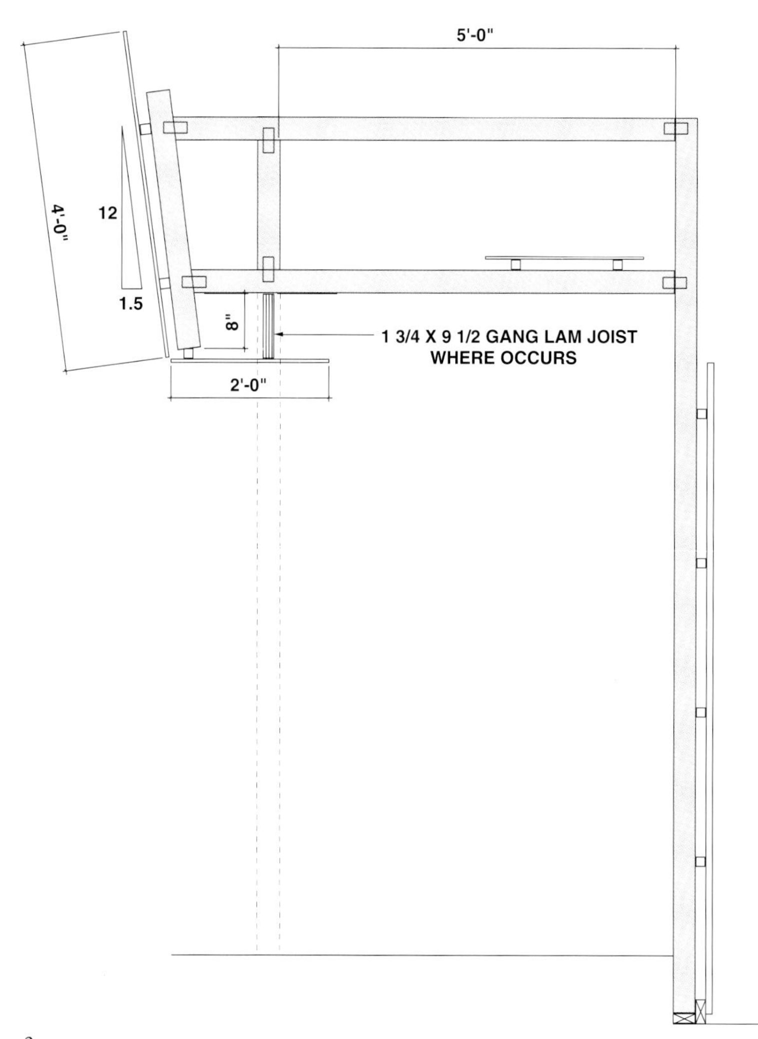

2

1、2、4 和 5 信息通道剖面
3 工作室全景，所示运用的原材料
6 走线和原材料运用在工作室外走道上的细部照片
7 信息通道的渲染图

摄影：Farshid Assassi

这个 743m² 的阁楼空间重新设计成为 FUEL 设计与制作公司的办公室，创造出一个有趣但严肃的办公环境，反映了该公司的工作文化。

设计结合了原来仓库的粗犷工业厂房外观并与之产生对比。工作室的特点是穿着计算机线缆的透明管线，强调了最新技术在 FUEL 所起的作用。空间中还有半透明的板，不仅能让光线穿过，而且还可以作为屏幕。FUEL 可以将它们作品的不断变化的影像投影在上面。原有仓库的大部分主要维护结构保持原样，并且暴露在外面。

从规划阶段建筑师就产生了一种“设计态度”，反映 FUEL 的创造性文化：粗犷、自发、灵活和执着。从业主处得到广泛支持的任务书，要求设计以最小的投资得到最大的创造性和冲击力。设计的其他特点包括编辑组、动画与制作区、两间会议室、小办公室和单间办公室、带室内篮球框的开敞活动区，厨房和休息区。

3

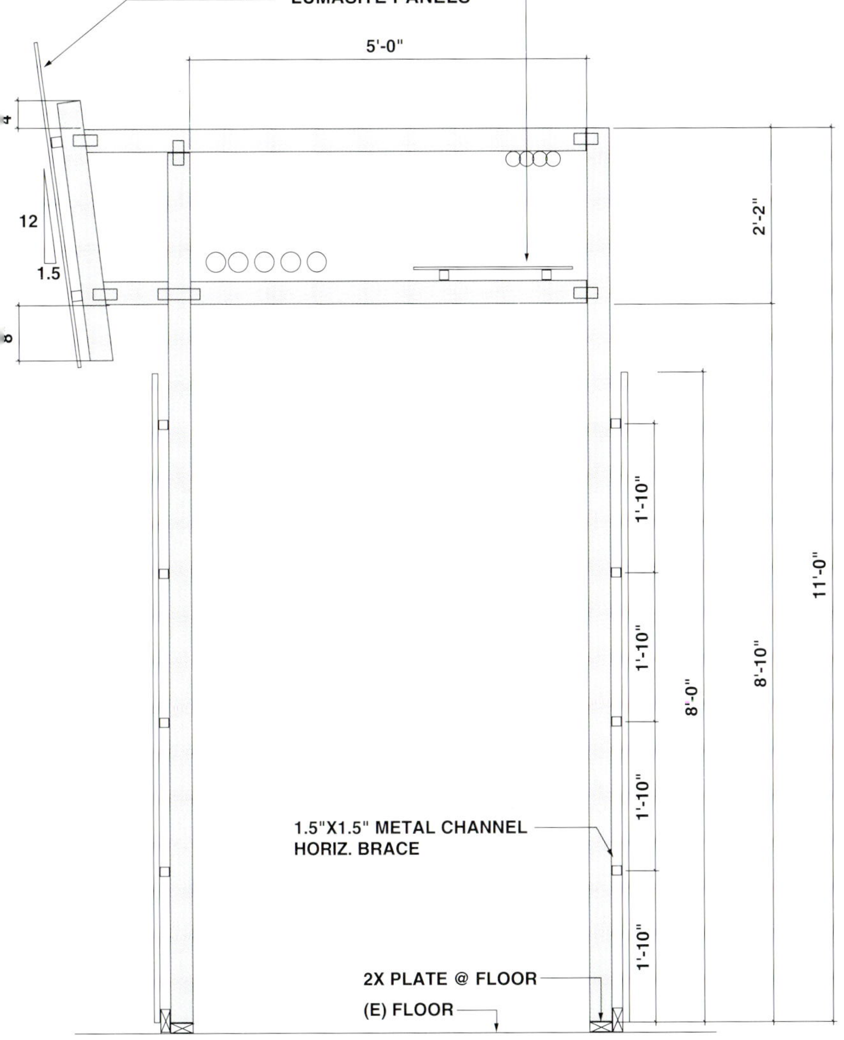
LUMASITE PANELS
5'-0"
4
12
1.5
8
2'-2"
11'-0"
8'-10"
8'-0"
1'-10"
1'-10"
1'-10"
1'-10"
1.5"X1.5" METAL CHANNEL
HORIZ. BRACE
2X PLATE @ FLOOR
(E) FLOOR
4

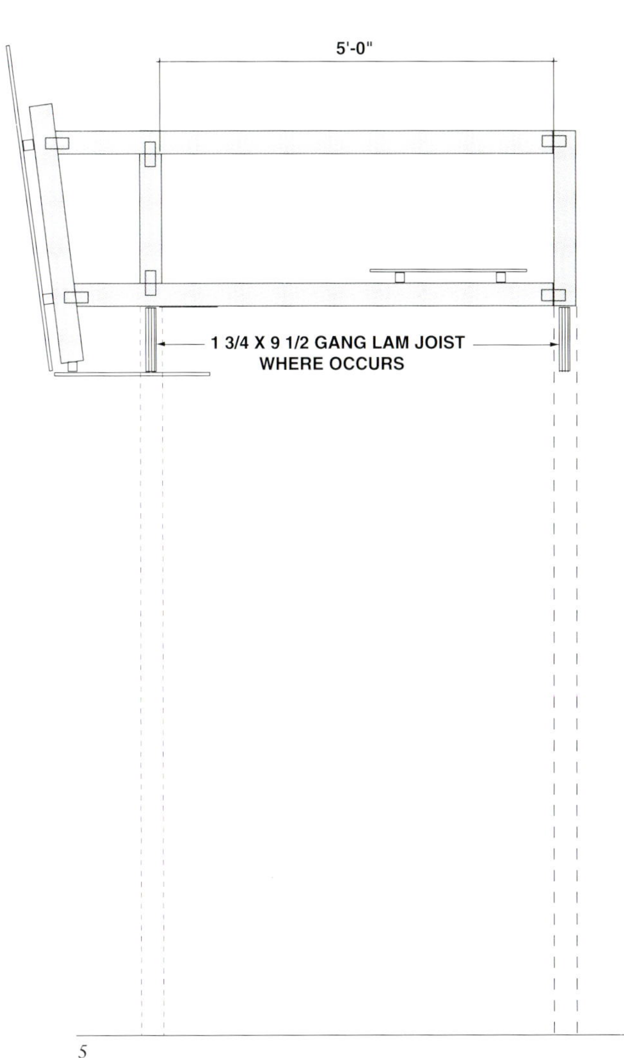
5'-0"
1 3/4 X 9 1/2 GANG LAM JOIST
WHERE OCCURS
5

6

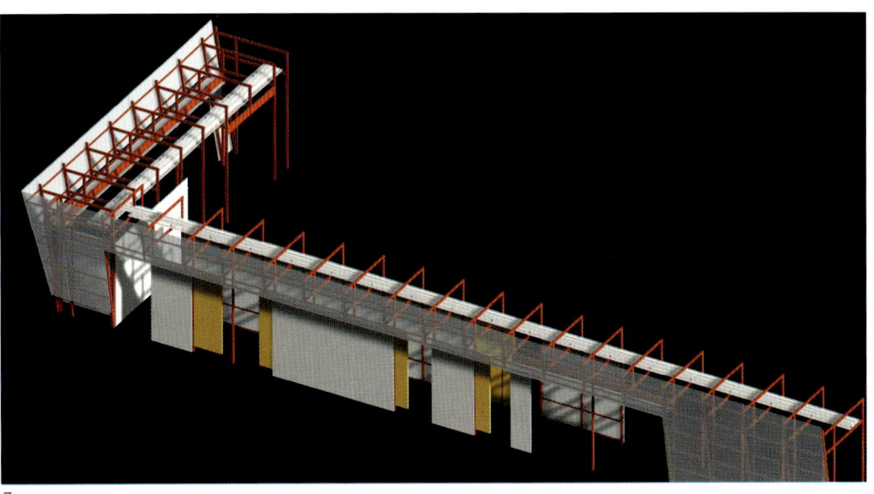
7

PANEL WALLS

IWIN.COM, WESTWOOD, CALIFORNIA, USA
Shubin + Donaldson Architects

墙 板

美国，加利福尼亚，韦斯特伍德，IWIN.COM
舒宾和唐纳森建筑师事务所

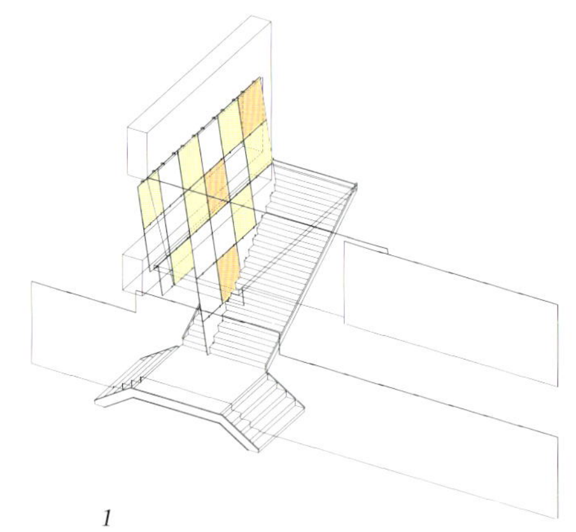

1

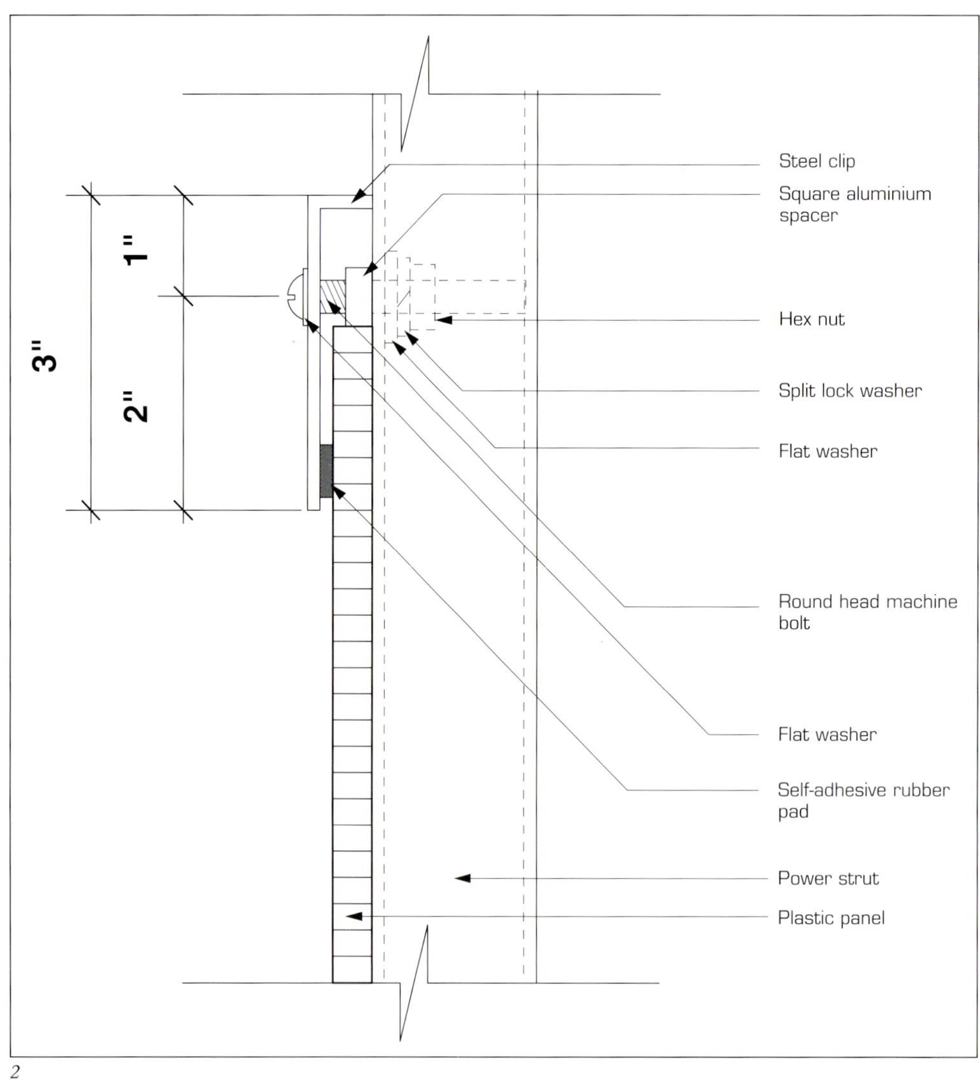

2

业主想要一个新的办公空间来反映他们有活力和成功的网站。他们要求建筑设计小组为他们建设一个灵活的工作空间，可以随时按工作量的大小扩大与缩小，供年轻的工程师、程序员、营销员和行政人员在其中办公。办公室需要反映他们在线的形象。

尽管平面是办公塔楼的布置，建筑设计成阁楼式的，工业化的和开敞的空间。为了在一个具有挑战性的楼层平面中创造出这种气氛，围合的空间如会议室、储藏室、厨房和按摩室全部紧贴平面中部已有的核心筒实墙布置。这样在四周形成了开敞的空间，可以有最多的自然光线。

色彩明亮的有机玻璃板强调了选用工业化的建筑材料，给予这个空间一种现代主义的感觉。一个侧墙为黄色、橙色、白色和透明丙烯酸树脂板的室内楼梯既是交通空间，也是一个非正式的集会空间。

工作区专门设计成铝板和亮绿色滑动文件架。吊顶上带悬挂活动供电线槽的钢龙骨网格，允许工作区根据需要重新布置。会议室和走廊墙面用白色写字板贴面。

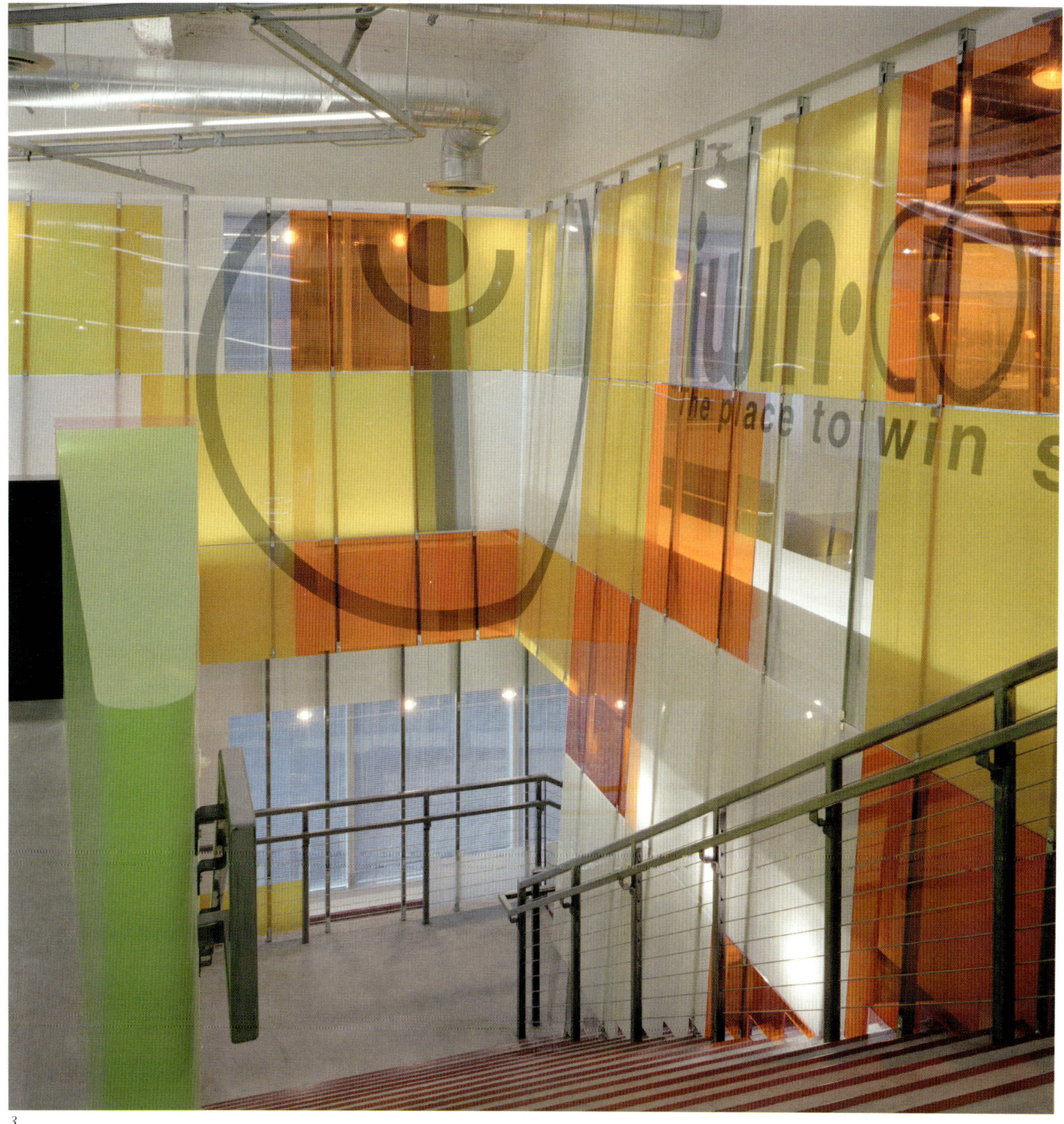

3

用业主公司的形象色彩，强烈的亮绿色，和其他色彩、透明和不透明共同作用，相互对比来反映业主网站的视觉形象。

1 从两个不同的视点看入口楼梯的有机玻璃墙板轴测图
2 有机玻璃安装夹子详图
3 室内楼梯内景，有黄色、橙色、白色和透明有机玻璃墙板
摄影：Tom Bonner

RAMP AND SCRIM

GROUND ZERO, MARINA DEL REY, CALIFORNIA, USA
Shubin + Donaldson Architects

坡道和网布

美国，加利福尼亚，Marina Del Rey，Ground Zero
舒宾和唐纳森建筑师事务所

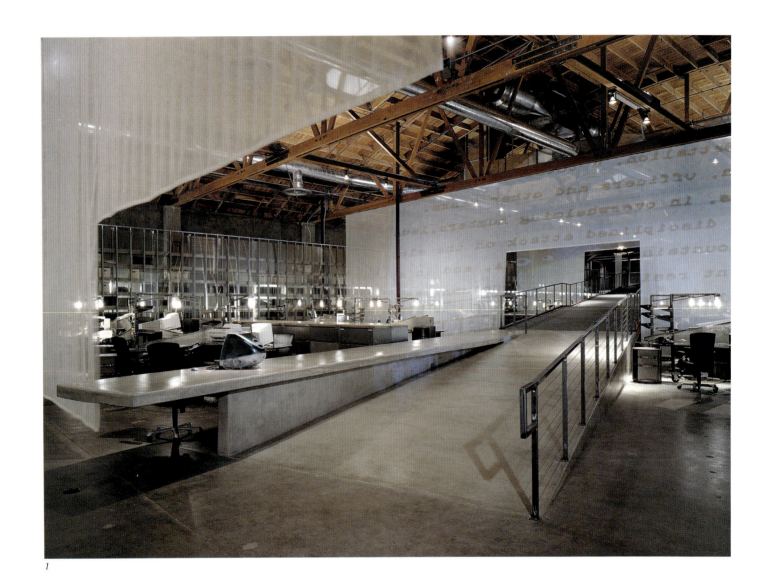

1

这个930m²库房空间室内设计的特点是一座状观的2.9m高坡道，从提高的二层玻璃围合的入口一直延伸下来。

当访客、客户和工作人员从坡道上走下，穿过工作“大厅”，他们看到的是不断变化的公司作品画面投射到一系列戏剧性的横跨整间房间的网布上。

室内有喷砂混凝土墙和弓形木屋架顶棚，保持裸露和朴素。原有混凝土地面被封闭，室内周边的“会议室”增加了建筑构件，表达一种“室内村庄”的感觉。

建筑师设计了带工业照明设备的钢制工作台，文件贮藏和桌面整理筐，在空间里一排接一排地排列着。阁楼层上有图书馆，视频/编辑组和策划部办公室。

6.1m高的室外坡道将人流从一个专用停车场引向建筑内，通过一间玻璃围合的门厅进入相应的室内坡道。

由于大尺度的像库房一样的环境使得空间特别有吸引力。专门设计的工作台让人想起奥松·威尔斯（Orson Welles）的电影的工业布景设计和早期弗里茨·朗（Fritz

2

3

4

Lang）的杰作“大都会”。

设计中包含有促进创造力和工作流程的重要元素。设计了重要的工作区域，供策划部使用的构思空间和利于集中精神产生创造性的私密氛围。

5

1 穿过办公室的坡道内景
2 室外坡道入口建筑剖面
3 室外坡道引导进入者通过玻璃围合的门厅进入室内
4 工作台、坡道和建筑室内围护全景
5 戏剧性网布的电脑渲染图
摄影：Tom Bonner

ROOF

HONG KONG CONVENTION & EXHIBITION CENTER
Skidmore, Owings & Merrill LLP (SOM)

屋　顶

香港会展中心
SOM 建筑设计事务所

1

2

香港会展中心引人注目的 15 万 m² 扩建是对原有设施的增加。扩建的新馆力图成为香港的象征，屋顶形状象征着飞翔，体现了香港的飞速发展和它作为中国门户所起的新作用。

翼形的屋顶形成了曲线形的建筑形式。幕墙上的金属和玻璃带加强了曲线的几何形和横向的表现，与方块和垂直性的香港直线形天际线形成对比。

屋顶形式作为扩建部分的最显著特征，它所覆盖的尺寸超过 4 万 m²，并且是整个扩建区域的顶棚。屋顶形式表现为一系列交错的曲线翼，因结构需要和会议厅与顶层展览厅的跨度而确定出来的形状。

立面布局反映其内部的功能，沿立面的长度形成变化，与门厅和会议厅前厅区透明的像屏幕一样的立面形成对比。透明的立面区域用钢索桁架支撑，对维多利亚港有开阔的视野。

扩建工程包括一座 4500 座位的会议厅，3 个展览厅，前厅区，辅助设施和餐厅。一座连廊跨越海峡和拟建的高速公路，

1 和 4　位于维多利亚港的香港会展中心
2　屋顶内景
3　屋顶轴测图

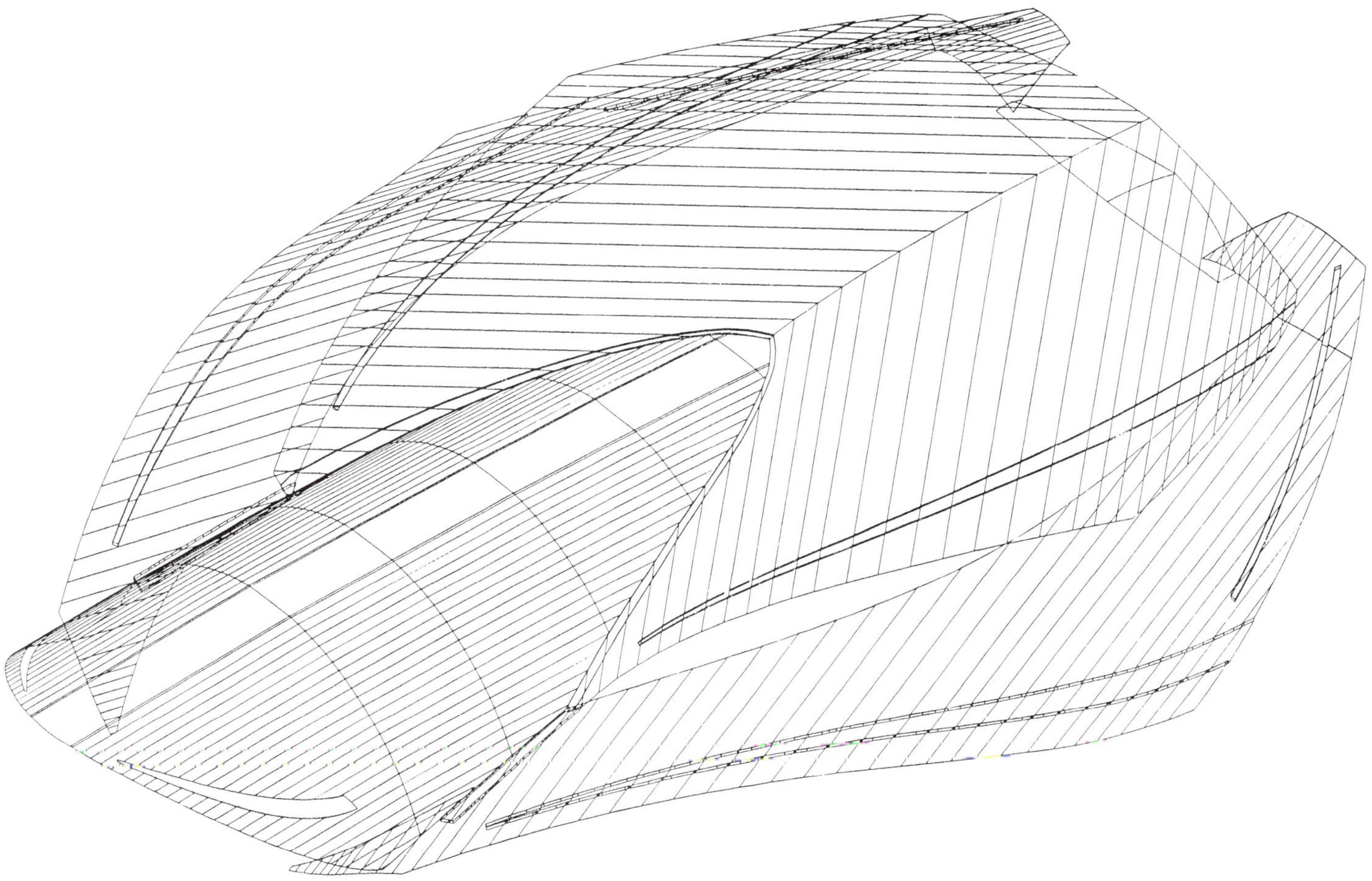

3

将新会议中心和老展览空间在四个楼层上联系在一起。连廊本身也提供了额外的展览空间。

4

5　屋顶轴测图
6　屋顶平面
7　侧面
8　位于维多利亚港的香港会展中心
摄影：Hedrich Blessing
平面和绘图：SOM

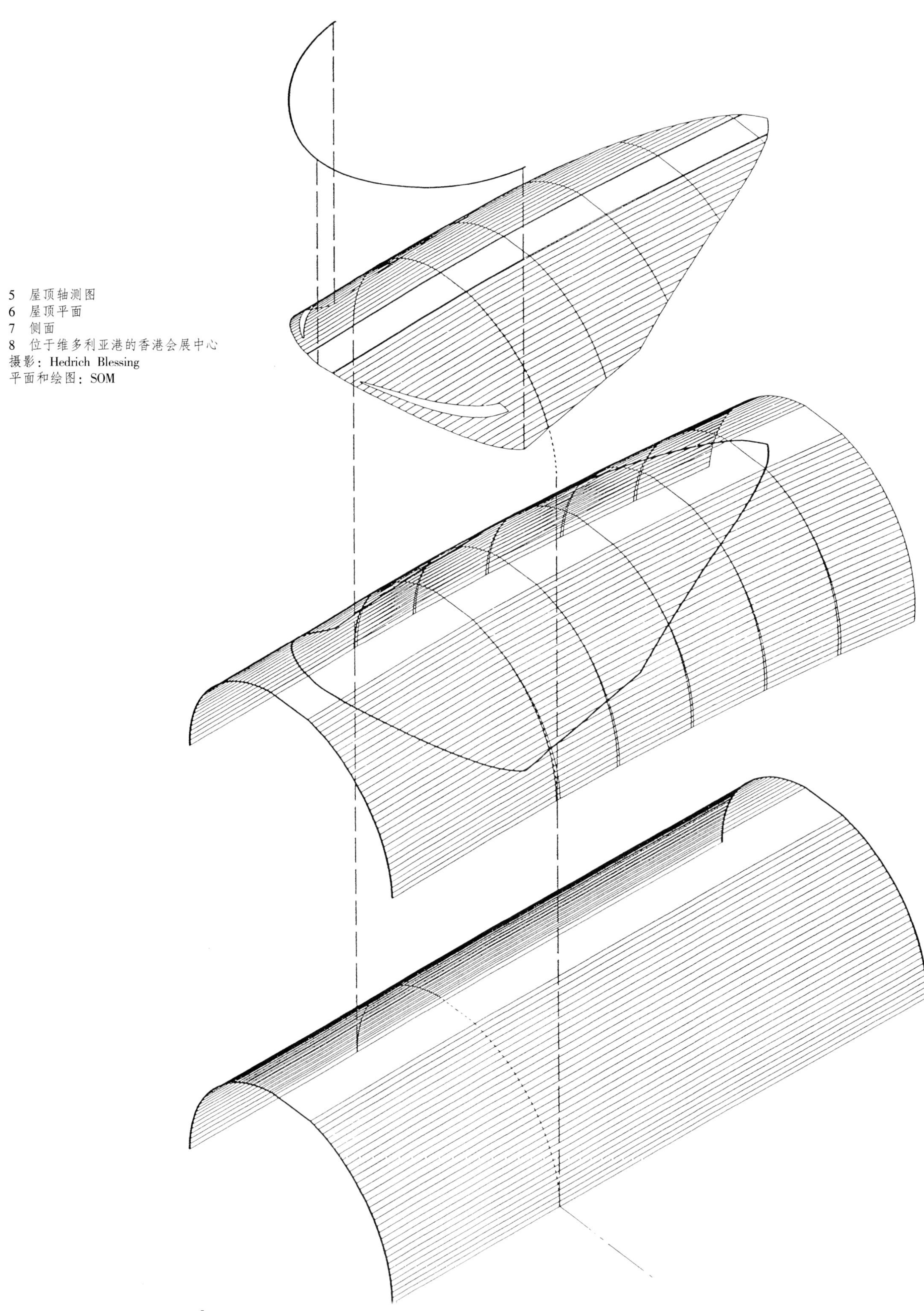

5

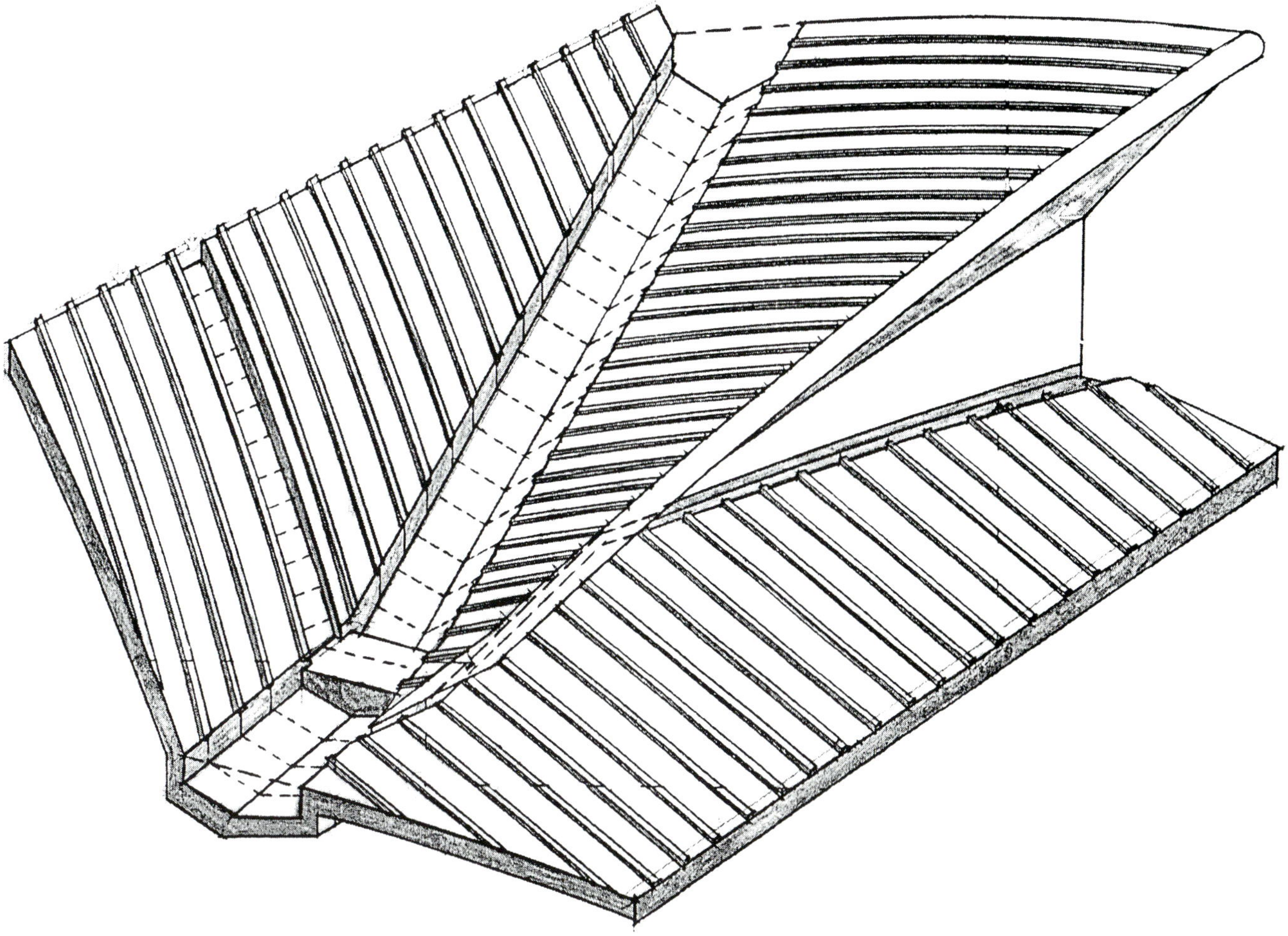

6

7

8

SKYLIGHT

MAYAN NETWORKS, SAN JOSE, CALIFORNIA, USA
STUDIOS Architecture

天 窗

美国，加利福尼亚，圣约瑟，玛雅网络
STUDIOS 建筑师事务所

1

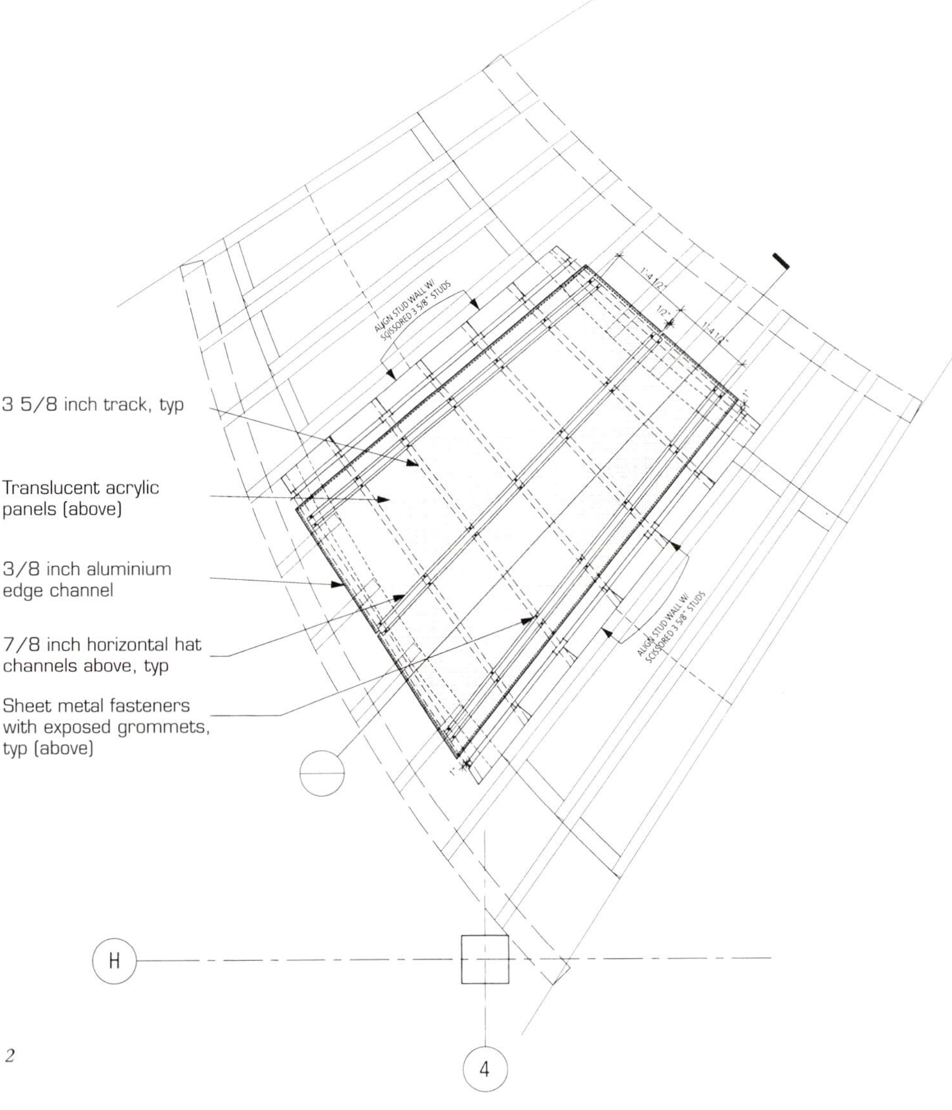

2

1 通往中心集会空间的入口
2 平面详图
3 卵形集会空间平面
4 天窗照亮了十字交叉的十字架形金属龙骨

在一个隔断板和小隔间占主导地位的世界里，玛雅网络的总部设计力图改进员工之间的交流，使员工之间有一种社区的感觉。

位于中心的卵形是从土著美国人的KIVA，一种供社区成员见面和交流的中央集会空间中得到的灵感。集会空间的大小为131m²。4个1.82m²的天窗加在交叉的9.2cm未打孔的金属龙骨十字架上边，将建筑核心部位的黑暗区域用自然光照亮。半透明波纹玻璃纤维板覆盖着龙骨，使龙骨能隐约可见，并随着一天光线的不断变化和照射产生动态的光影效果。

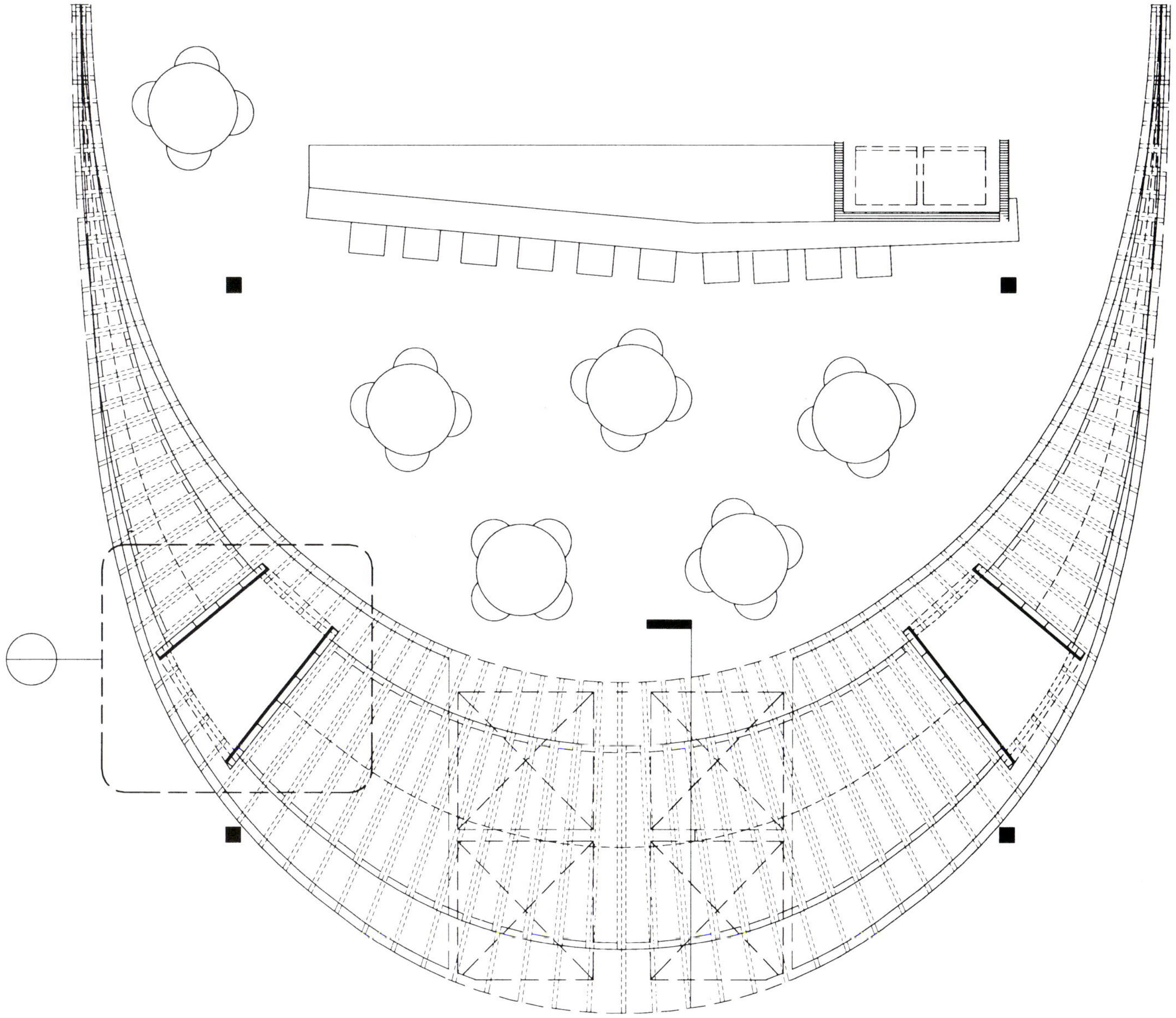

3

4

5 立面
6 剖面
摄影：Michael O' Callahan

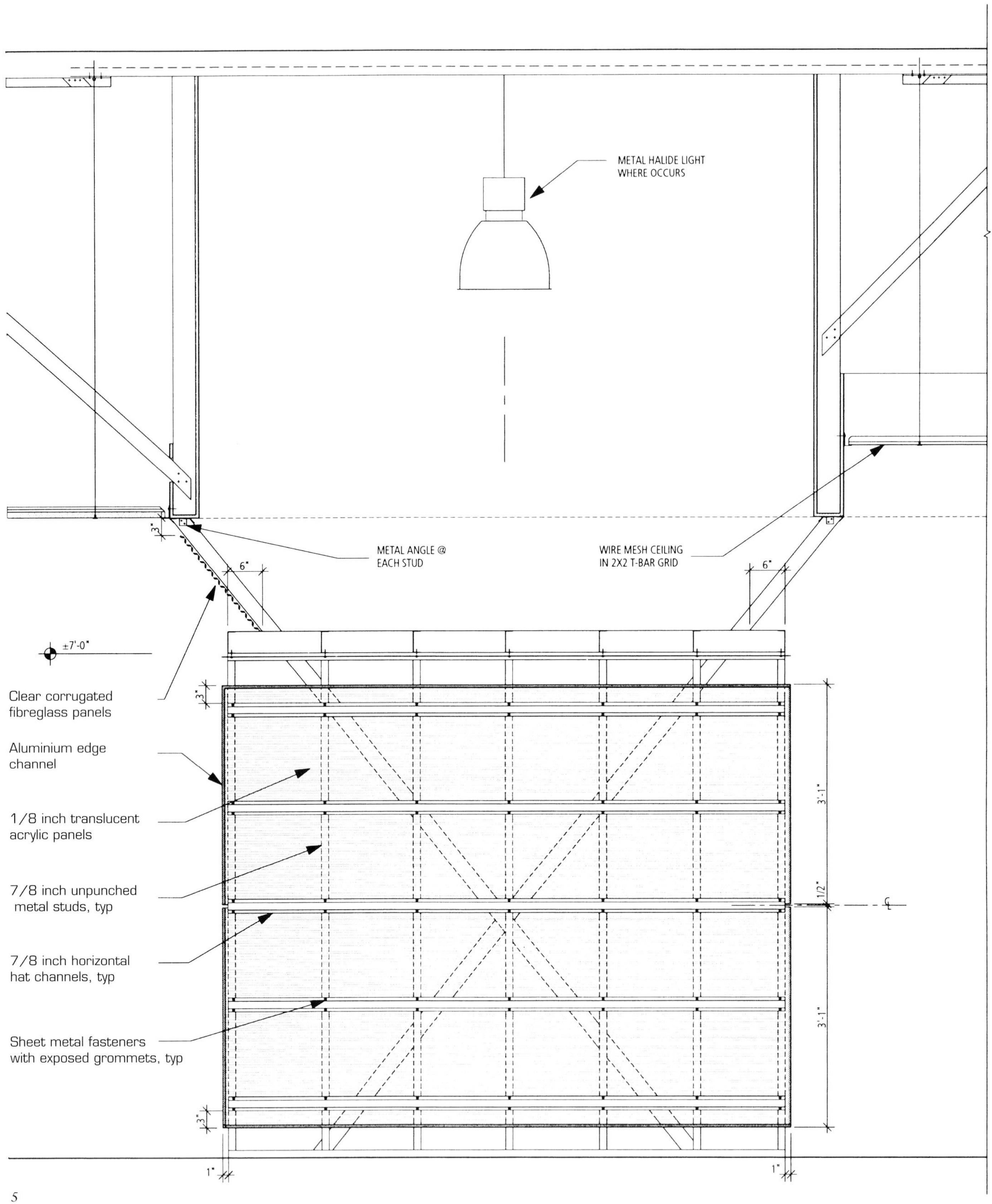

5

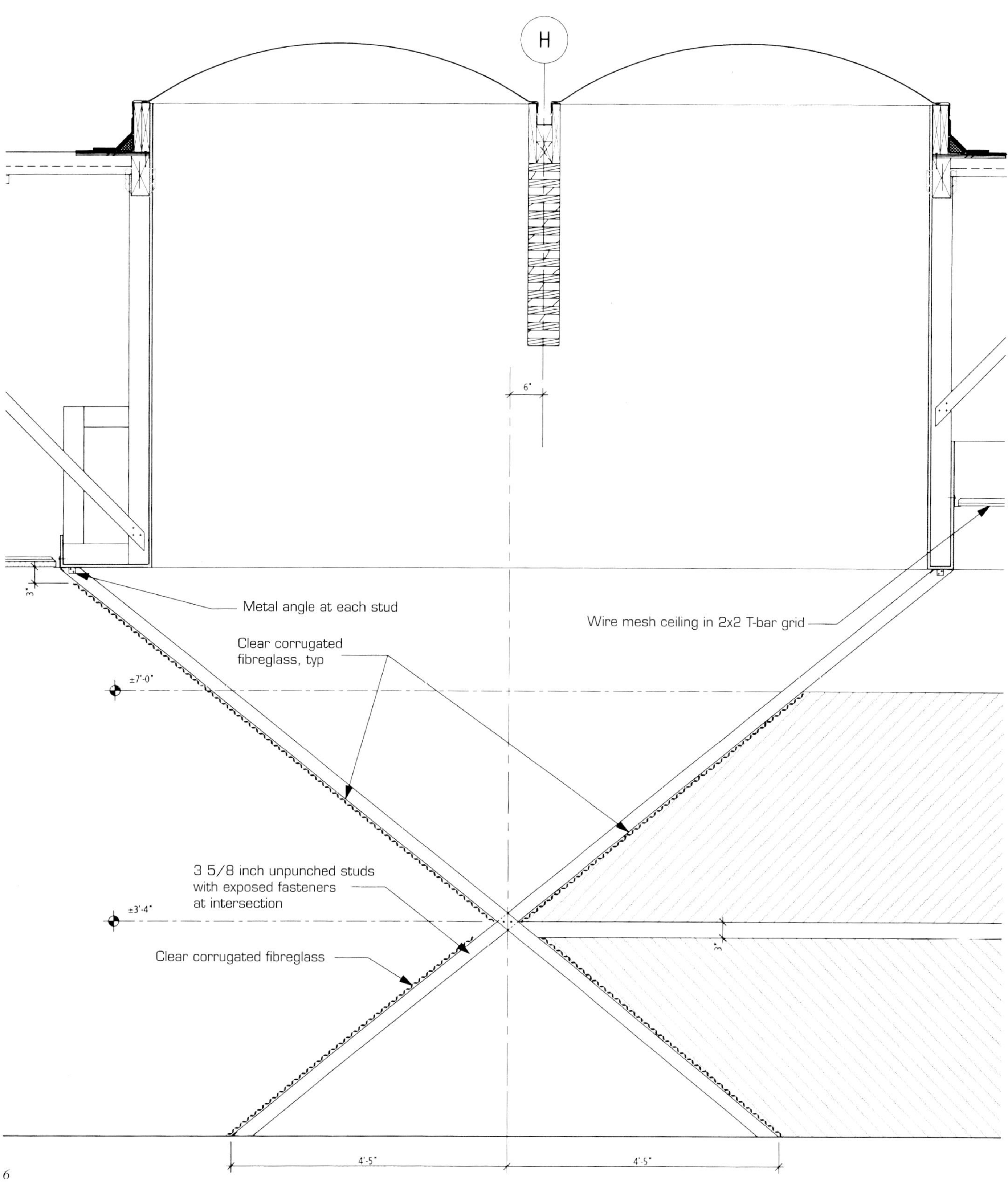
H
6"
Metal angle at each stud
Wire mesh ceiling in 2x2 T-bar grid
Clear corrugated fibreglass, typ
±7'-0"
3"
3 5/8 inch unpunched studs with exposed fasteners at intersection
±3'-4"
Clear corrugated fibreglass
3"
4'-5"
4'-5"

6

GLAZED WALL

SMESTADDAMMEN PARK, OSLO WEST, NORWAY
Niels Torp AS Architects MNAL

玻璃墙

挪威，西奥斯陆，Smestaddammen 公园
尼尔斯·托普 AS 建筑师 MNAL

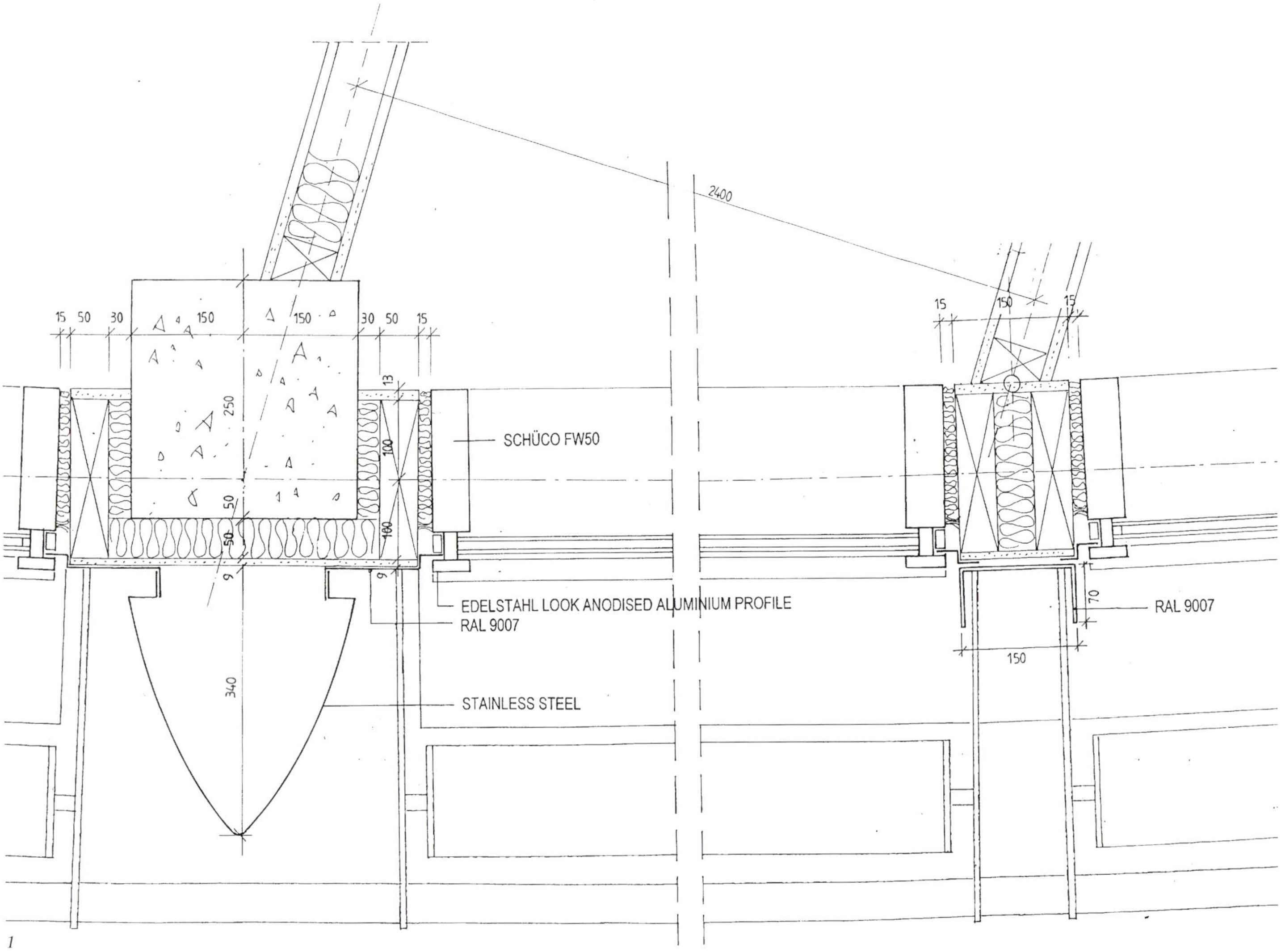

15 50 30 150 150 30 50 15
250 50 50 9 13 100 100 9 340
2400
15 150 15
70 150
SCHÜCO FW50
EDELSTAHL LOOK ANODISED ALUMINIUM PROFILE
RAL 9007
STAINLESS STEEL
RAL 9007

1

2

Smestaddammen 公园包括三座办公楼，坐落在西奥斯陆一条主要环路附近。每座建筑都是两个办公楼围绕着一个带玻璃顶的中庭布置，透过大片玻璃窗对外都有很好的视线。

A 栋建筑朝向湖和公园，在玻璃前面是暴露的混凝土格，产生丰富的光影效果。

B 栋建筑为玻璃和金属弧形立面，形成整个建筑群的中心，并成为建筑布局转折的过渡。

C 栋建筑朝向南方，形成开阔的视野。建筑的窗是由阳极氧化铝合金仿不锈钢框组成，窗下墙是在丝印玻璃后装波纹不锈钢板。

A 栋和 C 栋建筑的中庭立面主要是玻璃，和室外的砖墙形成对比。同样外立面是金属和玻璃的 B 栋建筑，其中庭的立面是较实的砖墙。

玻璃顶中庭在每幢建筑中所起的作用是交往和社交中心，中庭侧面是图书馆，职工餐厅和会议设施，电梯、楼梯塔形成凌空的垂直雕塑。三个中庭的设计在建筑表现和细部构造上有明显的区别。

3

1和5　B栋建筑玻璃墙详图
2　B栋建筑室外玻璃墙
3　越过湖面看A栋建筑
4　B栋建筑玻璃墙细部
摄影：由尼尔斯·托普 AS 建筑师 MNAL 提供

4

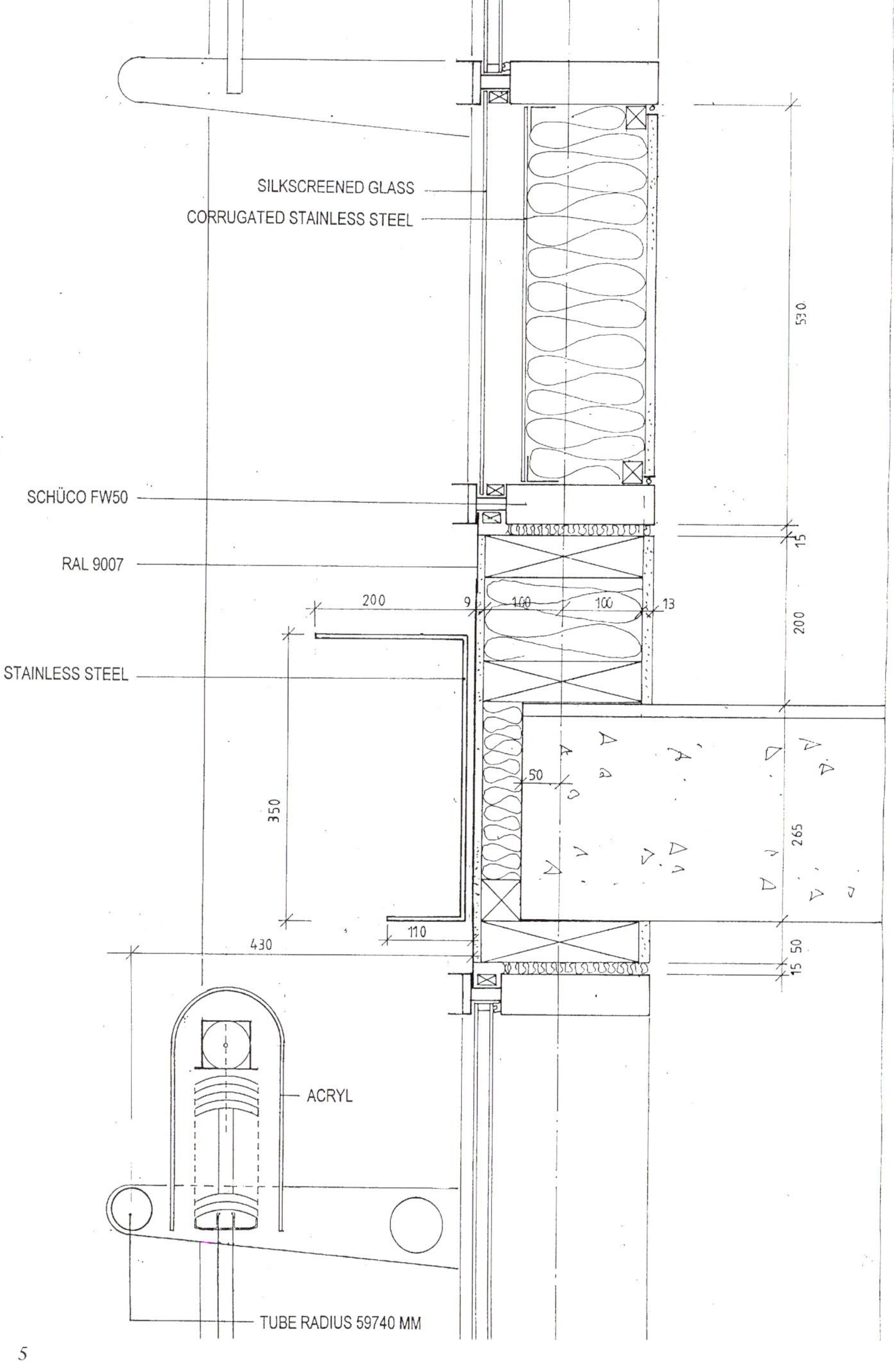

5

ANTENNA, AIRLOCK, CANOPY AND SUNSHADES

ELECTRONICS AND COMMUNICATION ENGINEERING, SINGAPORE POLYTECHNIC, REPUBLIC OF SINGAPORE
TSP Architects + Planners Pte Ltd

天线、门斗、雨篷和遮阳

新加坡，新加坡工艺学校，电子和通讯工程系
TSP 建筑师与规划师事务所

1

2

建筑由三个不同的体块组成，每个体块是由其环境及使用功能决定的。

第一个体块的顶部有圆弧形屋顶，它的端部分开，加强了形式的不稳定感；这样给体量增加了动感，使之与行人的运动方向一致。向上卷的屋顶形成两个终点，一个指示了从公共走廊通往地面入口，另一个标明了通过一座钢步行桥和色彩鲜艳的垂直交通核相连的出口。

和交通核相邻的是一个高起的 1/4 圆，它的体块转向面对一条繁忙的机动车道时，变成一个更高的体块。

第三个体块的高度降了下来，在三角形的用地上完成了三角形的形式。靠近一个突起的挡土墙支撑着一个对光敏感的半地下实验室，一个大楼梯往上进入内部有顶的庭院。一系列开孔将庭院和周围空间相连，部分展现了相邻的现状建筑，使人们从它们的相互作用中，获得一种不同的感受。

1 玻璃墙结束处变成一根用作天线杆的悬挑杆
2 打断的 1/4 圆的外观
3 天线电天线剖面和详图

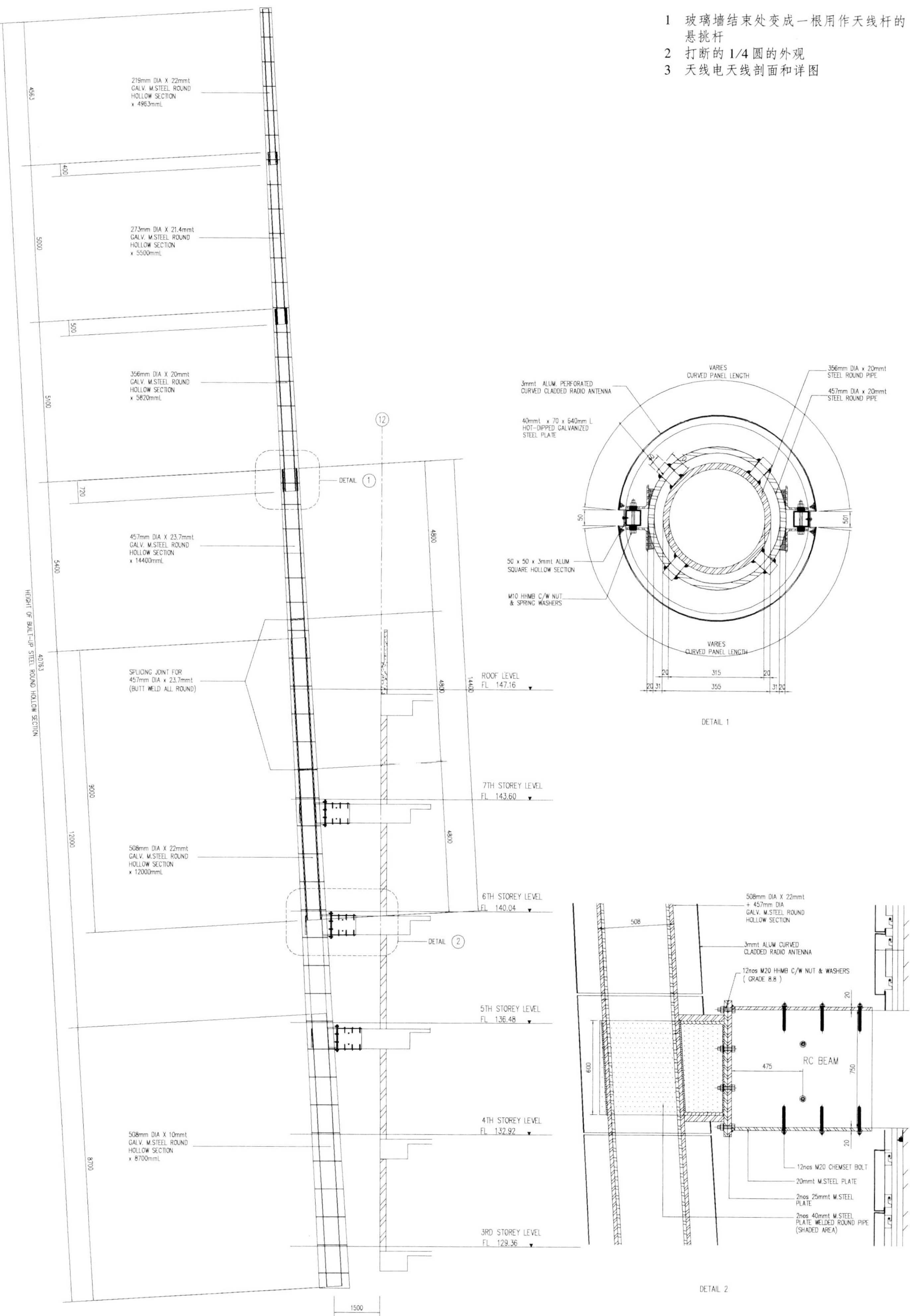

3

4

5

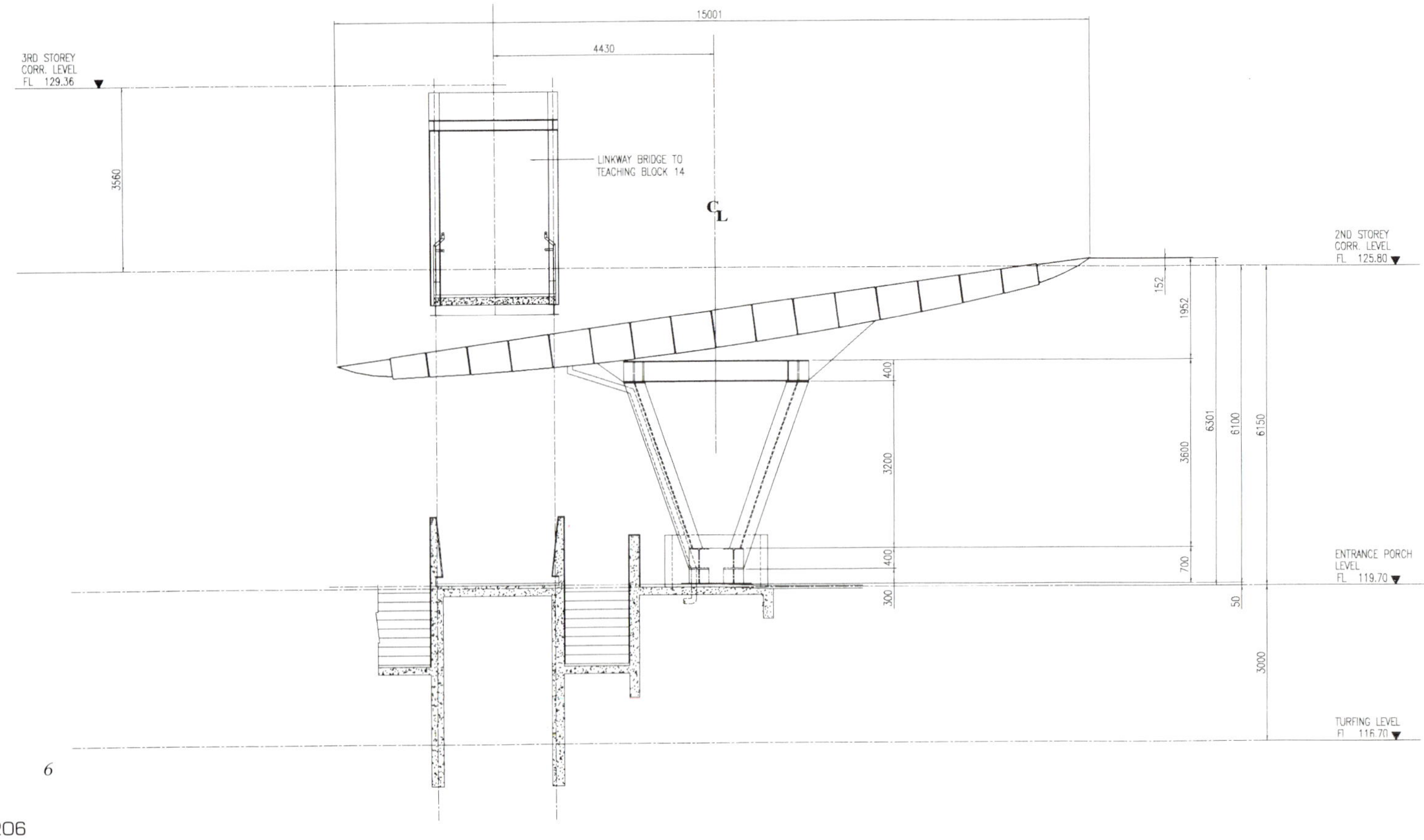

15001
4430
3RD STOREY
CORR. LEVEL
FL 129.36
3560
LINKWAY BRIDGE TO
TEACHING BLOCK 14
CL
2ND STOREY
CORR. LEVEL
FL 125.80
152
1952
400
3200
400
300
3600
6301
6100
6150
700
50
3000
ENTRANCE PORCH
LEVEL
FL 119.70
TURFING LEVEL
FL 116.70

6

4和5 雨篷
6 铝合金雨篷立面
7 门斗详图
8 门斗内景
9 门斗外景

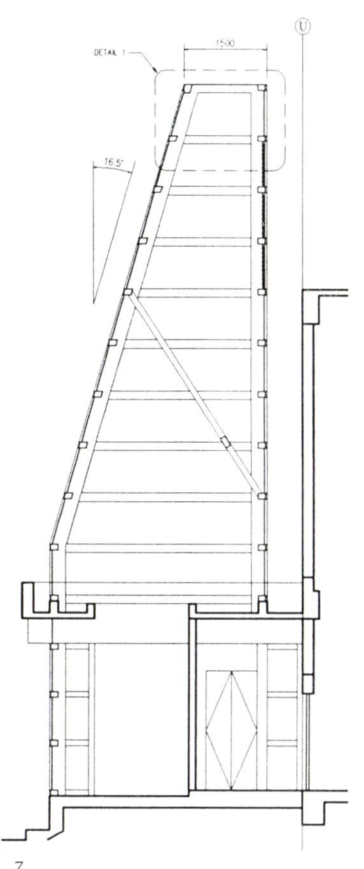

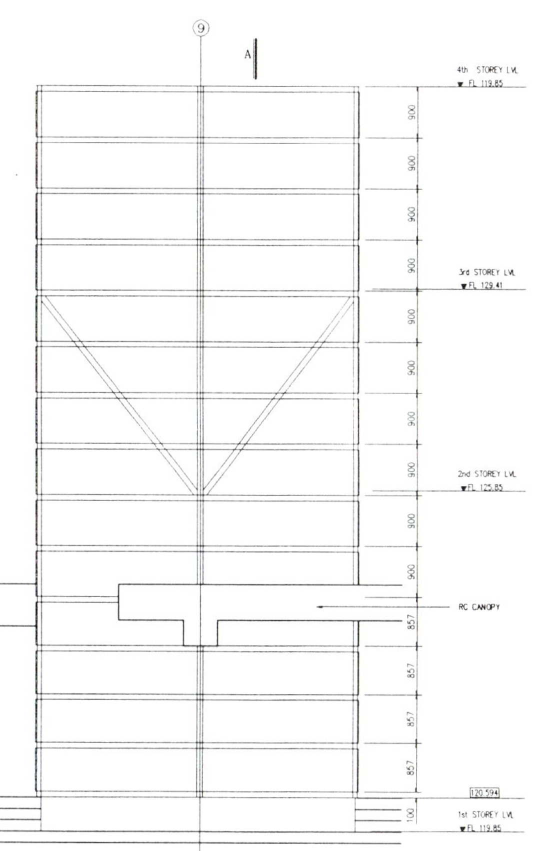
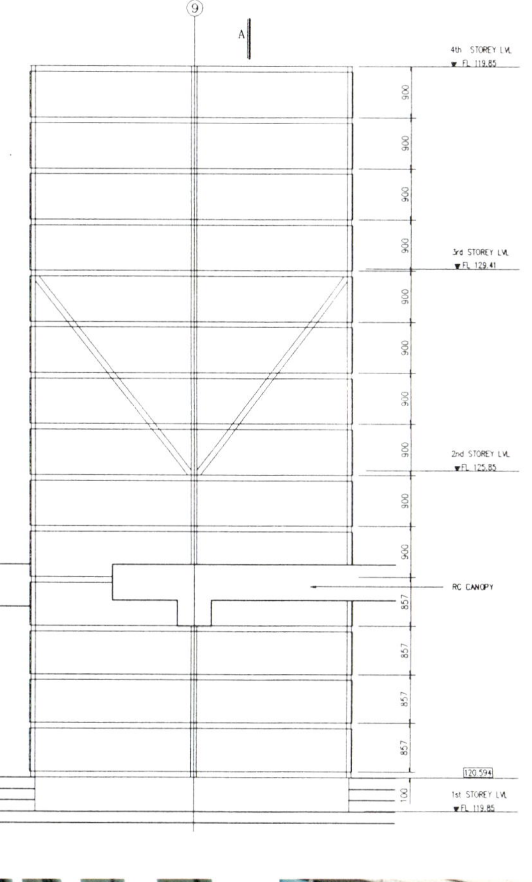

7

8

9

10

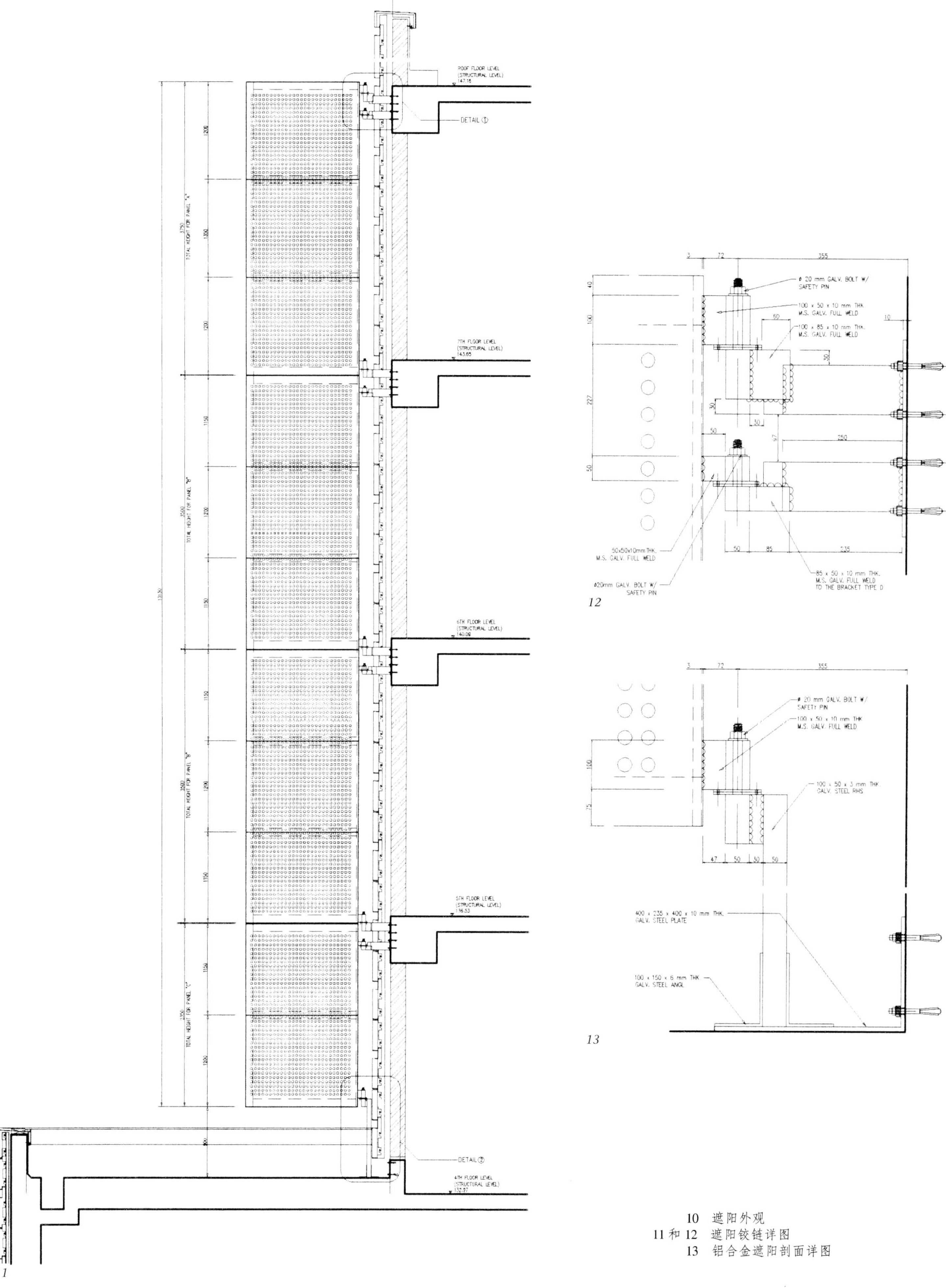

10　遮阳外观
11和12　遮阳铰链详图
13　铝合金遮阳剖面详图

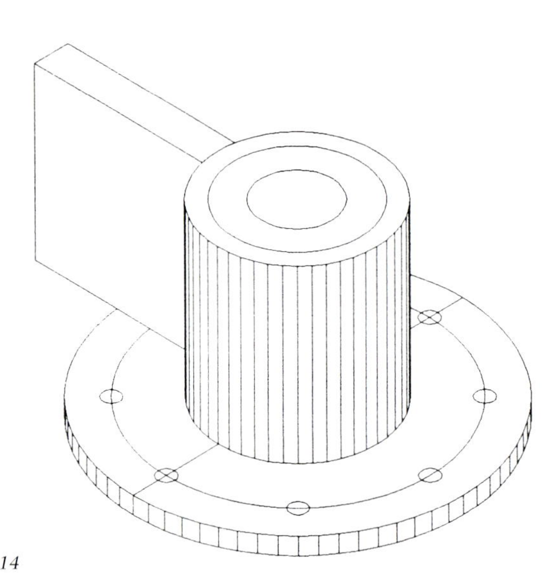

14

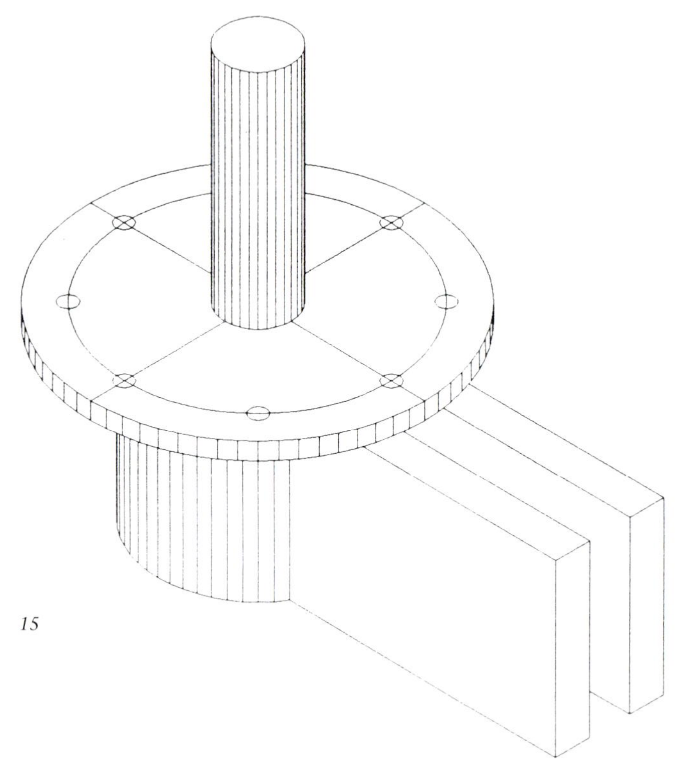

15

16

17

14　顶杆轴测图
15　底杆轴测图
16和17　遮阳外观
18　遮阳平面详图
19　遮阳细部
摄影：由TSP建筑师与规划师事务所提供

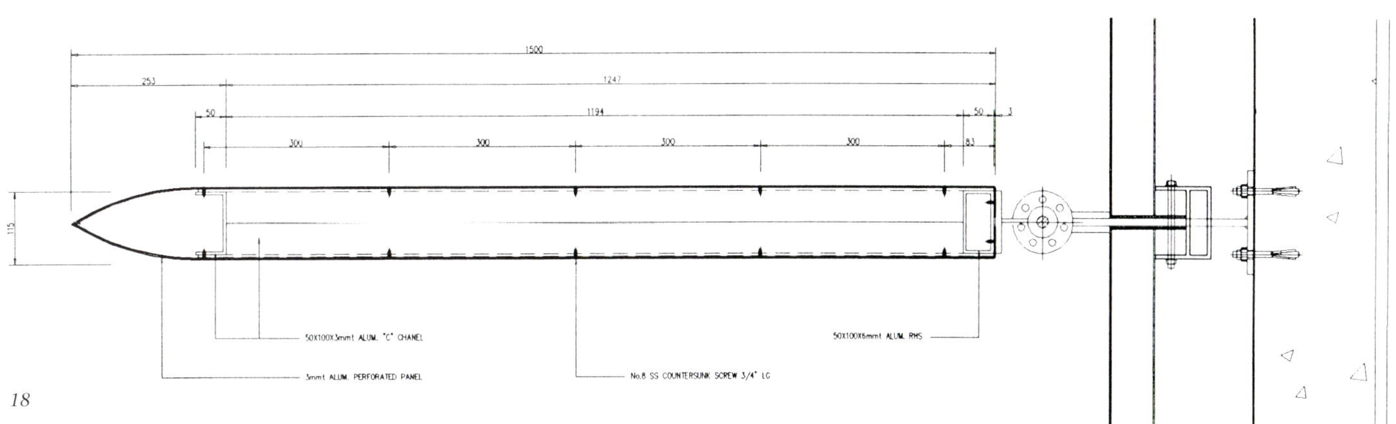

18

19

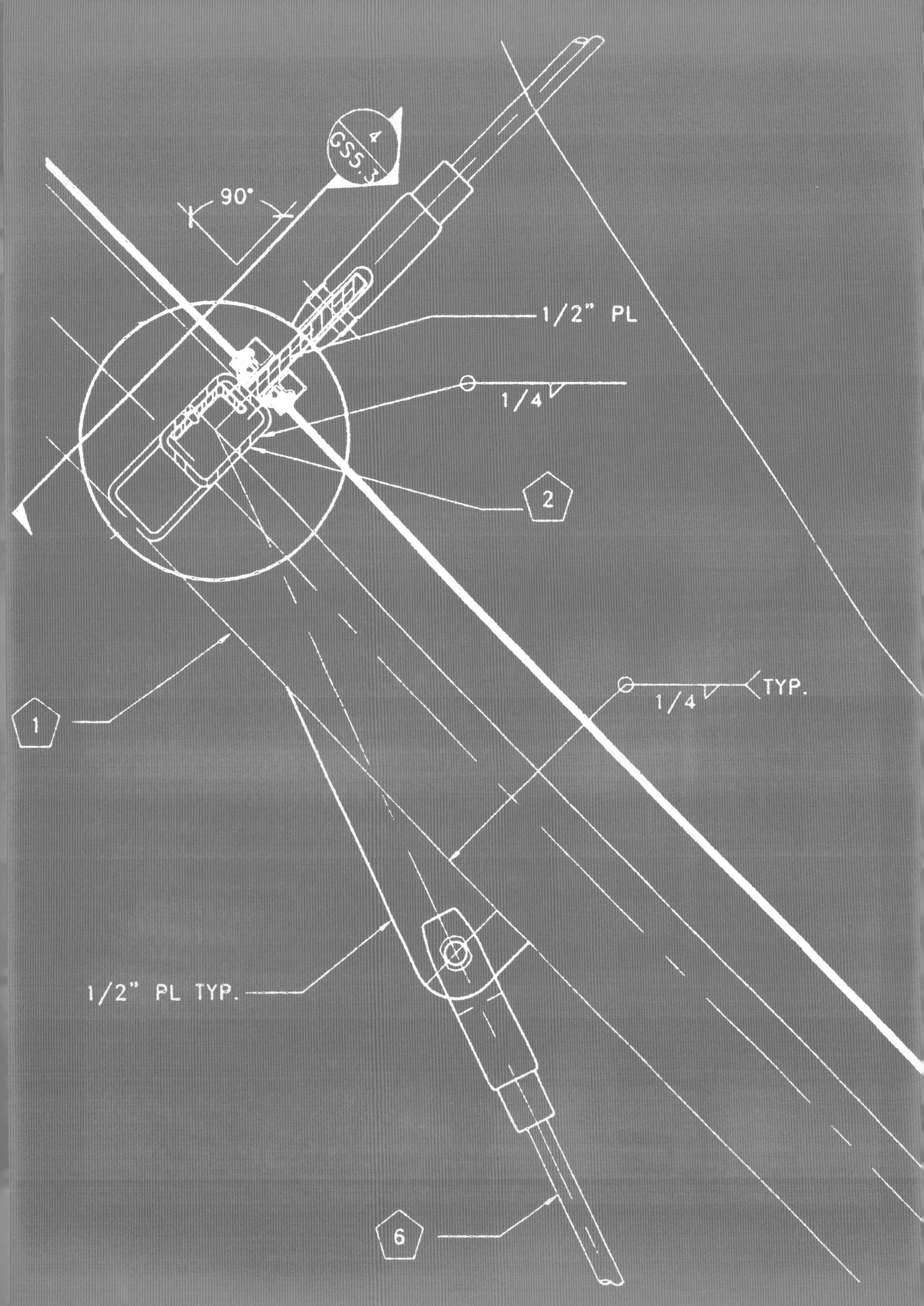

4
GS5.3
90°
1/2" PL
1/4
2
1/4
TYP.
1
1/2" PL TYP.
6

INDEX
索 引

ACKNOWLEDGMENTS
致 谢

IMAGES 出版公司荣幸地将“DA 建筑名家细部设计创意 3”介绍给大家。

我们向所有参加本书出版的公司为本书的出版所做的贡献表示感谢。